高等院校网络空间安全专业实战化人才培养系列教材

郭启全　丛书主编

网络安全保护制度与实施

郭启全　编著

电子工业出版社

Publishing House of Electronics Industry

北京·BEIJING

内 容 简 介

网络安全保护制度是网络安全领域的"交通规则"。本书共 7 章，围绕"网络安全保护制度与实施"这一主题，系统介绍国家网络安全保护制度体系的构成，落实网络安全保护制度的主要思路、方法和重要措施，以及与其有关的法律、政策和标准。其中，第 1 章介绍国家网络安全保护制度体系的构成，第 2 章介绍网络安全等级保护制度的主要内容和主要措施等，第 3 章介绍关键信息基础设施安全保护制度的主要内容，第 4 章介绍数据安全保护制度的主要内容，第 5 章介绍网络安全法律体系，第 6 章介绍网络安全政策体系，第 7 章介绍网络安全标准体系。

本书是高等院校网络空间安全专业实战化人才培养系列教材之一，可作为网络空间安全专业的专业基础课教材，适合网络空间安全专业、信息安全专业及相关专业的大学生、研究生系统学习国家网络安全制度和实施办法，掌握网络安全重要规则和技能使用，也适合各单位各部门网络安全工作者、科研机构和网络安全企业的研究人员阅读。

图书在版编目（CIP）数据

网络安全保护制度与实施 / 郭启全编著 . -- 北京：
电子工业出版社，2025. 7. -- ISBN 978-7-121-49972-2

Ⅰ . TP393.08

中国国家版本馆 CIP 数据核字第 2025QG5022 号

责任编辑：刘御廷　　文字编辑：李晓彤
印　　刷：涿州市京南印刷厂
装　　订：涿州市京南印刷厂
出版发行：电子工业出版社
　　　　　北京市海淀区万寿路 173 信箱　　邮编：100036
开　　本：787×1 092　1/16　印张：15.75　字数：350 千字
版　　次：2025 年 7 月第 1 版
印　　次：2025 年 7 月第 1 次印刷
定　　价：69.00 元

凡所购买电子工业出版社图书有缺损问题，请向购买书店调换。若书店售缺，请与本社发行部联系，联系及邮购电话：（010）88254888，88258888。

质量投诉请发邮件至 zlts@phei.com.cn，盗版侵权举报请发邮件至 dbqq@phei.com.cn。

本书咨询联系方式：lyt@phei.com.cn。

高等院校网络空间安全专业
实战化人才培养系列教材

编委会

在数字化智慧化高速发展的今天，网络和数据安全的重要性愈发凸显，直接关系到国家政治、经济、国防、文化、社会等各个领域的安全和发展。网络空间技术对抗能力是国家整体实力的重要方面，面对日益复杂的网络安全威胁和挑战，按照"打造一支攻防兼备的队伍，开展一组实战行动，建设一批网络与数据安全基地"的思路，培养具有实战化能力的网络安全人才队伍，已成为国家重大战略需求。

一、培养网络安全实战化人才的根本目的

在网络安全"三化六防"（实战化、体系化、常态化；动态防御、主动防御、纵深防御、精准防护、整体防控、联防联控）理念的指引下，网络安全业务越来越贴近实战。实战行动和实战措施都离不开实战化人才队伍的支撑。培养网络安全实战化人才的根本目的，在于培养一批既具备扎实的理论基础，又掌握高新技术和前沿技术、具备攻防技术对抗能力，还能灵活运用各种技术措施和手段，应对各种网络安全威胁的高素质实战化人才，打造"攻防兼备"和具有网络安全新质战斗力的队伍，支撑国家网络安全整体实战能力的提升。

二、培养网络安全实战化人才的重大意义

习近平总书记强调："网络空间的竞争，归根结底是人才竞争"，"网络安全的本质在对抗，对抗的本质在攻防两端能力较量"。要建设网络强国，必须打造一支高素质的网络安全实战化人才队伍。我国网络安全人才特别是实战化人才严重缺乏，因此，破解难题，从网络安全保卫、保护、保障三个方面加强实战化人才教育训练，已成为国家重大战略需求。

当前，国家在加快推进数字化智慧化建设，本质是打造数字化生态，而数字化建设面临的最大威胁是网络攻击。与此同时，国家网络安全进入新时代，新时代网络安全最显著的特征是技术对抗。因此，新时代要求我们要树立新理念、采取新举措，从网络安全、数据安全、人工智能安全等方面，大力培养实战化人才队伍，加强"网络备战"，提升队伍的技术对抗和应急处突能力，有效应对新威胁和新技术带来的新挑战，为国家经济发展保驾护航。

三、构建新型网络安全实战化人才教育训练体系

为全面提升我国网络安全领域的实战化人才培养能力和水平，按照"理论支撑技术、技术支撑实战"的理念，创新高等院校及社会差异化实战人才培养的思路和方法，建立新型实战化人才教育训练体系。遵循"问题导向、实战引领、体系化设计、督办落实"四项原则，认真落实"制定实战型教育训练体系规划、建设实战型课程体系、建设实战型师资队伍、建设实战型系列教材、建设实战型实训环境、以实战行动提升实战能力、创新实战

型教育训练模式、加强指导和督办落实"八项重大措施，形成实战化人才培养的"四梁八柱"，有力提升网络安全人才队伍的新质战斗力。

四、精心打造高等院校网络空间安全专业实战化人才培养系列教材

在有关部门的大力支持下，具有 20 多年网络安全实战经验的资深专家统筹规划和整体设计，会同 20 多位部委、高等院校、科研机构、大型企业具有丰富实战经验和教学经验的专家学者，共同打造了 14 部技术先进、案例鲜活、贴近实战的高等院校网络空间安全专业实战化人才培养系列教材，由电子工业出版社出版，以期贡献给读者最高水平、最强实战的网络安全重要知识、核心技术和能力，满足高等院校和社会培养实战化人才的迫切需要。

网络安全实战化人才队伍培养是一项长期而艰巨的任务，按照教、训、战一体化原则，以国家战略为引领，以法规政策标准为遵循，以系统化措施为抓手，政府、高校、企业和社会各界应共同努力，加快推进我国网络安全实战化人才培养，为筑梦网络强国、护航中国式现代化贡献我们的智慧和力量！

郭启全

　　我国网络安全法律法规和政策确立了网络安全保护制度，形成了各行各业网络安全工作日常应遵守的规则规范。遵守网络安全规则规范，就像司机遵守交通规则，司机不遵守交通规则就是违法违规；同理，任何组织和个人不遵守网络安全规则规范，也是违法违规。网络安全保护制度主要包括网络安全等级保护制度、关键信息基础设施安全保护制度、数据安全保护制度、个人信息保护制度、密码保护制度、网络安全审查制度等，构成了我国网络安全保护制度体系，是保护我国经济健康发展，维护国家安全、社会秩序和公共利益的根本保障。

　　《中华人民共和国网络安全法》（以下简称《网络安全法》）和国家有关政策文件确定的网络安全等级保护制度，是我国网络安全的基本制度、基本国策和基本方法，是我国网络安全工作的基础防线和基石。从我国网络安全工作的实际需要出发，确立的关键信息基础设施安全保护制度，是网络安全的重点保护制度。关键信息基础设施是经济社会运行的神经中枢，是网络安全保护的重中之重。《中华人民共和国数据安全法》（以下简称《数据安全法》）和国家有关政策文件确立的数据安全保护制度，也是网络安全的重点保护制度。数据作为关键生产要素和重要战略资源，在国家经济发展和社会进步中日益发挥着基础性和全局性作用。《关键信息基础设施安全保护条例》和《数据安全法》将网络安全等级保护制度延伸到关键信息基础设施安全保护领域和数据安全保护领域，并将网络安全等级保护制度作为二者的基础，从法律层面确定了三个制度之间的关系，即一个基础、两个重点。按照法律规定，应从网络安全政策层面、标准层面对三个制度进行有效衔接，协调落实，建立科学的网络安全政策体系和标准体系。

　　进入新时代，网络安全最显著的特征是技术对抗，应树立新理念，采取新举措，立足有效应对大规模网络攻击，认真落实"实战化、体系化、常态化"和"动态防御、主动防御、纵深防御、精准防护、整体防控、联防联控"的"三化六防"措施，按照"打造一支攻防兼备的队伍，开展一组实战行动，建设一批网络与数据安全基地"这条主线，加强战略谋划和战术设计，建立完善的网络安全综合防御体系，大力提升综合防御能力和技术对抗能力。从创新角度出发，按照"理论支撑技术、技术支撑实战"的理念，加强理论创新和技术突破，实施"挂图作战"；从"打造一支攻防兼备的队伍"出发，创新高等院校和企业差异化网络安全人才培养思路和方法，建立实战化人才教育训练体系，加强教育训练体系规划，强化课程体系、师资队伍、系列教材、实训环境建设和培养模式创新，培养网络安全实战化人才。

　　为了满足培养网络安全实战化人才的需要，郭启全组织成立编委会，共同编著高等院校网络空间安全专业实战化人才培养系列教材，包括《网络安全保护制度与实施》《网络安全建设与运营》《网络空间安全技术》《商用密码应用技术》《数据安全管理与技术》《人工智能安全治理与技术》《网络安全事件处置与追踪溯源技术》《网络安全检测评估技术与方法》《网络安全威胁情报分析与挖掘技术》《数字勘查与取证技术》《恶意代码分析与检测技术》《恶意代码分析与检测技术实验指导书》《漏洞挖掘与渗透测试技术》《网络空间安全导论》。郭启全统筹规划和整体设计全套教材，组织具有丰富网络安全实战经验和教学经验的专家学者撰写这套高等院校网络空间安全专业教材，并对内容严格把关，以期贡献给读者最高水平、最强实战的网络安全、数据安全、人工智能安全等方面的重要知识。

　　本书由郭启全编著，共7章，主要介绍国家网络安全保护制度体系的构成，网络安全等级保护制度、关键信息基础设施安全保护制度、数据安全保护制度的主要内容及其内在关系，落实三个制度的主要方法、最新思路与理念及重要措施，网络安全法律体系、政策体系和标准体系。本书是高等院校网络空间安全专业实战化人才培养的重要教材，是学习其他专业课的基础。

　　王思登绘制了部分插图，在此表示衷心感谢。书中不足之处，敬请读者指正。

作者

目录 CONTENTS

第 6 章

**网络安全
政策体系**

第 1 章

国家网络安全保护制度体系

本章主要介绍国家网络安全保护制度体系的构成，确立这些制度的法律和政策依据，以及这些制度的内在关系，使读者对国家网络安全保护制度体系有一个清晰的了解和掌握，便于在工作中落实。国家网络安全保护制度是网络安全的规矩、规范和规则，是网络安全法律、政策的细化，是各行各业在网络安全日常工作中需要认真落实的具体要求。

1.1 网络安全保护制度的确立及其法律政策依据

国家网络安全法律法规确定的网络安全保护制度，主要包括网络安全等级保护制度、关键信息基础设施安全保护制度、数据安全保护制度和个人信息保护制度等，构成了我国网络安全保护制度体系。

1.1.1 网络安全等级保护制度的基本含义

网络安全等级保护制度是我国网络安全的基本制度、基本国策和基本方法，是我国网络安全工作的创举、网络安全界的智慧结晶、网络安全的基础防线和基石，是网络安全领域保障我国经济健康发展，维护国家安全、社会秩序和公共利益的根本保障。网络安全等级保护制度历经三十多年，从信息安全等级保护制度发展到现在的网络安全等级保护制度，进入网络安全等级保护制度 2.0 时代。

1. 信息安全等级保护制度

1994 年，国家出台《中华人民共和国计算机信息系统安全保护条例》（国务院令第147 号发布，以下简称《计算机信息系统安全保护条例》），其中第九条明确规定，"计算机信息系统实行安全等级保护，安全等级的划分标准和安全等级保护的具体办法，由公安部会同有关部门制定"。

2003 年，《国家信息化领导小组关于加强信息安全保障工作的意见》（中办发〔2003〕27 号）明确指出，"实行信息安全等级保护"，"要重点保护基础信息网络和关系国家安全、经济命脉、社会稳定等方面的重要信息系统，抓紧建立信息安全等级保护制度，制定信息安全等级保护的管理办法和技术指南"。

2004年，国家网络与信息安全协调小组第三次会议讨论通过的《关于信息安全等级保护工作的实施意见》（公通字〔2004〕66号）指出，信息安全等级保护制度是国家在国民经济和社会信息化的发展过程中，提高信息安全保障能力和水平，维护国家安全、社会稳定和公共利益，保障和促进信息化建设健康发展的一项基本制度。

2007年，公安部、国家保密局、国家密码管理局、国务院原信息化工作办公室四部门联合出台《信息安全等级保护管理办法》（公通字〔2007〕43号），在公安部的组织领导下，全国实施信息安全等级保护制度。自2007年至2017年的10年间，国家建立了信息安全等级保护制度，为提升国家信息安全保障能力和水平发挥了重要作用。这个阶段称为网络安全等级保护制度1.0时代。

2. 网络安全等级保护制度的确立

2017年，国家出台《中华人民共和国网络安全法》（以下简称《网络安全法》），其中第二十一条规定，国家实行网络安全等级保护制度，网络运营者应当按照网络安全等级保护制度的要求，履行安全保护义务，保障网络免受干扰、破坏或者未经授权的访问，防止网络数据泄露或者被窃取、篡改。《网络安全法》确立了网络安全等级保护制度，也标志着网络安全等级保护制度进入2.0时代。

国家实行网络安全等级保护制度，对网络（包括网络基础设施、信息系统、数据资源等）实施分等级保护、分等级监管，对网络中使用的网络安全产品实行分等级管理，对网络中发生的安全事件分等级响应和处置。2017年，中央出台关于加强网络安全和信息化工作的有关意见，要求"完善国家网络安全等级保护制度"。

国家在信息安全等级保护制度的基础上建立了网络安全等级保护制度，通过实施网络安全等级保护制度实现三个目标：

（1）确保网络运营者在网络建设过程中，同步规划、同步建设、同步使用网络安全保护措施，履行网络安全保护责任和义务。

（2）确保产品供应商在IT产品和网络安全产品的设计制造中落实国家网络安全要求。

（3）确保网络安全服务商在安全服务中落实国家网络安全要求，提供安全、可靠、可信的服务，为我国实施网络强国战略保驾护航。

3. 网络安全等级保护工作

网络安全等级保护制度规定的第一项内容是网络实施分等级保护、分等级监管，此项规定的内容即是网络安全等级保护工作，其具体内容如下：

（1）将网络按照重要性和遭受损坏后的危害性，分为五个安全保护等级（从第一级到第五级，逐级增高）。

（2）安全保护等级确定后，第二级（含）以上网络运营者到公安机关备案，公安机关对备案材料和定级准确性进行审核，审核合格后颁发备案证明。

（3）网络运营者选择符合国家要求的等级测评机构，开展网络安全等级保护测评（以下简称等级测评）。

（4）根据网络的安全保护等级，按照国家有关法律、政策、标准开展网络安全建设整改，建设安全设施、落实安全措施、落实安全责任制、建立和落实安全管理制度。

（5）公安机关对第二级网络的安全保护工作进行指导，对第三、第四级网络的安全保护工作开展监督检查。

在我国境内建设、运营、维护、使用的网络，均应开展网络安全等级保护工作，并实施监督管理。有关网络安全等级保护制度的具体内容，详见第 2 章。

1.1.2　关键信息基础设施安全保护制度的基本含义

1. 关键信息基础设施安全保护制度的确立

《网络安全法》从网络安全工作的实际需要出发，对关键信息基础设施安全保护作出了法律规定，对关键信息基础设施的运行安全提出了明确要求；2017 年中央出台有关文件，要求建立关键信息基础设施安全保护制度；2021 年 7 月，国务院出台《关键信息基础设施安全保护条例》，确立了关键信息基础设施安全保护制度，标志着我国开启了关键信息基础设施安全保护时代。

2. 关键信息基础设施的定义

关键信息基础设施是指公共通信和信息服务、能源、交通、水利、金融、公共服务、电子政务、国防科技工业等重要行业和领域的，以及其他一旦遭到破坏、丧失功能或者数据泄露，可能严重危害国家安全、国计民生、公共利益的重要网络设施、信息系统等。

关键信息基础设施是经济社会运行的神经中枢，是网络安全保护的重中之重，日益发挥着基础性、全局性、支撑性作用。保障关键信息基础设施安全，对维护国家网络空间主权和国家安全、保障经济社会健康发展、维护公共利益和公民合法权益具有重大意义。

3. 关键信息基础设施安全保护制度的主要内容

关键信息基础设施安全保护制度是网络安全重点保护制度，国家对关键信息基础设施实行重点保护，采取措施，监测、防御、处置来源于我国境内外的网络安全风险和威胁，保护关键信息基础设施免受非法侵入、干扰和破坏，依法惩治危害关键信息基础设施安全的违法犯罪活动。该制度规定了如下重要内容：

（1）关键信息基础设施的范围，即重要行业和领域的，以及其他涉及可能严重危害国家安全、国计民生、公共利益的重要网络设施、信息系统等。

（2）明确了关键信息基础设施的认定流程和方法。

（3）国家、网络安全职能部门、关键信息基础设施安全保护工作部门（以下简称保护工作部门）、关键信息基础设施运营者（以下简称运营者）、网络安全服务机构和公民个人的责任义务以及应采取的措施。

（4）网络安全职能部门、保护工作部门、运营者、网络安全服务机构、公民个人应承担的法律责任。

（5）对关键信息基础设施安全，应从保卫、保护和保障三个方面予以加强。同时强调，运营者在落实网络安全等级保护制度的基础上，采取有效措施，保障关键信息基础设施的运行安全和数据安全。

有关关键信息基础设施安全保护制度的具体内容，详见第3章。

1.1.3　数据安全保护制度的基本含义

数据作为关键生产要素和重要战略资源，在国家经济发展和社会进步中发挥基础性和全局性作用。保护数据安全，是维护国家安全、经济社会发展的重要内容。

1. 数据安全保护制度的确立

党中央明确提出要加强数据安全工作，2021年6月国家出台《中华人民共和国数据安全法》（以下简称《数据安全法》），对数据安全提出了明确要求，确立了数据安全保护制度。数据安全保护制度是国家网络安全领域的重点保护制度。

2. 数据安全保护制度的主要内容

一是国家建立数据安全制度和工作协调机制；二是建立数据分类分级保护制度，数据按照重要性等因素分为一般、重要、核心三个等级；三是在网络安全等级保护制度基础上，加强数据安全保卫、保护和保障工作；四是建立数据安全监管机制，加强数据在交易、出境、传输、使用中的安全监管；五是明确数据处理者的主体责任和行业主管部门的主管责任；六是在网络安全审查制度基础上，建立数据安全审查制度；七是依托国家网络与信息安全信息通报机制，建立数据安全信息通报预警机制，建立应急处置机制、事件调查机制；八是加强数据全生命周期和全流程安全保护；九是打击涉及数据安全的违法犯罪活动。有关数据安全保护制度的具体内容，详见第4章。

1.1.4　个人信息保护制度的基本含义

在信息化、数字化、智能化时代，个人信息保护关系到人民群众的合法权益和切身利益，保护好公民个人信息，是全社会共同关注的重点事项，也是国家必须解决的重要问题。

1. 个人信息保护制度的确立

《网络安全法》《数据安全法》对个人信息保护给出了明确规定。2021年国家出台《中华人民共和国个人信息保护法》（以下简称《个人信息保护法》），确立了个人信息保护制度。该制度坚持以人民为中心的法治理念，聚焦个人信息保护领域的突出问题、威胁风险和人民群众的重大关切，明确保护重点，采取有力措施，依法维护人民群众的合法权益和切身利益。

2. 个人信息保护制度的主要内容

一是确立了个人信息保护原则，二是规范了个人信息处理活动权益保障，三是禁止"大数据杀熟"并规范了自动化决策，四是严格保护敏感个人信息，五是规范了国家机关处理活动，六是赋予了公民个人充分权利，七是强化了个人信息处理者的责任义务，八是赋予了大型网络平台更多的法律义务，九是规范了个人信息跨境流动，十是健全了个人信息保护工作机制。有关个人信息保护制度的具体内容见 5.6 节"《个人信息保护法》框架和重点内容"。

1.2　网络安全保护制度的内在关系

搞清网络安全等级保护制度、关键信息基础设施安全保护制度和数据安全保护制度的内在关系非常重要，涉及开展网络安全工作的具体实践中如何进行统筹规划、顶层设计、方案制定和组织落实。在网络安全保护环节，个人信息纳入数据安全保护范畴，因此，这里只介绍上述三个制度的关系。

1.2.1　三个制度的关系是一个基础、两个重点

（1）《网络安全法》第二十一条规定，国家实行网络安全等级保护制度，该制度是网络安全的基本制度、基本国策、基本方法，是网络与数据安全的基础。

（2）《网络安全法》第三十一条和《关键信息基础设施安全保护条例》第六条规定，关键信息基础设施在网络安全等级保护制度的基础上，实行重点保护。

（3）《数据安全法》第二十七条规定，利用互联网等信息网络开展数据处理活动，应当在网络安全等级保护制度的基础上，履行数据安全保护义务。

由此可见，法律明确规定了三个制度的关系，即网络安全等级保护制度是基础，关键信息基础设施安全保护制度和数据安全保护制度是重点。《关键信息基础设施安全保护条例》和《数据安全法》将网络安全等级保护制度延伸到关键信息基础设施安全保护领域和数据安全保护领域，并将网络安全等级保护制度作为二者的基础。国家从法律层面确定了三个制度之间的关系，因此，在网络安全政策层面、标准层面，对三个制度应依据法律规定进行有效衔接，协调落实。

1.2.2　建立科学的网络安全保护制度体系

网络安全保护制度体系如图 1-1 所示。若要建立科学的网络安全保护制度体系，一是从图中的纵向看，每个制度的建立需要在法律、政策、标准等三个层面协调一致；二是从图中的横向看，三个制度间需要分别在法律、政策、标准等层面协调一致。

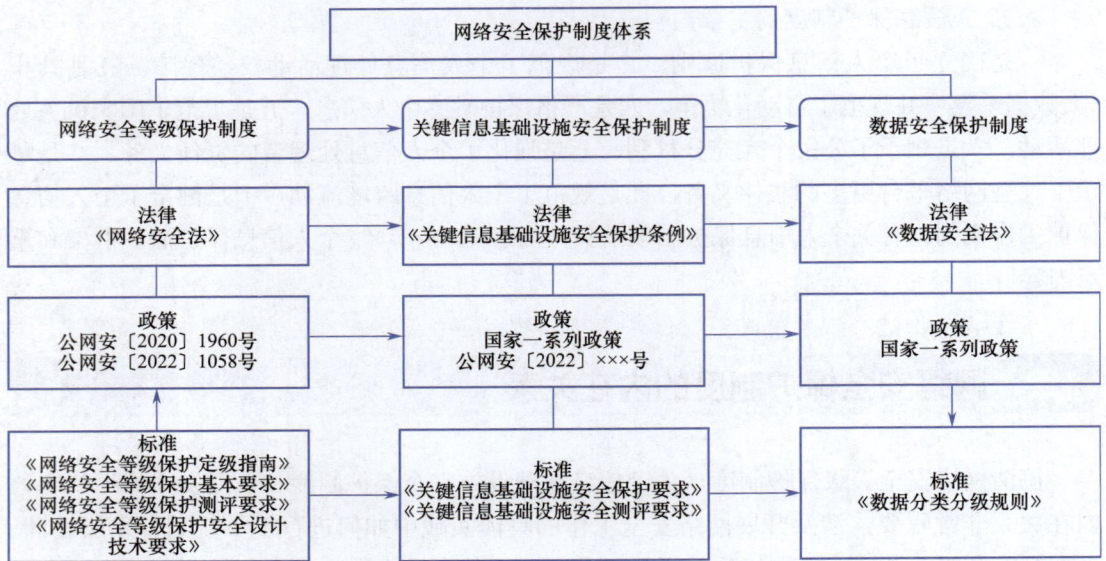

图 1-1　网络安全保护制度体系

1. 建立科学的网络安全等级保护制度

我国建立了比较完备的、科学的网络安全等级保护制度，该制度在法律、政策、标准等层面协调一致，有机衔接。

（1）《网络安全法》等法律法规以及中央政策文件对网络安全等级保护制度作出了明确规定，提出了明确要求。

（2）公安部依据法律规定和中央政策要求，出台了与法律法规和中央政策有机衔接的一系列网络安全等级保护政策文件，例如《贯彻落实网络安全等级保护制度和关键信息基础设施安全保护制度的指导意见》（公网安〔2020〕1960 号）和《关于落实网络安全保护重点措施 深入实施网络安全等级保护制度的指导意见》（公网安〔2022〕1058 号）等，有力支撑了网络安全等级保护制度的实施。

（3）在法律、政策的指引下，国家出台了与法律、政策有机衔接的国家标准、行业标准，例如《信息安全技术 网络安全等级保护定级指南》《信息安全技术 网络安全等级保护基本要求》《信息安全技术 网络安全等级保护测评要求》《信息安全技术 网络安全等级保护安全设计技术要求》《信息安全技术 网络安全等级保护测评过程指南》《信息安全技术 网络安全等级保护实施指南》（以下省略"信息安全技术"等前缀）等。由此，形成了科学的网络安全等级保护制度。

2. 建立科学的关键信息基础设施安全保护制度

关键信息基础设施是网络安全保护的重中之重，建立科学的关键信息基础设施安全保护制度是网络安全领域的重要任务之一。从国家层面，一是出台了《关键信息基础设施安全保护条例》；二是出台了有关政策文件，公安部也出台了有关加强关键信息基础设施安全保护的政策文件（鉴于文件涉密，不能公开）；三是出台了《关键信息基础设施安全保护要求》国家标准。但是，关键信息基础设施安全保护标准体系尚未建立。因此，需要加快制定与法律政策相衔接、与网络安全等级保护国家标准协调一致的关键信息基础设施安全保护国家标准、行业标准，形成在法律、政策、标准等层面协调一致的关键信息基础设施安全保护制度。

3. 建立科学的数据安全保护制度

重要数据与关键信息基础设施一样，都是网络安全保护的重中之重，建立科学的数据安全保护制度也是网络安全领域的重要任务之一。国家出台了《数据安全法》，中央出台了有关加强数据安全保护的政策文件，但是，数据安全保护标准体系尚未建立。因此，需要建立与法律政策相衔接的、与网络安全等级保护国家标准协调一致的数据安全保护标准体系，加快建立科学的数据安全保护制度。

1.2.3　三个制度应从法律、政策、标准三个层面有机衔接和协调一致

网络安全等级保护制度、关键信息基础设施安全保护制度、数据安全保护制度应从法律、政策、标准三个层面有机衔接、协调一致，才能建立科学的网络安全保护制度体系。

（1）三个制度已从法律层面有机衔接、协调一致。法律确定了三个制度的关系，即网络安全等级保护制度是基础，关键信息基础设施安全保护制度、数据安全保护制度在网络安全等级保护制度基础上实施。法律确定了三个制度的关系后，有关部门需要依法制定相应政策和标准，便于全社会遵守和实施三个重要制度。

（2）三个制度在政策层面需要有机衔接、协调一致。由于法律法规对三个制度的关系做出了明确规定，政策方面必然要依据法律要求，协调一致、有机衔接。一是国家出台的关键信息基础设施安全保护政策、数据安全保护政策与网络安全等级保护政策进行了有机衔接；二是公安部出台的关键信息基础设施安全保护政策与网络安全等级保护政策进行了有机衔接。有关部门在按照职责分工，出台数据安全保护有关政策文件时，也应与网络安全等级保护政策有机衔接、协调一致。

（3）三个制度在标准层面需要有机衔接、协调一致。由于法律、政策对三个制度的关系做出了明确规定，因此，三个制度在标准方面必然要依据法律、政策要求，有机衔接、协调一致。一是国家出台的《网络安全等级保护定级指南》《网络安全等级保护基本要求》《网络安全等级保护测评要求》《网络安全等级保护安全设计技术要求》《网络安全等级保护实施指南》等一系列标准，体系化强，经过多年检验和实践，证明是科学实用的。二是关键信息基础设施安全保护方面，出台了《关键信息基础设施安全保护要求》等国家标准，数据安全方面出台了《数据分类分级规则》等国家标准，这两个制度方面的标准，需要科学制定，与网络安全等级保护标准有机衔接、协调一致，才能将法律规定的网络安全三个重要制度建立好并落到实处。

（4）在落实三个制度的具体措施方面需要有机衔接、协调一致。一是重要行业主管部门、重点单位在制定行业网络安全规划、管理办法、实施方案等的过程中，应将三个制

度的要求相结合。二是在安全防护、安全监测、通报预警、事件处置、检测评估、技术对抗、威胁情报等具体工作中，需要结合网络安全等级保护要求、关键信息基础设施安全保护要求、数据安全保护要求去设计和实施。三是在人才培养、经费保障、工程建设、技术攻关等保障方面，需要结合网络安全等级保护要求、关键信息基础设施安全保护要求、数据安全保护要求去设计和实施。

1.2.4　协调落实网络安全等级保护制度与关键信息基础设施安全保护制度

网络安全等级保护制度和关键信息基础设施安全保护制度是《网络安全法》和《关键信息基础设施安全保护条例》确定的基本制度和重要制度，二者关系密切，确保这两个制度科学、协调落实至关重要。为此，要深入贯彻落实网络安全等级保护制度，建立良好的网络安全保护生态，筑牢网络安全根基；建立并实施关键信息基础设施安全保护制度，突出保护重点，大力加强关键信息基础设施安全保卫、保护和保障，健全完善国家网络安全综合防控体系，有效防范网络安全威胁，有力应对网络战威胁，有效处置网络安全事件，严厉打击危害网络安全的违法犯罪活动，切实保障国家网络空间主权、国家安全和社会公共利益。

1. 网络安全等级保护制度与关键信息基础设施安全保护制度的法定关系

《网络安全法》规定，国家实行网络安全等级保护制度，关键信息基础设施在网络安全等级保护制度的基础上，实行重点保护。法律规定了网络安全等级保护是关键信息基础设施安全保护的基础，开展网络安全等级保护工作是开展关键信息基础设施安全保护工作的前提和重要保障。

2. 协调一致地落实网络安全等级保护制度和关键信息基础设施安全保护制度

国家基本建立了网络安全等级保护制度体系，包括组织领导体系、法律体系、政策体系、标准体系、技术支撑体系、保护体系、人才队伍体系、教育训练体系和保障体系，网络安全等级保护制度得到进一步落实。关键信息基础设施安全保护制度是国家网络安全工作的新制度，建立关键信息基础设施安全保护制度体系，包括法律体系、政策体系、标准体系、保护体系、保卫体系和保障体系，才能确保将关键信息基础设施安全保护制度落到实处。在贯彻实施网络安全等级保护制度和关键信息基础设施安全保护制度过程中，从制定出台法律法规、政策，研究制定标准，采取重要措施等方面，两个制度应保持协调一致、有机衔接，以体现法律对两个制度的定位和要求。

3. 落实网络安全等级保护制度和关键信息基础设施安全保护制度有不同的侧重点

网络安全等级保护制度是国家网络安全的基本制度、基本国策，具有普适性和全覆盖性，全社会都要按照网络安全等级保护制度要求开展网络安全保护工作。同时，网络安全等级保护制度侧重于将保护对象分等级进行保护，不同等级的保护对象采取不同的保护措施和保护强度；关键信息基础设施安全保护制度是国家网络安全重点保护制度，强调对关键信息基础设施安全的保卫、保护和保障。在保卫方面，体现在针对危害关键信息基础设施的违法犯罪活动，公安机关、国家安全机关等部门大力开展侦查打击，加强对关键信息基础设施的安全保卫；在保护方面，体现在对关键信息基础设施在满足网络安全等级保护基本要求、基线要求、合规要求的基础上，采取先进技术和重要措施加强保护；在保障方面，体现在发改、财政、教育、编制、科技等部门，在工程项目、经费、人才培养、机构编制、科研等方面对关键信息基础设施安全保护提供充足保障。

4. 落实网络安全等级保护制度和关键信息基础设施安全保护制度的总体要求

（1）深入贯彻实施网络安全等级保护制度。深入推进网络安全等级保护定级备案、等级测评、安全建设和检查等基础工作，有效落实网络安全保护"实战化、体系化、常态化"和"动态防御、主动防御、纵深防御、精准防护、整体防控、联防联控"的"三化六防"措施，建立良好的网络安全保护生态，有力提升国家网络安全综合防护能力和水平。

（2）建立实施关键信息基础设施安全保护制度。掌握关键信息基础设施基本情况，做到底数清、情况明，健全安全保护机构，明确职责任务，强化各项保障。在贯彻落实网络安全等级保护制度的基础上，有效落实关键信息基础设施的关键岗位人员管理、供应链安全、数据安全、应急处置等重点安全保护措施，大力提升关键信息基础设施安全防护能力。

（3）提升网络安全监测预警和应急处置能力。建立跨行业、跨部门、跨地区的网络安全监测体系，建设应用网络安全综合保护平台，提升网络安全态势感知、通报预警和事件发现处置能力。制定科学的网络安全预案，完善应急处置机制，开展常态化应急演练，有效防范、遏制和处置网络安全重大事件。

（4）建立网络安全综合防控体系。健全完善网络安全保护工作机制，形成党委统筹领导、各部门分工负责、社会力量多方参与的网络安全工作格局。有效落实网络安全责任制，构建"打防管控"一体化的网络安全综合防控体系，提升网络安全管理防范、监督指导和侦查打击等能力。

1.3　落实网络安全保护制度的基本策略和重要措施

1.3.1　落实网络安全保护制度的基本策略

1. 依法进行保护，落实各方责任义务

以总体国家安全观为统领，认真贯彻实施网络强国战略，全面加强网络安全工作统筹规划和顶层设计，深入贯彻落实网络安全和数据安全的法律法规以及各项制度要求，依法落实网络安全职能部门的监管责任、行业主管（含监管，下同）部门的主管责任、网络运营者的主体责任、网络安全服务提供者的服务责任。

2. 坚持问题导向、实战引领、体系化防御

树立新理念，聚焦突出问题和薄弱环节，从网络安全、关键信息基础设施安全、数据安全、人工智能安全等方面，构建在制度、管理和技术等方面有机衔接的网络安全综合防控体系和安全治理体系。防范和遏制重大网络安全风险、事件发生，保护云计算、物联网、新型互联网、工业控制系统、大数据、智能制造等新技术应用和新业态安全。

3. 坚持底线思维和极限思维，树立一盘棋思想

实时审视国际国内网络安全大局，立足有效应对大规模网络攻击，加强技术攻关和自主可控，以保护关键信息基础设施、重要网络和数据安全为重点，采取超常规举措，全面加强网络安全防范管理、监测预警、应急处置、侦查打击、威胁情报、检测评估、技术对抗等各项工作，切实提升技术对抗能力，守住关键，保住要害。

4. 坚持积极防御、综合防护

按照法律法规和有关国家标准规范，充分利用人工智能、大数据分析等技术，积极落实网络安全管理和技术防范措施，及时监测处置网络安全风险、威胁和网络安全突发事件，提升应对突发事件能力，保护关键信息基础设施、重要网络和数据免受攻击、侵入、干扰和破坏，切实维护国家网络空间主权、国家安全和社会公共利益，保护人民群众的合法权益，保障和促进经济社会健康发展。

5. 坚持综合保障，形成合力

坚持发展和安全并重，在安全和发展中寻找平衡点，建立可信可控的网络和数据安全屏障。在机构、人员、经费、装备、工程、科研、教育训练等方面加大投入，促进网络安全产业发展，打造世界一流的网络安全企业，全力构建网络空间安全综合保障体系。

6. 加强战略谋划，提升综合实战能力

按照国家网络和数据安全法律法规、政策文件和标准要求，根据我国多年网络安全实践经验，坚持"打造一支攻防兼备的队伍，开展一组实战行动，建设一批网络与数据安全基地"这条主线，加强战略谋划和战术设计，从网络安全保卫、保护、保障三个方面采取重要措施，大力提升网络安全综合实战能力。

1.3.2 采取网络安全保护措施，提升网络安全综合防御能力

（1）建立领导体系和工作体系。落实《党委（党组）网络安全工作责任制实施办法》，设立网络安全领导机构、管理机构和专职人员；建立决策机制，保障人力、财力、物力投入。

（2）开展顶层设计和规划。制定行业网络安全管理办法、标准规范、安全保护规划、年度计划，经专家评审后实施。

（3）落实行业主管责任。行业主管部门加强对本行业网络安全工作的组织领导、监督检查，督办整改；横向到边、纵向到底。

（4）落实网络运营者的主体责任。按照法律法规和有关制度要求，落实网络安全责任和各项任务要求，守土有责、守土尽责。

（5）落实网络安全等级保护制度。按照《网络安全法》要求和国家标准规范，坚持分

等级保护、分等级监管，保障各级网络系统的安全合规，筑牢网络安全基石。

（6）落实关键信息基础设施安全保护制度。按照《网络安全法》《关键信息基础设施安全保护条例》等法律法规要求，制定关键信息基础设施识别认定规则，确定关键信息基础设施，加强安全保卫、保护和保障。

（7）落实数据安全保护制度。按照《网络安全法》《数据安全法》等法律法规要求，建立数据分类分级制度、安全保护制度等一系列制度，加强重要数据安全保护。

（8）落实密码安全防护要求。落实《中华人民共和国密码法》（以下简称《密码法》）《商用密码管理条例》和密码应用相关标准规范，使用符合规定的密码技术、密码产品和服务，提高技术保护能力。

（9）开展安全检测和风险评估。将隐患识别、威胁分析、等级测评、风险评估、密码安全性检测评估等统筹安排，开展网络安全检测和风险评估，有效管控风险威胁。

（10）制定网络安全建设整改方案并实施。根据安全检测评估、风险分析、事件分析、实战检验等发现的问题、隐患，以应对大规模网络攻击为目标，制定安全建设整改方案并实施。

（11）采取多种方式检验保护措施的有效性。开展网络攻防演习、沙盘推演，聘请专门安全检测机构，远程渗透测试与现场检测相结合，对关键信息基础设施和重要网络系统进行全流程、全方位检测评估。

（12）落实实时监测预警措施。利用网络安全保护平台和技术措施，开展实时监测预警，大力提高监测发现网络攻击的能力。

（13）落实物理设施保护和电力电信保障措施。保护机房、大数据中心、云计算平台等物理设施安全，严防地震、洪灾等破坏，保障网络运行正常、数据免遭破坏。

（14）落实"三化六防"措施。认真落实"实战化、体系化、常态化"和"动态防御、主动防御、纵深防御、精准防护、整体防控、联防联控"措施，提升整体防控能力。

（15）实施"挂图作战"。建设网络安全保护平台和态势感知系统，建设平台智慧大脑，绘制网络地图，实现"挂图作战"。

（16）落实信息通报措施。依托国家网络与信息安全信息通报机制，加强各行业、各领域网络安全信息通报预警机制建设和力量保障，提升信息通报预警能力。

（17）落实责任追究制度。制定网络安全责任制管理办法和问责规范，健全完善网络安全考核评价和责任追究制度，确定问责范围，明确约谈、罚款、行政警告、记过、降级、开除等处罚措施。

（18）落实指挥调度措施。重点行业、网络运营者要建设网络安全监控指挥中心，落实 7×24 小时值班值守制度，提升网络安全指挥调度能力。

（19）落实事件处置机制。制定网络安全事件应急预案，加强应急力量建设和应急资源储备，与公安机关密切配合，建立事件报告制度和应急处置机制。

（20）定期进行"排雷"行动。针对渗透攻击、预埋木马和逻辑炸弹、开后门、网络控制权被剥夺等重大网络安全问题隐患，通过"探雷、固证、排雷、整改"等措施，及时发现攻击，消除重大风险隐患，封堵攻击通道，有效提升网络安全防范能力水平。

（21）落实协同联动措施。建立协同联动、信息共享与会商决策机制，在机构的业务应用、系统建设、技术实施、运营运维、综合管理等部门间建立内部机制；与保护工作部门、行业内上下级单位、直属机构建立纵向配合机制；与公安机关、横向合作单位、技术支撑机构建立横向机制，形成一体化联合工作机制。

（22）落实技术对抗措施。在网络关键节点架设监测设备和蜜罐、沙箱等设备，诱捕和溯源网络攻击，构建以密码、可信计算、人工智能、大数据分析技术为核心的网络安全技术保护体系。

1.3.3　采取网络安全保卫措施，提升网络安全"打防管控"能力

（1）开展联合作战。公安机关与重要行业主管部门、企业等社会力量密切配合，建立网络安全联合作战机制，立足网络备战，打整体仗、合成仗。

（2）落实威胁情报措施。大力加强威胁情报工作，建立完善情报信息共享机制，利用威胁情报引领网络安全"打防管控"综合防控体系建设。

（3）开展网络安全执法检查。各级公安机关的人民警察，应依据《中华人民共和国人民警察法》（以下简称《人民警察法》）、《网络安全法》、《数据安全法》、《关键信息基础设施安全保护条例》等法律法规，对重点单位开展网络安全执法检查。

（4）严厉打击网络违法犯罪活动。利用事件处置、安全监测、安全检测、攻防演习、扫雷等手段，及时搜集发现危害网络和数据安全的违法犯罪线索，及时开展调查取证、追踪溯源，严厉打击危害关键信息基础设施、重要网络系统和重要数据安全的违法犯罪活动。

（5）开展比武竞赛。建设网络靶场，设立红、蓝军，组织开展网络攻防演练、比武竞赛和技术对抗，大力提升对抗反制能力。

1.3.4　采取网络安全保障措施，提升网络安全综合保障能力

（1）落实供应链安全措施。在网络的规划设计、建设、运维、服务等各环节中，加强对网络服务商和产品供应商的安全管理，防范供应链安全风险。加强互联网远程运维安全评估论证，并采取相应的管控措施。

（2）开展技术攻关。按照"理论支撑技术、技术支撑实战"的理念，开展理论研究和技术攻关，研究网络空间智能认知、资产测绘、画像与定位、可视化表达、地理图谱构建、行为认知和智能挖掘等核心技术，支持网络安全实战。

（3）实施自主可控和技术创新工程。梳理排查网络系统中使用的国外产品和服务；加强算法的审核、运用和监督；制定国产化替代方案，在有关部门支持下，从基础软硬件、业务系统和网络安全产品等方面，逐步实现国产化替代。

（4）落实各项保障。加强统筹领导和保障，研究解决网络安全机构编制、人员、经

费、科研、工程建设等各项保障，特别要保障设备设施的改造升级经费。

（5）落实网络安全审查要求。落实 2021 年 12 月国家互联网信息办公室（以下简称国家网信办）、公安部等十三部门联合修订发布的《网络安全审查办法》。

（6）培养攻防兼备的专门队伍。建立教育训练和实战型人才发现、培养、选拔与使用机制，培养攻防兼备的人才队伍。

（7）开展网络安全保险。借鉴发达国家经验，在网络与数据安全领域引入保险机制，提高网络与数据安全风险治理能力。加强顶层设计，研究网络与数据安全保险法律、政策、标准规范，共同培育市场，试点先行，支持保险机构构建"保险＋风险管控＋服务"模式。

（8）实施"一带一路"网络安全战略。有关部门研究出台政策、标准规范，支持国有企业与网络安全企业走出去，让"一带一路"国家共享中国网络安全等级保护经验，同时，保护中国企业在海外的网络基础设施和数据安全，保护企业生产业务安全，保护国家的海外利益。

（9）开展人工智能安全治理。研究出台保障人工智能健康发展应用的法律、政策和标准规范，加强伦理、社会问题研究，从算法安全、数据安全、伦理安全、国家安全等维度综合研究施策，提升人工智能安全治理能力。

1.3.5　按照"理论支撑技术、技术支撑实战"理念提升网络安全综合能力

由于职责不同，高等院校、科研机构侧重于研究网络安全理论和技术，网络安全企业侧重于研究网络安全技术、产品和服务，公安机关等部门侧重于研究网络安全实战。而在网络安全的实际工作中，需要将网络安全的理论、技术和实战紧密结合起来，实战需要技术支撑，技术需要理论支撑，因此，应按照"理论支撑技术、技术支撑实战"的理念，将网络安全的理论、技术和实战密切关联，形成一个有机整体，理论研究、技术攻关最终要用于支撑实战，实现提升网络安全综合能力的目的。

1. "理论支撑技术、技术支撑实战"的总体思路

"理论支撑技术、技术支撑实战"的总体思路如图 1-2 所示。

（1）开展理论研究。按照"理论支撑技术、技术支撑实战"的理念，将地理学、网络安全学、计算机科学、人工智能技术理论等有机结合，建设交叉学科——网络空间地理学。特别是用地理学的理论、技术和重大成果，指导研究网络空间安全。研究网络空间安全图谱要素分类、代码和图形符号表达，网络空间地理图谱理论和网络空间智能认知方法体系，形成网络空间地理学基础理论。

（2）开展核心技术攻关。在理论指导下，开展技术攻关，研究突破网络空间安全图谱要素生成技术、地理环境要素获取与处理技术、地理空间和网络空间资产测绘技术、网络空间地理图谱构建技术、网络空间可视化表达技术、网络空间行为的智能认知技术、网络空间及地理空间现象的时空模拟技术，以支撑实战需求。

（3）实施"挂图作战"。利用核心技术支撑实战，构建网络空间安全图谱，将安全防

护、安全监测、通报预警、态势感知、检测评估、应急指挥、事件处置、威胁情报、侦查打击、技术对抗上图，建立网络空间安全综合防控体系，实施"挂图作战"。

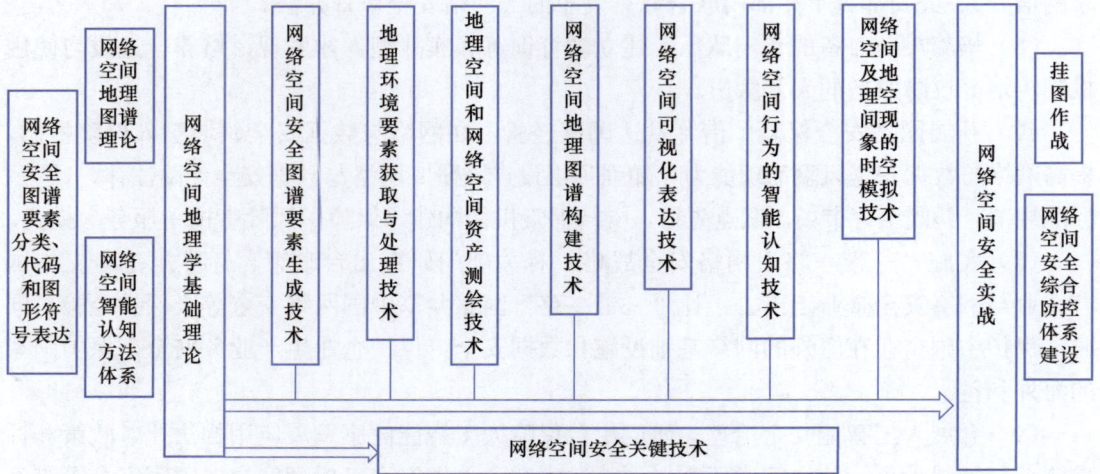

图 1-2 "理论支撑技术、技术支撑实战"的总体思路

2. 建立网络空间安全图谱，支撑"挂图作战"的路线图

建立网络空间安全图谱，支撑"挂图作战"的路线图，如图 1-3 所示。

图 1-3 路线图

（1）建立网络空间层次模型，以网络空间安全图谱要素分类、代码和图形符号表达为基础，构建要素指标体系，利用网络空间测绘技术，获取要素的多源数据，生成网络空间安全图谱要素。

（2）基于知识图谱技术，分析网络空间安全大数据，对多源数据进行关联融合，形成语义网络，构建网络空间安全知识图谱。

（3）以知识图谱为基础，利用人工智能技术和可视化技术，将地理要素、网络拓扑、多源数据可视化，通过动态交互和集成可视化，构建网络空间安全图谱。

习　题

1. 我国网络安全保护制度体系主要包括哪些制度？

2. 什么是网络安全等级保护制度？《网络安全法》中的哪条对网络安全等级保护制度做出了规定？如何规定的？

3. 什么是网络安全等级保护工作？

4. 什么是关键信息基础设施？

5. 关键信息基础设施安全保护制度的主要内容是什么？

6. 数据安全保护制度的主要内容是什么？

7. 个人信息保护制度的主要内容是什么？

8. 网络安全等级保护制度与关键信息基础设施安全保护制度和数据安全保护制度的内在关系是什么？

9. 落实网络安全保护制度的基本策略是什么？

10. 落实网络安全保护制度的保卫、保护、保障措施有哪些？

第 2 章

网络安全等级保护制度与实施

本章介绍国家网络安全基本制度，即网络安全等级保护制度的主要内容，以及有关法律、政策和标准，使读者对网络安全等级保护制度有一个全面了解和掌握，便于在日常网络安全工作中有效落实。

2.1　网络安全等级保护制度的主要内容

1. 网络安全等级保护制度的概念

国家实行网络安全等级保护制度，对网络实施分等级保护、分等级监管，对网络中使用的网络安全产品实行按等级管理，对网络中发生的安全事件分等级响应、处置。

"网络"是指由计算机或者其他信息终端及相关设备组成的，按照一定的规则和程序对信息进行收集、存储、传输、交换、处理的系统，包括网络设施、信息系统、数据资源等。

2. 网络安全等级保护制度的具体内容

（1）网络安全等级保护制度中的"分等级保护、分等级监管"包括五个环节，分别是网络定级、网络备案、等级测评、安全建设整改和监督检查。这部分内容，称为网络安全等级保护工作。详见 2.2.3 节"网络安全等级保护工作的主要环节"。

（2）国家对网络安全产品的使用实行分等级管理制度。网络安全产品应当符合国家标准和网络安全等级保护制度的相关要求。网络安全产品提供者应当为其产品依法提供安全维护，对其产品的安全缺陷、漏洞，应当及时采取补救措施，按照规定及时告知用户，同时向公安机关报告。网络运营者应当根据网络的安全保护等级和安全需求，采购、使用符合国家法律法规和有关标准规范要求的网络安全产品。第三级以上网络运营者应当按照国家有关法律法规要求，采用与其安全保护等级相适应的网络安全产品。

（3）网络安全事件实行分等级响应、处置制度。依据网络安全事件对网络、信息系统和数据的破坏程度、所造成的社会影响以及涉及的范围确定事件等级。根据不同安全保护等级的网络中发生的不同等级事件制定相应的应急预案，确定事件响应和处置的范围、程度及相应的管理制度等。网络安全事件发生后，按照预案分等级进行事件响应和处置。

3. 网络安全等级保护制度的法律、政策和标准

我国出台了一系列有关法律、政策和标准，确立了科学的网络安全等级保护制度。

（1）国家出台《网络安全法》《计算机信息系统安全保护条例》等法律法规，确立了网络安全等级保护制度的法律地位。

（2）国家出台《国家信息化领导小组关于加强信息安全保障工作的意见》，公安部、国家保密局、国家密码管理局、国务院原信息化工作办公室四部门联合出台《信息安全等级保护管理办法》（公通字〔2007〕43 号），公安部出台《贯彻落实网络安全等级保护制度和关键信息基础设施安全保护制度的指导意见》（公网安〔2020〕1960 号）和《关于落实网络安全保护重点措施 深入实施网络安全等级保护制度的指导意见》（公网安〔2022〕1058 号）等政策文件，对如何落实网络安全等级保护制度提出明确要求。

（3）在法律、政策的指引下，国家出台了与法律、政策有机衔接的国家标准，例如《网络安全等级保护定级指南》《网络安全等级保护基本要求》《网络安全等级保护测评要求》《网络安全等级保护安全设计技术要求》《网络安全等级保护实施指南》等，形成了网络安全等级保护标准体系，指导各地区各部门开展网络安全等级保护工作。

4. 网络安全等级保护制度体系

网络安全等级保护制度体系如图 2-1 所示。

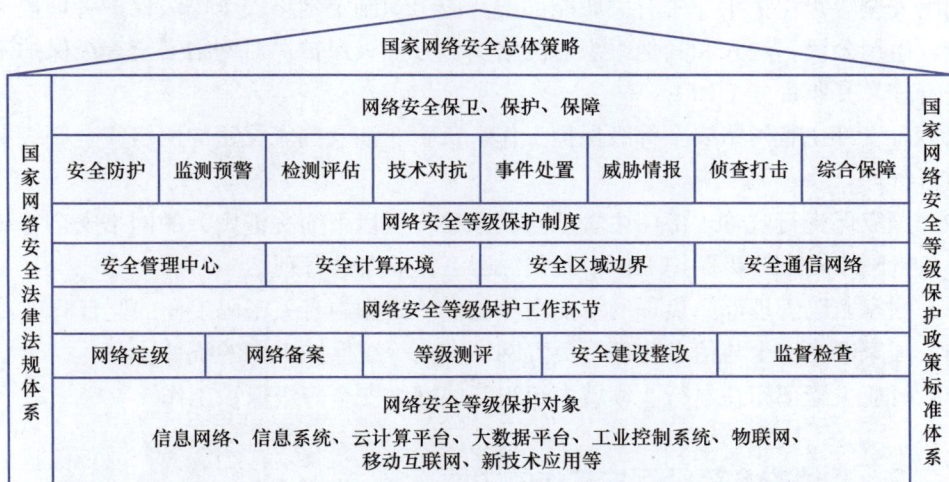

图 2-1　网络安全等级保护制度体系

（1）在国家网络安全法律法规体系、网络安全等级保护政策标准体系支撑下，网络安全等级保护制度体系明确了网络安全等级保护对象、工作环节、"一个中心、三重防护"策略（安全管理中心、安全计算环境、安全区域边界、安全通信网络）。

（2）在实施网络安全等级保护制度基础上，按照国家网络安全总体策略，实施网络安全保卫、保护、保障措施，包括安全防护、监测预警、检测评估、技术对抗、事件处置、威胁情报、侦查打击、综合保障等一系列重要措施，共同构成国家网络安全综合防御体系。

2.2　网络安全等级保护工作的主要内容

2.2.1　网络安全等级保护工作的原则

（1）开展网络安全等级保护工作，应当遵循"分等级保护、突出重点、积极防御、综合防护"的原则，网络运营者建立健全网络安全综合防护体系，重点保护涉及国家安全、国计民生、社会公共利益的网络设备设施安全、运行安全和数据安全。

（2）网络运营者在网络建设过程中，应落实"三同步"原则，即"同步规划、同步建设、同步使用"有关网络安全保护措施。涉及国家密码的网络，应当依据国家保密规定和标准，结合网络实际进行保密防护和保密监管。

（3）在中华人民共和国境内建设、运营、维护、使用的网络，应开展网络安全等级保护工作，并对该工作实施监督管理。

2.2.2　网络安全等级保护工作中有关部门的职责分工

网络安全等级保护工作中有关职能部门，应组织制定网络安全等级保护管理规范和技术标准，组织公民、法人和其他组织对网络实行分等级保护，对网络安全等级保护工作进行监督管理。其职责分工如下：

（1）公安部主管网络安全等级保护工作，负责非涉及国家秘密的网络安全等级保护工作的监督管理。

（2）国家保密行政管理部门主管涉及国家秘密（以下简称涉密）的网络安全等级保护工作，负责网络安全等级保护工作中有关保密工作的监督管理。

（3）国家密码管理部门负责网络安全等级保护工作中有关密码工作的监督管理。

（4）国家网络安全与信息化部门负责网络安全等级保护工作的统筹协调。

（5）行业主管部门在本行业领域内组织开展网络安全等级保护工作。

2.2.3　网络安全等级保护工作的主要环节

开展网络安全等级保护工作，涉及公安机关、保密行政管理部门、密码管理部门、网信部门等职能部门，以及行业主管部门、网络运营者、第三方测评机构、网络安全企业、专家队伍等，各方应按照国家网络安全等级保护制度要求，按照职责任务和分工，密切配合，共同落实《网络安全法》和网络安全等级保护制度要求，依法维护网络安全。

1. 网络定级

网络安全等级保护制度将网络（包括信息系统、通信网络设施、数据资源等）按照重要性和遭受损坏后的危害性，分为五个安全保护等级，从第一级到第五级逐级增高。网络运营者根据《网络安全等级保护定级指南》（GB/T 22240—2020）拟定网络的安全保护等级，组织召开专家评审会，对拟定的安全保护等级进行评审，出具专家评审意见。有主管部门的，网络运营者将定级结果上报行业主管部门进行核准。有关网络的安全保护等级的具体描述见 2.4.2 节"网络的安全保护等级的划分"。

2. 网络备案

网络的安全保护等级确定后，第二级（含）以上网络的运营者将网络定级材料向公安机关备案，公安机关对备案材料和定级准确性进行审核，审核合格后颁发备案证明。行业主管部门有备案要求的，网络运营者应当向行业主管部门备案。行业主管部门统一向同级公安机关报送备案材料。

3. 等级测评

网络运营者选择符合国家规定条件的测评机构，依据国家网络安全等级保护制度规定，按照有关网络安全等级保护管理规范和技术标准，对非涉及国家秘密的网络安全等级保护状况进行检测评估，查找网络安全问题、隐患，分析威胁、风险，提出安全建设整改意见。

4. 安全建设整改

网络运营者根据网络的安全保护等级，按照国家有关法律、政策以及《网络安全等级保护基本要求》（GB/T 22239—2019）、《网络安全等级保护安全设计技术要求》（GB/T 25070—2019）等国家标准，开展安全建设整改，建设安全设施，落实安全措施和安全责任，建立和落实安全管理制度。需要说明的是，等级测评与安全建设整改的顺序没有严格规定，网络运营者可以根据实际情况安排先后顺序。

5. 监督检查

公安机关对第二级网络的网络安全工作进行指导，对第三、第四级网络的网络安全工作定期开展监督检查，监督检查网络运营者开展网络安全保护各项工作的情况和网络安全状况，发现问题和隐患等，提出整改意见，并督办整改。

2.2.4　行业主管部门和网络运营者的责任义务

1. 行业主管部门的责任义务

行业主管部门应当依照有关网络安全法律、行政法规的规定和标准规范要求，指导和监督本行业、本领域落实网络安全等级保护制度，制定出台本行业网络安全等级保护政策、标准规范和工作指南，组织本行业、本领域开展网络安全等级保护的各项工作。

2. 网络运营者的责任义务

网络运营者应当依照有关网络安全法律、行政法规的规定和标准规范要求，落实网络安全等级保护制度，开展网络定级备案、等级测评、安全建设整改和自查等工作，采取管理和技术措施，保障网络设备设施安全、运行安全和数据安全，有效应对网络安全事件，防范网络违法犯罪活动；在网络建设、运营过程中，应当"同步规划、同步建设、同步使用"有关网络安全保护措施和密码保护措施；接受公安机关对其网络安全工作的监督、检查和指导。

2.2.5　企业和个人的责任义务

（1）基础软硬件企业、网络安全企业、系统集成商、安全服务商、等级测评机构等企业和服务机构，应当依据国家有关管理规定和技术标准，开展网络安全技术支持、服务等工作，并接受网络安全监管部门的监督管理。

（2）任何个人和组织都应该履行网络安全保护义务，维护国家安全；不得危害网络基础设施安全、运行安全和数据安全；不得利用网络从事危害国家安全、公共安全、社会公共利益，扰乱经济秩序、社会秩序，或者侵犯公民合法权益的违法犯罪活动。任何个人和组织发现危害网络安全或者利用网络实施的违法犯罪行为，有权向公安机关举报。

2.2.6　网络运营者应履行的网络安全义务

1. 网络运营者应履行的一般义务

网络运营者应按照有关法律法规、政策规范和《网络安全等级保护定级指南》《网络安全等级保护基本要求》《网络安全等级保护安全设计技术要求》等国家标准的要求，确定网络的安全保护等级，采购符合法律政策要求的网络安全产品，制定并落实安全管理制度，落实安全责任，建设安全设施，落实安全技术措施，履行下列一般安全保护义务，保障网络免受干扰、破坏或者未经授权的访问，防止网络数据泄露或者被窃取、篡改，保障网络安全：

（1）确定网络安全工作责任人，建立网络安全工作责任制，落实责任追究制度。

（2）建立安全管理和技术保护制度，建立人员管理、教育培训、系统安全建设、系统安全运维等制度。

（3）落实机房安全管理、设备和介质安全管理、网络安全管理等制度，制定操作规范和工作流程。

（4）落实身份识别、防范恶意代码感染传播、防范网络入侵攻击的管理和技术措施。

（5）落实安全监测、记录网络运行状态、网络安全事件的管理和技术措施，并按照规定留存网络设备、安全设备、服务器、应用系统、安全监测等相关网络日志六个月以上。

（6）采取数据加密、备份等安全保护措施，防止数据在收集、存储、传输、处理、使用等环节中泄露或者被窃取、篡改。

（7）按照国家有关规定，对网络中发生的重大事件或者发现的重大网络安全威胁，应当在 24 小时内向属地公安机关、网信部门报告,有行业主管部门的,同时向属地行业主管部门报告;属于泄露国家秘密的,应当同时向属地保密行政管理部门报告。

(8)法律、行政法规规定的其他网络安全保护义务。

2. 第三级以上网络的运营者应履行的重要义务

第三级以上网络的运营者除履行上述一般安全保护义务外,还应当履行下列安全保护义务:

(1)确定网络安全管理机构,明确网络安全工作的职责,对网络变更、网络接入、运维和技术保障单位变更等事项建立逐级审批制度。

(2)制定并落实网络安全总体规划和整体安全防护策略,制定安全建设方案并评审。

(3)对为相关网络提供设计、建设、运维和技术服务的机构和人员进行安全管理。

(4)落实网络安全态势感知监测预警措施,对网络威胁、网络运行状态、网络流量、网络安全事件等进行动态监测分析。

(5)采取重要网络设备、通信链路、系统的冗余备份以及重要数据备份恢复措施。

(6)法律和行政法规规定的其他网络安全保护义务。

2.2.7　网络安全等级保护相关工作要求

1. 对网络服务机构的要求

网络服务提供者在开展网络安全服务活动中,应当保守服务过程中知悉的国家秘密、工作秘密、商业秘密、个人信息和重要数据。不得非法使用或擅自发布、披露在提供服务中收集掌握的数据信息和系统漏洞、恶意代码、网络入侵攻击等网络安全信息。为第三级以上网络提供建设、运行维护、安全监测、数据分析等网络服务的提供者,应当具备相应的服务能力,并依据国家有关法律法规和技术标准开展相关服务。

2. 对技术服务的要求

第三级以上网络应当在境内实施技术维护,不得在境外开展远程技术维护。因业务需要,确需进行境外远程技术维护的,应当按照相关规定进行安全评估,报有关部门批准,并采取风险管控措施。实施技术维护,应当记录并留存技术维护日志。

3. 对网络产品的采购要求

网络运营者应当根据网络系统的安全保护等级和安全需求,采购和使用符合国家法律法规和有关标准规范要求的网络产品。第三级以上网络的运营者应当采用与其安全保护等级相适应的安全可信的网络安全专用产品;对于重要区域使用的网络产品,应当委托专业检测机构进行专项测试,根据测试结果选择符合要求的网络产品。

网络产品应当符合国家标准和网络安全等级保护制度的相关要求。网络产品提供者应当为其产品依法提供安全维护,对其产品的安全缺陷、漏洞,应当及时采取补救措施,按照规定及时告知用户,同时向公安机关报告。

2.3　落实网络安全等级保护制度的总体要求和主要措施

在网络安全职能部门的带领下，在行业主管部门、网络运营者、网络安全企业、研究机构、专家的大力支持下，全国各地区各部门实施网络安全等级保护制度，有力提升了国家网络安全综合防护能力。网络安全进入新时代，网络安全等级保护制度进入 2.0 时代，需要树立新理念、确定新目标、落实新措施，深入实施网络安全等级保护制度，全面建立网络安全保护良好生态，全面提升网络安全基础支撑能力。

2.3.1　落实网络安全等级保护制度的总体要求

（1）深入贯彻落实网络安全等级保护制度，实时审视国际网络安全态势，坚持问题导向、实战引领、体系化防御。

（2）树立极限思维、底线思维和"一盘棋"思想，提档升级网络安全保护措施，构建"打防管控"一体化的网络安全综合防御体系。

（3）全面落实"实战化、体系化、常态化"和"动态防御、主动防御、纵深防御、精准防护、整体防控、联防联控"的"三化六防"措施。

（4）深化网络安全等级保护建设整改、检查检测、监测预警、应急处置等各项重点工作，强化新技术新应用网络安全管理和治理，健全和完善网络安全等级保护工作机制。

（5）不断提升国家网络安全整体防护能力和技术对抗能力，增强战略定力，切实保障涉及国计民生的重要网络系统安全和数据安全，维护国家安全和社会稳定。

2.3.2　落实网络安全等级保护制度的原则

1. 深入实施网络安全等级保护制度

按照《网络安全法》等法律法规要求，依法实施网络安全等级保护制度，深化网络安全等级保护政策和标准落实，健全完善网络安全保护工作机制，统筹协调网络与数据安全保护工作，确保网络安全等级保护定级备案、等级测评、安全建设整改等工作有效开展，做到底数清、情况明，筑牢网络安全基石，建立良好的网络安全保护生态。

2. 有效落实网络安全等级保护各环节工作

（1）所有网络系统纳入等级保护定级范围，包括信息网络、业务专网、信息系统、云计算平台、工业控制系统、物联网、采用移动互联技术的系统、大数据平台、智能制造系统、算力网络、采用新技术的网络系统等，做到定级对象合理、定级准确。

（2）确定为第二级以上的网络系统全部到公安机关备案。

（3）所有第三级以上的网络系统每年开展等级测评。

（4）针对等级测评发现的问题隐患，制定安全整改方案并开展整改，确保所有问题隐患动态清零。

（5）第三级以上的网络系统，每年开展自查和安全检查。

3. 显著提升网络安全整体防护能力和水平

健全完善网络安全技术保护体系，构建安全可控的物理环境与通信网络、纵深防御的区域边界、高度可信的计算环境、一体化的安全管理中心，加强安全监测、通报预警、事件处置、威胁情报、检测评估、演习演练、应急处置和技术对抗等措施的落实，强化供应链安全管理和数据安全保护，显著提升网络安全整体防护能力、技术对抗能力和抵御大规模网络攻击能力。

2.3.3　落实网络安全等级保护制度的主要措施

国家出台了《网络安全法》《数据安全法》《关键信息基础设施安全保护条例》等一系列网络安全法律法规、《国家网络空间安全战略》等一系列政策文件、《网络安全等级保护基本要求》《关键信息基础设施安全保护要求》等一系列国家标准。在认真梳理国家有关网络安全法律、政策和标准，总结我国开展网络安全等级保护工作经验的基础上，这里给出落实网络安全等级保护制度、提升网络安全综合防御能力的 34 项重要措施。

1. 建立健全网络安全领导体系和工作体系

行业主管部门和网络运营者应建立健全网络安全领导体系和工作体系，加强本行业、本领域、本单位网络安全工作的组织领导。

（1）建立网络安全领导体系，设立网络安全和信息化领导小组或委员会等领导机构，加强组织领导，定期专题研究网络安全等级保护、关键信息基础设施安全保护、数据安全保护等重大事项，保障在人力、物力、财力等资源方面的投入，审定本机构网络安全管理办法、网络安全规划、安全建设整改方案、应急预案、操作规范等规章制度。

（2）建立专门安全管理机构，设置安全管理岗位，确定安全保护专职人员，明确岗位职责和管理权限等。安全管理人员应参与本机构网络安全和信息化工作决策。

（3）统筹开展网络安全等级保护、关键信息基础设施保护、数据安全保护、个人信息保护等各项工作，为每个第三级以上网络系统确定网络安全责任人，明确职责任务，建立考核制度。

2. 制定网络安全规划和行业标准规范

（1）行业主管部门结合本行业、本领域网络安全工作实际，编制网络安全规划和行业标准规范，出台本行业网络安全管理办法；根据国家政策和标准，出台行业网络安全等级保护政策、标准规范和指南。

（2）网络运营者根据行业网络安全规划和标准规范，制定网络安全保护实施方案并组织实施，落实网络安全等级保护制度、数据安全保护制度等的要求；制定网络安全操作规程和手册，将网络安全法律、政策和标准规范落到实处。

（3）在网络系统建设中，网络安全保护措施应与信息化建设"同步规划、同步建设、同步使用"，确保网络安全保护措施落实到位，并加大投入和保障。

3. 将网络安全等级保护制度与其他制度有机结合

发挥网络安全等级保护制度的基础性、支撑性作用，将网络安全等级保护制度与关键信息基础设施保护制度、数据安全保护制度有机衔接，统筹规划和落实。

（1）以深入开展网络安全等级保护工作为基础，以加强关键信息基础设施安全保护、数据安全保护为重点，全面部署和组织开展网络安全工作。

（2）保护对象为关键信息基础设施的，在落实网络安全等级保护制度的基础上，根据关键信息基础设施安全保护相关标准要求，采取加强型和特殊型保护措施，提升关键信息基础设施整体防御能力。

（3）针对保护对象中的数据和个人信息，在落实网络安全等级保护制度的基础上，依据数据安全保护、个人信息安全保护相关标准规范要求，采取有针对性的措施，保护数据和个人信息全生命周期安全。

（4）将第三级以上网络系统、关键信息基础设施和重要数据统筹起来，整体设计，落实安全保护、安全监测、通报预警、检测评估、应急处置、技术对抗、威胁情报、综合保障等措施。

（5）依据国家商用密码相关标准要求，第三级以上网络系统应落实密码保护相关措施，并开展密码安全性检测评估。

4. 建立网络安全责任制和问责制度

严格落实有关法律法规和《党委（党组）网络安全工作责任制实施办法》，建立网络安全责任制和责任追究制度。

（1）制定各行业、领域网络安全责任制管理办法，明确网络安全管理部门、网络运营者的主体责任。

（2）明确专门安全管理机构具体职责任务，承担安全管理、应急演练、事件处置、教育培训和评价考核等日常工作，设置具体岗位，将责任落实到人。

（3）加强核心岗位人员管理，建立健全人员管理制度。

（4）制定出台网络安全问责规范，明确违规情形和责任追究事项，确定问责范围，明确约谈、罚款、警告、记过、降级、撤职、开除等处罚措施，确保问责见效。

（5）针对网络运营者网络安全工作不力、重大问题隐患久拖不改，或存在较大风险、发生重大案（事）件等情形的，公安机关等网络安全职能部门依法进行行政处罚。

（6）网络运营者应积极配合公安机关开展网络安全保卫、防范打击违法犯罪活动和开展监督检查，对不配合的，公安机关依法进行处罚。

5. 深化网络安全等级保护定级备案工作

（1）梳理所有定级对象，确保所有网络、信息系统、数据资源纳入定级范围，依据

《网络安全等级保护定级指南》，合理划分定级对象，科学确定网络系统的安全保护等级。

（2）将云计算、物联网、工业互联网、移动互联网、大数据、智能制造、人工智能、区块链、车联网、卫星互联网、算力网络等新技术新应用纳入网络安全等级保护范围，对于新技术新应用，应根据业务场景合理确定定级对象和安全保护等级。

（3）对安全保护等级初步确定为第二级以上的网络系统，网络运营者应组织网络安全专家对定级结果进行评审，确保定级过程符合法律政策和标准要求、定级结果准确。

（4）网络运营者将网络系统等级保护定级结果和备案材料及时提交公安机关进行备案审核，符合规定条件的，公安机关受理备案。

（5）当网络系统发生改变，应按照有关规定重新开展定级和备案变更。

6. 制定网络安全等级保护建设方案并实施

（1）根据《网络安全等级保护基本要求》《网络安全等级保护安全设计技术要求》等国家标准和行业标准，制定网络安全总体策略，对不同安全保护等级的网络系统开展差距分析，结合行业及业务特点，形成安全保护需求，开展网络安全总体设计和安全保护技术体系及管理体系设计。

（2）按照"一个中心、三重防护"策略，建设安全管理中心，从安全计算环境、安全区域边界、安全通信网络三个维度设计安全保护措施，制定安全保护总体方案。

（3）对安全保护总体方案进行详细设计，包括技术框架设计、安全功能和性能设计、部署方案设计、安全管理设计等。

（4）对网络安全总体策略、安全保护总体方案、详细设计方案等进行充分论证，在此基础上开展网络安全等级保护建设。

7. 认真组织开展网络安全等级测评工作

对第三级以上网络系统，网络运营者应聘请等级测评机构，每年开展网络安全等级测评。

（1）从《网络安全等级保护测评机构服务认证获证机构名录》（网络安全等级保护网查询）中选择等级测评机构，按照《网络安全等级保护测评要求》《网络安全等级保护测评过程指南》等国家标准和行业标准，制定网络安全等级保护测评方案。

（2）组织开展等级测评工作，对照标准检测评估网络系统安全的合规性，查找安全问题和风险隐患、评判网络系统安全保护状况和总体安全保护能力，提出整改措施并认真落实。

（3）加强对等级测评过程的管理，与等级测评机构签署保密协议，等级测评机构提交安全承诺书，对测评过程、测评人员实施监督，确保测评过程安全可控、测评结果客观公正。

（4）对于新建网络系统，应在上线前开展等级测评和源代码安全检测，符合安全保护要求的方可上线运行。

8. 制定网络安全整改方案并实施

根据等级测评、安全检测评估、风险分析、事件分析、实战检验等发现的问题隐患，结合威胁情报，制定网络安全整改方案，经论证审定后实施。

（1）根据网络安全面临的威胁态势变化，持续完善和调整网络技术架构、系统承载能力、安全防护机制、安全策略、安全管理措施、技术保护措施、运行维护措施和保障措施等，增强保护弹性和可持续性。

（2）在落实网络安全等级保护国家标准的基础上，创新保护理念和技术方法，采用人工智能技术、区块链技术、大数据分析技术等，对核心网络、核心资产、核心数据进行特殊加固，确保其得到有效保护。

（3）对网络安全问题隐患和风险开展整改后，应及时开展复测，检验整改是否到位，分析残余风险，确保问题隐患动态清零，风险可控。

9. 强化物理环境基础设施安全保障

落实物理环境安全保障措施，保护数据机房、云计算机房、重要通信机房等物理设施安全。

（1）加强机房进出管理，第三级以上网络系统应在机房出入口配置电子门禁系统、防盗报警系统、视频监控系统等。

（2）重点保障机房供电及通信链路，第三级以上网络系统应实现电力冗余供应，具备短期备用电力供应能力。

（3）采用技术手段加强机房环境监测，确保及时发现和阻断物理攻击破坏。

（4）第三级以上网络系统应采用技术措施，加强防水、防静电及关键设备的电磁防护，严防自然灾害对物理环境造成损坏。

（5）加强消防资源保障，第三级以上网络系统所在机房应实现分区域管理，不同区域之间设置防火隔离装置。

10. 加强通信网络安全保护

采用技术措施保障重要数据在非可靠网络传输的安全性，科学规划网络区域和架构。

（1）科学设计网络架构规划，合理划分网络区域，避免核心业务区域部署在网络边界，第三级以上网络系统采用硬件冗余，保证系统的高可用性。

（2）保障通信传输安全，第三级以上网络系统使用密码技术保护，防范数据在传输过程中被篡改、窃取。

（3）基于可信计算技术保障设备启动和执行过程的安全，第三级以上网络系统应在应用程序的关键执行环节采用可信计算技术，进行动态可信验证。

11. 加强网络边界安全保护

在网络边界采取授权准入、入侵防范等措施，实现对网络内部资产和数据的保护。

（1）缩减、归并网络出口，加强边界管理，在网络边界部署访问控制设备，对进出流量数据进行过滤与监测，第三级以上网络系统限制非法外联，落实准入控制措施。

（2）制定访问控制策略、优化访问控制规则，落实边界隔离、跨界访问控制措施，第三级以上网络系统边界应采取基于应用协议和内容的访问控制措施。

（3）落实主动防护措施，第三级以上网络系统通过技术措施准确识别来自系统内外的攻击行为，查杀恶意代码，清除垃圾邮件，提升应对新型网络攻击的能力。

（4）全面收集安全审计日志，建设网络安全分析溯源平台，溯源网络攻击源和攻击路径，预知预判、预警预防和处置网络安全威胁风险。

12. 加强计算环境安全保护

围绕身份鉴别、权限划分、安全审计、入侵防护、数据安全防护等安全要求，构建安全可信的计算环境。

（1）建立完善账户保护机制，结合实际应用范围对账户最小授权，对账户口令合理配置，审计用户的登录和操作行为，对授予较高权限的账户实施严格的审计措施。第三级以上网络系统的用户采用双因素登录方式。

（2）最小化安装系统组件和应用程序，关闭多余端口和服务。建立开源代码清单库，记录开源软件来源、版本、安全情况、运维方法等信息，在软件研发过程中进行开源软件安全性检测。

（3）重要数据传输和存储需建立完整性和保密性保护措施，对重要数据实施本地和异地备份以及恢复措施，并定期开展恢复测试演练。第三级以上网络系统实施重要数据异地实时备份。

13. 构建网络安全管理中心

合理规划建设网络安全管理中心，实现网络安全一体化调度与防控。

（1）在网络中部署运维审计系统、集中管理平台等，实现对各类管理员的集中认证、授权及操作审计。

（2）在网络中规划特定区域用于集中部署安全管控措施，对分布在网络中的安全设备或安全组件进行管控。

（3）实施一体化监测，包括对网络链路、设备运行状态的集中监测。

（4）实现集中审计，部署综合审计系统实现对各类审计信息的集中审计分析，并确保日志存储周期超过六个月。

（5）集中部署各类管控系统，实现对安全策略、恶意代码、补丁升级等安全相关事项的集中管理。

（6）在网络中部署态势感知、威胁信息分析系统等，通过对各类安全日志、网络流量的分析，实现对安全事件的快速甄别及追踪溯源。

14. 健全完善网络安全管理体系

建立和规范网络安全保护工作中的安全策略、管理制度、操作规程等，为各类安全管理活动提供指导和支撑。

（1）完善安全管理制度，规范安全管理活动中的各项管理制度和操作规程，涉及层面包括但不限于机构人员、物理环境、网络通信、数据管理、安全建设和安全运维等。

（2）第三级以上网络系统运营者，应设置专职安全管理员，依据完善的审批制度和流程对重要活动逐级审批并定期审查，定期开展安全检查。

（3）加强人员安全管理，规范内部人员录用、离岗和外部人员访问流程，认定关键岗位，明确安全责任和惩戒措施，并有计划地开展人员培训和技能考核。

（4）系统上线前开展安全性验收测试。

（5）强化安全运维管理，加强对环境、资产、介质、设备的维护和配置等方面的管理，严格落实变更审批程序。

（6）制定应急预案并定期开展应急演练，提高安全防护意识和应急处置能力。

15. 加强数据全生命周期安全保护

（1）按照《数据安全法》《个人信息保护法》等法律法规要求，在落实网络安全等级保护制度基础上，建立数据安全保护制度，采取保护措施，保障数据在收集、存储、传输、使用、提供、销毁过程中的安全。

（2）采取技术手段，保障重要数据的完整性、保密性和可用性，保护数据和个人信息全生命周期安全，防止数据和个人信息被泄露、损毁、篡改、窃取、丢失和滥用。

（3）网络运营者按照国家有关要求，落实数据分类分级制度，落实全流程安全保护措施。

（4）在数据收集阶段，明确数据收集的目的、用途、方式、范围、来源、渠道等，并对数据来源进行鉴别和记录，仅收集通过授权的数据，收集的全过程需要符合相关法律法规要求和监管要求。

（5）在数据存储阶段，重要数据存储在境内，第三级以上网络系统应对重要数据、个人信息及业务敏感数据等进行加密存储，建立数据存储备份机制，并定期开展备份恢复演练，第三级以上网络系统应落实异地实时数据备份措施。

（6）在数据传输阶段，第三级以上网络系统应对敏感数据进行加密传输，对数据导入导出进行严格审批和监测。

（7）在数据使用阶段，明确数据的使用规范，仅允许访问和使用业务所需的最小范围内的业务数据，在处理过程中应进行去标识化或脱敏处理。

（8）对外提供和公开数据时，严格依照数据共享规范，对过程进行严格审批并存档，开展风险评估并对数据共享进行监测和审计，建立数据交换和共享审核流程和监管平台，对数据共享的所有操作和行为进行日志记录，并对高危行为进行风险识别和管控。

（9）在数据销毁阶段，建立数据销毁机制，明确数据清理方法，确保被销毁的数据不能被还原。

16. 强化供应链安全管理

落实供应链安全管理措施，提升风险防范能力。

（1）加强供应链安全管理，从机构人员、资金保障、产品服务、风险管理、安全建设和安全维护等多方面予以规范，并采取相应措施确保供应链安全管控制度得到落实。

（2）加强供应链提供方安全准入管理，对服务方人员进行安全管理，签订安全保密协议，明确安全责任和义务。

（3）建立供应方目录，定期梳理和更新供应链企业、产品、人员清单。

（4）针对产品或服务采购，要求供应方同时提供相关技术文档，并明确产品或服务的知识产权。

（5）建立风险处理和报告程序，当发生网络安全风险时，及时采取措施消除隐患，涉及重大风险的按规定同时向有关部门报告。

17. 采取多种方式检验安全保护措施的有效性

（1）在公安机关指导和支持下，开展网络安全演练，集中检验是否存在重大安全问题隐患，检验各环节安全保护措施是否有效，促进网络安全监测发现能力、技术对抗能力、应急处置能力、综合防御能力的提升。

（2）开展沙盘推演，科学设计典型业务场景，深入分析网络安全威胁风险和薄弱环节，在沙盘上演绎技术对抗过程，评价防护策略、技术和措施的有效性，提升应对大规模网络攻击的能力。

（3）聘请专门的安全检测机构，远程渗透测试与现场检测相结合，对第三级以上网络系统进行全流程、全方位安全检测评估，及时排查和消除重大风险隐患。

（4）积极探索如何将演练方法和措施应用于日常监测、通报预警工作中，优化网络安全防护策略和方法，不断提炼总结实战经验，提升网络安全综合防御能力和技术对抗能力。

18. 加强云计算平台安全保护

（1）采用云计算技术的平台，在满足网络安全等级保护通用要求的基础上，要按照《网络安全等级保护基本要求》中的云计算安全扩展要求、《网络安全等级保护安全设计技术要求》中的云计算等级保护安全技术设计框架，对云计算平台进行特殊保护。

（2）云服务商（即云供应商）应保障云服务客户（即云租户）网络区域的安全，云计算平台应保障各云服务客户虚拟网络之间的隔离，提供通信传输、边界防护、入侵防范等安全机制，确保云服务客户允许接入第三方安全产品或服务，并且云服务客户可以自主设置安全策略。

（3）落实网络边界的安全防护，在网络边界配置访问控制策略，部署安全设备检测各类网络攻击行为，云计算平台应提供双向安全检测及告警功能。

（4）保障云服务客户的数据安全，云服务商应提供加固的镜像，通过完整性校验防止其被恶意篡改，当虚拟机做迁移时应保证访问控制策略的一致性，云服务客户应定期开展安全检查，进行安全加固，在本地对数据进行备份。

（5）对云计算平台实行集中监测，提供安全态势感知、攻击行为回溯分析和监测预警等功能，实现安全事件的事前预警、事中防护和事后追溯，持续监测云计算平台的安全状态。

19. 加强移动互联网络系统安全保护

（1）在传统信息系统防护的基础上，重点关注移动终端安全和无线网络接入安全。在满足网络安全等级保护通用要求的基础上，按照《网络安全等级保护基本要求》中的移动互联安全扩展要求、《网络安全等级保护安全设计技术要求》中的移动互联等级保护安全技术设计框架，对移动互联网络系统进行特殊保护。

（2）选取具有终端设备准入控制功能的无线网络设备，建立终端设备白名单，及时发现、定位和处理非法接入设备。

（3）应建设统一的移动终端管理系统，建立应用白名单机制，移动终端管理服务端对移动终端进行设备生命周期管理、设备远程控制、设备安全管控。

（4）移动应用上线前应经专业测评机构进行安全性检测，保证移动终端安装、运行的应用来自可靠证书签名或可靠分发渠道。

（5）建立移动互联安全管理制度，加强对移动终端的安全管理和控制，第三级以上网络系统所属的移动终端设备丢失后，可进行远程数据擦除。

20. 加强物联网安全保护

（1）在满足网络安全等级保护通用要求的基础上，按照《网络安全等级保护基本要求》中的物联网安全扩展要求、《网络安全等级保护安全设计技术要求》中的物联网等级保护安全技术设计框架，对物联网进行特殊保护。

（2）落实物理设备防护措施，确保物联网设备所处的物理环境安全、工作状态稳定，防止强干扰、阻挡屏蔽等破坏。

（3）采用接入控制、入侵防范、设备安全管理等技术措施，提升应对非法恶意接入、陌生地址攻击、非法入侵等安全风险的技术防御能力。

（4）提升数据安全保护能力，防范数据攻击；采用数据融合等相关技术，提升数据融合处理和智能处理能力。

（5）依据典型场景所面临的安全风险和威胁，采取具有针对性的安全技术措施，例如针对智能家居、车联网、智能制造等典型场景，加强用户身份认证、隐私保护、云端分析、固件更新、数据上报、配置下发、远程控制等安全保护措施，提升应对典型安全风险和威胁的能力。

21. 加强工业控制系统安全保护

（1）在满足网络安全等级保护通用要求的基础上，按照《网络安全等级保护基本要求》中的工业控制系统安全扩展要求、《网络安全等级保护安全设计技术要求》中的工业控制等级保护安全技术设计框架，对工业控制系统进行特殊保护。

（2）落实室外控制设备物理防护措施，确保设备所处的物理环境安全、工作状态稳定，远离强电磁干扰、强热源等环境。

（3）采用物理隔离、单向网闸等安全措施，实现过程级、操作级以及各级之间和内部网络的安全隔离与互联。

（4）采用加密认证、访问控制和数据加密等技术措施，加强命令、状态量、控制量等通信数据的完整性保护。

（5）采用边界访问控制、拨号使用控制、无线使用控制等多重防护限制措施，保障边界防护和信息过滤。

（6）落实设备身份认证、访问控制等防护措施，提升抵御非法恶意接入、非法干扰控制等安全风险的技术防御能力。

（7）采取控制设备技术防护措施，严格管理设备输出端口，保障其安全稳定运行。

（8）落实数据完整性保护和敏感数据的保密措施，落实通信网络组态环境、工程文件的防护措施，对难以加密的现场总线和现场设备进行物理保护，上层数据进行信息加密处理。针对系统安全设计建设、产品开发采购，落实上线前安全检测措施，排查消除安全隐患。

22. 加强大数据及平台安全保护

（1）在满足网络安全等级保护通用要求的基础上，按照《网络安全等级保护基本要求》附录 H 中的大数据安全控制措施、《网络安全等级保护安全设计技术要求》中的大数据设计技术要求，以及其他数据安全标准规范，对大数据及平台进行特殊保护。

（2）加强鉴权过程安全保护，对大数据平台各关键组件和大数据应用，采用严格身份鉴别措施，并按照最小授权原则进行访问控制，对外提供服务应进行严格的授权访问和使用管理。

（3）强化数据分类分级安全管理，具备静态脱敏和去标识化的服务能力，在数据清洗和转换过程中对重要数据进行完整性保护，具备数据加密存储能力。

（4）将安全审计贯穿在数据采集、存储、处理、分析、使用、提供、销毁等各个环节中，保留完整的日志记录，保证溯源数据能重现相应过程，将不同用户的大数据应用相关审计数据隔离存放。

（5）建立大数据安全管理制度，约定大数据平台提供者的权限与责任、各项服务内容和具体技术指标等，并确保数据接收方具有符合标准规范要求的安全防护能力。

23. 加强自主可控和创新工程安全管理

（1）自主可控和创新工程是数据安全、网络安全的基础和新基建的重要组成部分，应在满足基本安全要求的基础上增加安全措施，确保自主可控和创新工程健康发展。

（2）自主可控和创新工程相关网络系统应落实网络安全等级保护制度，科学合理确定安全保护等级，并具备相应级别的安全保护能力。

（3）自主可控和创新工程相关网络系统涉及的产品、服务等，应采购和使用符合国家有关规定、安全可信的产品、服务。

（4）涉及身份鉴别技术、数据传输完整性和保密性、网络通信传输的完整性和保密性等密码技术使用时，相关密码技术应经国家密码管理部门认证核准。

（5）探索开展网络安全保险，研究网络安全保险相关政策和标准规范，共同培育市场，试点先行，构建"保险＋风险管控＋服务"模式，提升网络安全社会治理能力。

（6）实施"一带一路"网络安全战略，支持企业走出去，与友好国家共享中国网络安全等级保护经验，同时保护国家和企业的海外权益。

24. 加强采用 5G 网络技术的网络系统安全保护

（1）5G 网络提供了边缘计算能力，应加强采用边缘计算技术的网络系统的安全保护。同时，5G 网络安全保护应在传统网络安全保护的基础上，重点加强准入控制、数据传输、检测预警、隐私保护等方面的保护措施。

（2）加强关键终端保护，避免关键终端暴露在强干扰物理环境中。

（3）加强 5G 网络通信过程中的密码管理。

（4）加强 5G 专网终端接入的访问控制，并通过 DNN（Data Network Name，数据网络名称）或切片等方式对不同业务系统进行安全隔离。

（5）实现边缘计算场景下 5G 安全能力开放，通过开放接口或开放性安全服务实现安全防护措施的增强。

（6）提升安全检测预警能力，加强空口干扰检测、空口信令风暴的检测以及 5G 边缘设备自身的入侵检测，防范对设备的攻击入侵。

（7）加强 5G 用户隐私管理，妥善保管收集到的 5G 用户相关信息，进行多层次的隐私保护处理。

（8）选择安全合规的 5G 网络运营商，其所提供的 5G 网络应为承载的业务系统及数据传输提供相应等级的安全保护能力。

（9）保证终端设备、边缘计算平台等安装、运行的应用软件来自可靠分发渠道或使用可靠证书签名。

25. 加强区块链技术架构安全保护

合理构建采用区块链技术的网络系统的技术架构，分层次进行安全保护。

（1）使用的密码算法、技术、产品及服务，应符合国家密码管理部门及行业标准规范要求。

（2）应选择可证明安全的共识机制，共识机制应具有容错性及一致性，具备防重放攻击的能力。

（3）交易与账本应在多节点拥有完整的数据记录并确保各节点数据的一致性。

（4）智能合约应具备完整性和抗抵赖性，应在沙盒中运行，降低对区块链系统整体运行的影响，在发现合约漏洞时应进行检查和修复。

（5）加强联盟链和私有链的权限管控，建立用户身份管理机制。

（6）加强接口管理，配置不同的访问权限，保证权限最小化。

（7）加强联盟链和私有链的检测预警，采用双向认证等技术手段确保数据在传输过程中的完整性和保密性。

26. 加强 IPv6 网络系统安全保护

在 IPv4 网络安全保护的基础上，加强各层面的隔离及访问控制，重点加强对 IPv6 协议栈新增安全威胁的防护。

（1）合理管控 IPv6 管理、控制和数据平面之间的资源互访。

（2）强化管理和控制平面 IPv6 网络接入的认证与鉴权，通过 IPsec 认证和白名单策略等加强 IPv6 网络路由等协议的安全保护，采用技术手段重点防御 NDP（Neighbor Discovery Protocol，邻居发现协议）报文重放攻击。

（3）IPv6 网络涉及软硬件，在设计开发阶段应确保 IPv6 协议栈安全质量，同步开展已知漏洞的安全检测及修复。

（4）在网络边界、重要网络节点强化针对 IPv6 网络环境流量的安全审计。

27. 建设网络安全综合业务平台

科学设计和建设网络安全综合业务平台，支撑网络安全重要业务开展和"挂图作战"。

（1）紧密围绕网络安全保护工作需要和业务需求，建设实时监测、通报预警、态势感知、事件处置、等级保护、关键信息基础设施安全保护、数据安全保护、威胁情报、指挥调度、应急演练等业务模块。

（2）合理设计网络安全等级保护管理模块框架，支撑网络系统定级备案管理、等级测评管理、建设整改管理、资产管理、机构和人员管理等业务。

（3）建设网络系统定级备案库、威胁信息库、漏洞库、资产库、安全事件库、机构和人员库等基础业务库。

（4）多渠道全量汇聚网络安全数据，建设网络安全数据中心，利用大数据支撑平台开展各种业务活动。

（5）充分利用人工智能、大数据分析等新技术构建平台智慧大脑，支撑重要业务开展，提升平台智能化、实战化能力和水平。

（6）与公安机关、网络安全企业等的有关平台对接，实现协同联动和数据共享，为安全保护提供有力支撑。

28. 落实网络安全实时监测措施

（1）开展实时监测、发现网络攻击是网络安全保护的首要环节，是实施其他措施的重要基础。行业主管部门建立并完善本行业、本领域的网络安全监测机制，指导网络运营者落实实时监测措施，开展实时监测。

（2）建设并应用网络安全监测平台，利用多种手段、多种渠道，采取多种方式，组织内部力量和外部支持力量，开展 7×24 小时全方位实时监测，及时发现网络攻击、病毒木马传播、漏洞隐患等风险威胁，为安全防护和应急处置等工作提供支撑。

（3）在互联网出口、内外网连接处、内网重要节点等位置设置监测设备，对全网、重要系统、关键部位进行实时监测，对跨网络、跨业务、跨区域的数据流动进行监测。

（4）分析网络通信流量或事态模式，建立网络通信流量或事态模型，实践检验模型的准确性和有效性，逐步增强模型的科学性，并以此调整监测策略和设备。

（5）利用自动化手段，建立自动化分析机制，对所有监测信息进行汇总整合，关联分析来自多方渠道的信息和线索，并进行综合研判，支撑网络安全防护和事件处置等工作。

29. 健全完善网络与信息安全信息通报机制

依托国家网络与信息安全信息通报机制，充分发挥各级网络与信息安全信息通报机构的作用。

（1）加强本行业、本单位网络与信息安全信息通报机制建设，落实信息通报责任部门和责任人。

（2）加强公安机关、有关部门以及网络安全服务机构之间的信息通报共享机制建设，完善信息通报流程。

（3）组织专门队伍，调配技术资源，及时收集、汇总、分析各方网络安全信息，开展网络安全威胁分析和态势研判，及时开展通报预警。

（4）建设和应用行业、单位网络安全移动 App，在确保安全保密的情况下，提高信息通报预警、信息共享、事件处置等工作的便捷性。

（5）按规定向行业主管部门、公安机关报送网络安全监测预警信息。

30. 建立重大事件和威胁报告制度，落实重大事件处置措施

（1）建立网络安全事件管理制度，按照国家有关网络安全事件分类分级规范和指南，确定不同类别和级别事件处置的指挥流程、处置要求等。

（2）组建专门网络安全事件应急处置队伍、技术支撑队伍、专家队伍，加强处置事件的装备、工具、经费等保障。

（3）按照国家网络安全事件应急预案要求，制定网络安全事件应急预案；每年至少组织开展一次应急演练，并根据演练情况对应急预案进行评估和改进。

（4）制定重大事件和威胁报告规范，明确报告流程和方法。发生重大网络安全事件或者发现重大网络安全威胁时，网络运营者应当第一时间向行业主管部门、公安机关报告，同时立即开展应急处置，并保护现场，做好相关网络日志、流量及攻击样本等证据的留存工作，并配合公安机关开展调查处置。

（5）当网络系统出现大规模重要数据、大量个人身份信息泄露等特别重大的网络安全事件时，应及时报告行业主管部门、国家网信部门和公安部。

31. 落实技术应对措施，提升技术对抗能力

（1）科学设计网络整体架构，采取专网专用、分区分域、横向隔离、纵向认证等策略，缩减、归并互联网出口，强化网络边界防护。

（2）梳理互联网接入，落实安全准入管理措施，对网络应用进行集中化、集约化建设。

（3）开展互联网暴露面治理，收敛暴露面，关停废弃老旧资产，识别未知资产，清除暴露在互联网上的敏感信息，加强特权账户管理，清理僵尸账户。

（4）全面收集安全日志，溯源网络攻击路径，发现网络攻击行为。部署专用设备，及时发现、捕获和阻断攻击。

（5）加强安全教育培训，提高社会工程学（社工）识别能力，提升全员安全防范意

识，防范钓鱼攻击和社工攻击。

（6）采取纵深防御措施，落实区域边界隔离、接入认证、主客体访问控制等措施，建立网络访问规范，识别网络访问关系，层层设防。

（7）落实互联网、业务内网等网络边界监测措施，严防发生违规外联。

（8）加强精准防护，对物理主机、云上主机等进行安全加固，落实访问控制、访问白名单机制、双因素认证等措施。

（9）加强威胁情报工作，开展威胁信息收集、分析和处理工作，对攻击者、攻击活动进行画像，提升应对网络安全威胁的主动性。

（10）常态化开展隐患清除工作，在公安机关的组织和指导下，利用专用工具，及时排查发现、清除网络系统中被植入的木马、病毒、后门等隐患，封堵攻击路径，并在此基础上开展整改和加固工作。

32. 实施"挂图作战"，提升综合防御能力

（1）按照"理论支撑技术、技术支撑实战"的理念，研究网络空间地理学等理论和网络空间智能认知、资产测绘、画像与定位、可视化表达、地理图谱构建、行为认知和智能挖掘等核心技术。

（2）在全面掌握网络安全保护机构、人员、技术支撑力量等基本情况，以及基础网络、业务专网、核心系统、云计算平台、大数据中心、网络和数据资产等要素的基础上，构建地理资源和网络空间数据模型，利用核心技术，绘制网络空间地理信息图谱，将威胁信息、安全防护、监测预警、应急指挥、事件处置、安全管理等业务上图，利用网络安全综合业务平台，建立实战化、体系化、常态化的工作机制，实施"挂图作战"。

（3）利用密码、可信计算、人工智能、大数据分析、区块链、零信任等新技术开展安全保护，不断提升内生安全和主动免疫能力。

33. 加强网络安全经费和设备设施改造升级经费保障

建立完善经费保障制度。

（1）拓展经费渠道，完善现有经费渠道，足额保障第三级以上网络系统的安全保护经费。

（2）保障开展等级测评、风险评估、密码应用安全性检测、演练竞赛、安全建设整改、安全保护平台建设、运行维护、监督检查、教育培训等的经费投入。

（3）加强网络系统、设备改造升级经费保障，及时更新重要网络安全设备，避免因设备老旧引发网络安全事故。

34. 加强网络安全教育训练和人才培养

根据网络安全工作需求，建立完善教育训练和人才培养机制。

（1）建立网络安全人才发现、选拔、使用机制，坚持培养和引进并重，培养网络安全专门队伍。

（2）建立网络安全教育训练体系，建设网络安全教育训练基地，加强高端人才培养和

能力提升。

（3）组织力量，积极参与国家、行业组织举办的各类网络安全竞赛，持续培养网络安全专业人才，逐步提升网络安全人才队伍的专业化能力。

（4）组织对相关人员开展网络安全法律法规、网络安全等级保护政策、国家和行业标准规范等培训，及时了解和掌握网络安全等级保护定级指南、基本要求、安全设计技术要求、测评要求等国家标准，以便于开展网络安全等级保护工作。

2.4 网络安全等级保护的定级工作

网络定级是网络安全等级保护工作的首要任务和关键环节，是开展网络备案、安全建设整改、等级测评、监督检查等工作的重要基础。定级工作包括确定定级对象和安全级别，如果定级不准确不科学，安全建设整改、等级测评等后续工作都会受到很大影响，重要网络系统的安全就没有保障。因此网络运营者、行业主管部门、网络安全监管部门、等级测评机构、专家等，都要高度重视网络定级工作。

2.4.1 网络定级的总体要求

网络运营者应依据《网络安全等级保护定级指南》，按照一定程序开展网络安全等级保护的定级工作。

1. 对网络运营者的要求

网络运营者是网络安全等级保护的责任主体，应根据网络的重要程度和遭到破坏后的危害程度，科学合理地确定网络的安全保护等级。具体要求是：

（1）按照有关政策和国家标准（《网络安全等级保护定级指南》），确定定级对象，拟定网络的安全保护等级，组织专家评审。

（2）有主管部门的，网络运营者应当将定级结果报主管部门核准，核准后报公安机关审核。

（3）当网络功能、服务范围、服务对象和处理的数据等发生重大变化时，网络运营者应依照有关政策标准变更网络的安全保护等级。

（4）对拟定为第二级、第三级的网络，其运营者应当组织评审。对拟定为第四级以上的网络，其运营者应当请国家网络安全等级保护专家评审。

（5）对新建网络，应当在规划设计阶段确定网络的安全保护等级，以便根据网络安全保护等级设计网络安全建设方案。

2. 对行业主管部门的要求

（1）行业主管部门对网络运营者上报的定级材料和拟定的网络安全保护等级进行核准。跨省或者全国统一联网运行的网络应当由行业主管部门统一组织定级。

（2）行业主管部门可以依据国家有关政策和《网络安全等级保护定级指南》等标准规范，结合本行业特点和网络的实际情况，制定出台行业网络安全等级保护定级指导意见，指导网络运营者开展网络定级工作，保证同行业网络在不同地区的安全保护等级的一致性。

3. 对公安机关的要求

（1）公安机关应对网络运营者拟定的网络安全保护等级进行审核，定级不准的，公安机关应指导网络运营者重新定级。

（2）公安机关要组织、指导和监督各单位各部门开展网络定级工作，对信息网络、信息系统、云计算平台、大数据、工业控制系统、物联网、移动互联网、智能制造系统等保护对象，都要纳入定级范围。

（3）对故意将网络的安全保护等级定低的，公安机关应予以纠正；对造成危害后果的，公安机关应依法追究责任。

4. 对专家组的要求

（1）按照网络安全等级保护制度要求，公安部及各地公安厅、局都成立了网络安全等级保护专家组。专家组应该由政府部门、国有企事业单位、研究机构等单位中从事网络安全工作的专家组成。

（2）专家应该了解网络安全法律法规、政策、标准，具有丰富的网络安全工作经验，全面了解和掌握网络安全等级保护政策和标准。

（3）网络运营者应从公安机关成立的网络安全等级保护专家组中选择 3 到 7 名专家，成立评审专家组。

（4）专家组应对网络运营者提交的定级材料进行评审，评判定级工作是否依据国家有关网络安全法律法规、政策、标准开展，定级对象确定是否准确、合理，安全保护等级确定是否准确、合理等，最后形成专家组评审意见。专家组应严格把关，以免发生网络安全保护等级被故意定低的情况。

2.4.2　网络安全保护等级的划分

根据网络在国家安全、经济建设、社会生活中的重要程度，以及其一旦遭到破坏、丧失功能或者数据被篡改、泄露、丢失、损毁后，对国家安全、社会秩序、公共利益以及相关公民、法人和其他组织的合法权益的危害程度等因素，网络安全等级保护制度将网络分为五个安全保护等级，从第一级到第五级逐级增高，如表 2-1 所示。五个安全保护等级定义如下：

第一级，一旦受到破坏，会对相关公民、法人和其他组织的合法权益造成损害，但不危害国家安全、社会秩序和公共利益的一般网络。

第二级，一旦受到破坏，会对相关公民、法人和其他组织的合法权益造成严重损害，或者对社会秩序和公共利益造成危害，但不危害国家安全的一般网络。

第三级，一旦受到破坏，会对相关公民、法人和其他组织的合法权益造成特别严重损害，或者会对社会秩序和社会公共利益造成严重危害，或者对国家安全造成危害的重要网络。

第四级，一旦受到破坏，会对社会秩序和公共利益造成特别严重危害，或者对国家安全造成严重危害的特别重要网络。

第五级，一旦受到破坏，会对国家安全造成特别严重危害的极其重要网络。

表 2-1　网络安全保护等级

受侵害的客体	对客体的侵害程度		
	一般损害	严重损害	特别严重损害
公民、法人和其他组织的合法权益	第一级	第二级	第二级
社会秩序、公共利益	第二级	第三级	第四级
国家安全	第三级	第四级	第五级

2.4.3　定级工作的流程

网络安全等级保护的定级工作应按照"网络运营者拟定网络安全保护等级、专家评审、主管部门核准、公安机关审核"的原则进行。定级工作的流程如下：

（1）网络运营者确定定级对象、拟定网络的安全保护等级、组织专家评审，报主管部门核准、公安机关审核。

（2）网络运营者是网络安全等级保护的责任主体，根据网络的重要程度和遭到破坏后的危害程度，科学合理地确定网络的安全保护等级。

（3）有主管部门的，报主管部门核准；公安机关指导网络运营者的网络定级工作，并对网络所定级别进行审核把关。网络定级工作的流程如图 2-2 所示。

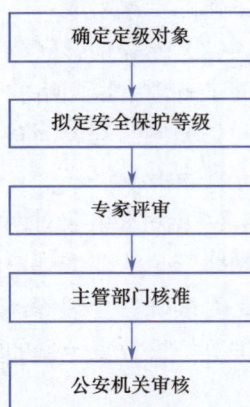

确定定级对象

↓

拟定安全保护等级

↓

专家评审

↓

主管部门核准

↓

公安机关审核

图 2-2　网络定级工作的流程

2.4.4　确定定级对象

随着信息化和新技术应用的快速发展，定级对象变得更加丰富。定级对象的划分原则是保证等级保护有效性和合理性的重要依据，应按照"适用性、重要性、敏感性"等原则，科学合理地确定定级对象，保护网络的运行安全和数据安全。同时，需要定期评估和调整定级对象，以适应科学技术发展和网络环境的变化。

科学合理地确定定级对象是定级工作的首要环节和重要内容。如果定级对象确定不准确、不合理，定级工作将失去意义，也给网络运营者开展网络安全保护工作造成困难。网络运营者开展网络定级前，要搞清网络支撑的业务类型、应用或服务范围、结构、数据和信息的规模、重要性等基本情况，为科学开展网络定级工作打好基础。

1. 定级对象的范围

定级对象是由相关的和配套的设备、设施按照一定的应用目标和规则组合而成的有形实体，主要包括信息网络、信息系统和数据资源，具体如下：

（1）起支撑、传输作用的信息网络，包括电信网、广播电视传输网、卫星互联网、专网、内网、外网等。

（2）用于生产、调度、管理、作业、指挥、办公等目的的各类业务系统和管理系统。

（3）网站和邮件系统。

（4）云计算平台、物联网、工业控制系统、移动互联网、算力网络、大数据平台、公共服务平台等。

（5）其他符合定级条件的信息网络、信息系统和数据资源。

已经投入运行的网络，都要纳入定级范围，确定其安全保护等级；新建的网络也要纳入定级范围，并应在规划设计阶段确定其安全保护等级，便于网络运营者根据网络等级，制定网络的安全建设方案，落实《网络安全法》提出的"同步规划、同步建设、同步使用"的网络安全保护措施"三同步"要求。

2. 定级对象的基本特征

定级对象应同时具备下列三个基本特征：

（1）具有确定的主要安全责任主体。主要安全责任主体包括但不限于企业、机关和事业单位等法人，以及不具备法人资格的社会团体等其他组织。

（2）承载相对独立的业务应用。相对独立并不意味着完全独立，可与其他业务应用有少量的数据交换。

（3）包含相互关联的多个资源。多个资源可包括但不限于网络资源、计算资源、存储资源等，应避免将某个单一的系统组件，如服务器、终端或网络设备作为定级对象。

需要说明的是：不应将按照上述特征确定的多个定级对象打包成一个定级对象，即不能将定级对象扩大化和泛化。

3. 定级对象的主要类别

网络运营者可参考下列类别确定定级对象：

（1）信息网络。起支撑、传输作用的信息网络（包括专网、内网、外网、网管系统等）要作为定级对象。对于电信网、广播电视传输网等通信网络，应根据安全责任主体、服务类型或服务区域等因素将其划分为不同的定级对象。当安全责任主体相同时，跨省的行业或单位的专用通信网可作为一个整体对象定级；当安全责任主体不同时，应根据安全责任主体和服务区域的不同划分为若干个定级对象。可以将信息网络划分成若干个安全域或单元，作为不同保护对象去定级。一个信息网络可以是一个关键信息基础设施，但可以由多个网段（即定级对象）构成。

（2）信息系统。用于生产、调度、管理、作业、指挥、办公等目的的各类业务系统和管理系统，要按照不同业务类别单独确定为定级对象，不以系统是否进行数据交换、是否独享设备为确定定级对象的条件。不能将某一类信息系统作为一个定级对象去定级。在对跨地区、跨部门的纵向大信息系统定级时，要从安全管理和安全责任的角度将大系统划分成若干个子系统，将子系统单独作为定级对象去定级。一个跨地区、跨部门的大信息系统属于一个关键信息基础设施，但是可以由若干个子系统（即定级对象）构成。

（3）网站和邮件系统。各单位网站、邮件系统要作为独立的定级对象。如果网站的后台数据库管理系统安全级别较高，也要作为独立的定级对象。网站上运行的信息系统（如对社会提供服务的报名考试系统）也要作为独立的定级对象。

（4）云计算平台/系统。在云计算环境中，云服务客户侧的等级保护对象和云服务商侧的云计算平台/系统需分别作为单独的定级对象去定级，并根据不同服务模式将云计算平台/系统划分为不同的定级对象。对于大型云计算平台/系统，宜将云计算基础设施和有关辅助服务系统划分为不同的定级对象。

（5）物联网。物联网主要包括感知、网络传输和处理应用等特征要素，需将以上要素作为一个整体对象去定级，各要素不单独定级。

（6）工业控制系统。工业控制系统主要包括现场采集/执行、现场控制、过程控制和生产管理等特征要素。其中，现场采集/执行、现场控制和过程控制等要素需作为一个整体对象定级，各要素不单独定级；生产管理要素宜单独定级。对于大型工业控制系统，可根据系统功能、责任主体、控制对象和生产厂商等因素划分为多个定级对象。

（7）采用移动互联技术的系统。采用移动互联技术的系统主要包括移动终端、移动应用和无线网络等特征要素，可作为一个整体对象独立定级或与相关联业务系统一起定级，各要素不单独定级。

（8）数据资源。数据资源可独立定级。当安全责任主体相同时，大数据、大数据平台/系统可作为一个整体对象进行定级；当安全责任主体不同时，大数据应独立定级。

2.4.5 确定定级对象的安全保护等级

1. 定级要素

网络的安全保护等级由两个定级要素决定，分别是等级保护对象受到破坏时所侵害的客体和对客体造成侵害的程度。定级对象确定后，应根据定级对象受到破坏时所侵害的客体和对客体造成侵害的程度两个定级要素，拟定其安全保护等级。

2. 确定定级对象受到破坏时所侵害的客体

定级对象受到破坏时所侵害的客体，包括以下三个方面：一是国家安全；二是社会秩序、公共利益；三是公民、法人和其他组织的合法权益。确定定级对象受到破坏时所侵害的客体时，首先判断是否侵害国家安全，其次判断是否侵害社会秩序或公共利益，最后判断是否侵害公民、法人和其他组织的合法权益。

3. 确定定级对象受到破坏时对客体的侵害程度

定级对象受到破坏后对客体造成侵害的程度有三种：一是造成一般损害；二是造成严重损害；三是造成特别严重损害。在针对不同的受侵害客体进行侵害程度的判断时，参照以下判别基准：如果受侵害客体是公民、法人或其他组织的合法权益，则以本人或本单位的总体利益作为判断侵害程度的基准；如果受侵害客体是社会秩序、公共利益或国家安全，则以整个行业或国家的总体利益作为判断侵害程度的基准。对客体的侵害程度，由对不同侵害后果的侵害程度进行综合评定得出。不同侵害后果的三种侵害程度描述如下：

（1）一般损害：工作职能受到局部影响，业务能力有所降低但不影响主要功能的执行，出现较轻的法律问题，较低的财产损失，有限的社会不良影响，对其他组织和个人造成较低损害。

（2）严重损害：工作职能受到严重影响，业务能力显著下降且严重影响主要功能执行，出现较严重的法律问题，较高的财产损失，较大范围的社会不良影响，对其他组织和个人造成较高损害。

（3）特别严重损害：工作职能受到特别严重影响或丧失行使能力，业务能力严重下降且或功能无法执行，出现极其严重的法律问题，极高的财产损失，大范围的社会不良影响，对其他组织和个人造成非常高损害。

4. 拟定定级对象的安全保护等级

定级对象的安全主要包括业务信息安全和系统服务安全，与之相关的受侵害客体和对客体的侵害程度可能不同，因此，安全保护等级由业务信息安全和系统服务安全两个方面确定。从业务信息安全角度反映的定级对象安全保护等级称为业务信息安全保护等级；从系统服务安全角度反映的定级对象安全保护等级称为系统服务安全保护等级。将业务信息安全保护等级和系统服务安全保护等级的较高者确定为定级对象的安全保护等级，如图 2-3 所示。

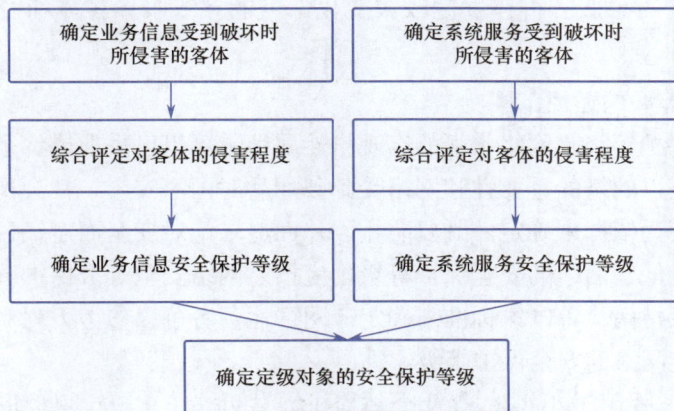

图 2-3　拟定定级对象的安全保护等级

鉴于《数据安全法》已经实施，根据数据在经济社会发展中的重要程度，以及一旦遭到泄露、篡改、损毁或者非法获取、非法使用、非法共享，对国家安全、经济运行、社会秩序、公共利益、组织权益、个人权益造成的危害程度，将数据从高到低分为核心数据、重要数据、一般数据三个级别。在确定业务信息安全保护等级时，如果是在网络系统中运行的数据，可根据数据处理者确定的数据等级，得到业务信息安全保护等级。其中，核心数据对应的业务信息安全保护等级为第四级，重要数据对应的业务信息安全保护等级为第三级，一般数据对应的业务信息安全保护等级为第二级或者第一级。

5. 最终确定定级对象的安全保护等级

定级对象的安全保护等级拟定为第二级及以上的，网络运营者应组织专家对定级结果进行评审，并出具专家评审意见。有行业主管部门的，还需将定级结果报请行业主管部门核准，并出具核准意见。网络运营者按照相关管理规定，将定级结果提交公安机关进行备案审核。审核不通过，其网络运营者需组织重新定级；审核通过后，最终确定定级对象的安全保护等级。

6. 安全保护等级的变更

已经确定了安全保护等级的网络，当网络的功能、服务范围、服务对象和处理的数据等发生变化，可能导致业务信息安全或系统服务安全受到破坏后的受侵害客体和对客体的侵害程度发生变化时，网络运营者需根据国家标准重新确定定级对象和安全保护等级，并向公安机关变更备案。需要变更安全保护等级的情况包括以下几种：

（1）等级保护对象边界发生较大变化，可能导致服务客体和侵害程度发生变化时，需要重新确定定级对象。

（2）等级保护对象上所处理的数据（信息）的等级发生变化，可能导致服务客体和侵害程度发生变化时，需要重新定级。

（3）等级保护对象系统服务范围发生较大变化，可能导致服务客体和侵害程度发生变化时，需要重新定级。

（4）等级保护对象服务群体发生较大变化，可能导致服务客体和侵害程度发生变化时，需要重新定级。

7. 安全保护等级的适用范围

网络的安全保护等级是网络本身的客观自然属性，不以已采取或将采取什么安全保护措施为依据，而是以网络的重要性和网络受到破坏后对国家安全、社会稳定、人民群众合法权益的危害程度为依据来确定。既要防止因片面追求绝对安全而定级过高，更要防止为逃避监管而故意定低。网络的安全保护等级，应按照网络安全等级保护政策文件和《网络安全等级保护定级指南》等国家标准来确定。网络运营者可以参考下列对五个安全保护等级的说明科学确定网络的安全保护等级。

第一级网络，适用于小型私营及个体企业，中小学，以及乡镇所属网络系统、县（区，下同）级单位中重要性低的网络系统。第一级网络不需要备案。

第二级网络，适用于县级某些单位中的重要网络系统，以及地市级以上国家机关、企事业单位内部一般的网络系统。例如，非涉及工作秘密、商业秘密、敏感信息的办公系统和管理系统等。

第三级网络，适用于地市级以上国家机关、企事业单位内部重要的网络系统。例如，涉及工作秘密、商业秘密、敏感信息的办公系统和管理系统；跨省或全国联网运行的用于生产、调度、管理、指挥、作业、控制等方面的重要信息系统及这类系统在省、地市的分支系统；中央各部委、省（区、市）门户网站和重要网站；跨省连接的网络系统；云计算平台、工业控制系统、物联网、移动互联网、大数据平台等。

第四级网络，适用于国家重要领域、重要部门中特别重要的网络系统及核心系统。例如，电力、电信、广电、铁路、民航、银行、税务等重要部门的生产、调度、指挥等涉及国家安全、国计民生的核心系统，云计算平台，大型工业控制系统，物联网，移动互联网，大数据平台等。

第五级网络，适用于国家重要领域、重要部门中的极端重要系统。

8. 网络安全保护定级的责任主体

网络的安全保护责任主体部门也是定级的主体责任部门。网络建设、管理、使用等方面不同，网络定级的责任主体也不同。可参照下列原则确定网络安全保护定级的责任主体：

（1）网络运营者自建的网络（与上级单位无关），由本机构定级。

（2）跨省或者全国统一联网运行的网络系统，可以由行业主管部门统一定级。其中，由各行业统一规划、统一建设、统一制定安全保护策略的全国联网的大系统，应由行业主管部门统一对各级网络系统分别确定等级；由各行业统一规划、分级建设、全国联网的网络系统，应由省、地市分别确定网络系统等级，但各行业主管部门应对该类网络系统提出定级意见，避免出现同类系统下级定级比上级高的现象。对于该类系统的等级，下级确定后需报上级主管部门核准。

（3）同类网络系统的安全保护等级不随省、市行政级别的降低而降低，如省级单位的重要系统确定等级为第三级，地市级单位的同类系统也应定为第三级。

9. 安全保护与安全监管的关系

网络运营者依据国家网络安全等级保护政策和相关标准对网络进行保护，国家网络安全监管部门对其网络安全工作进行监督管理。网络的安全保护等级与对应的安全监管如表 2-2 所示。第一级网络采取自主保护，对第二级网络进行指导，对第三级网络进行监督检查，对第四级网络进行强制监督检查，对第五级网络进行专门监督检查。

表 2-2　网络的安全保护等级与对应的安全监管

等　级	对　象	侵害客体	侵害程度	监管强度
第一级	一般网络	公民、法人和其他组织的合法权益	损害	自主保护

（续表）

等　级	对　象	侵害客体	侵害程度	监管强度
第二级	一般网络	公民、法人和其他组织的合法权益	严重损害	指导
		社会秩序和公共利益	危害	
第三级	重要网络	公民、法人和其他组织的合法权益	特别严重损害	监督检查
		社会秩序和公共利益	严重危害	
		国家安全	危害	
第四级	特别重要网络	社会秩序和公共利益	特别严重危害	强制监督检查
		国家安全	严重危害	
第五级	极端重要网络	国家安全	特别严重危害	专门监督检查

2.5　网络安全等级保护的备案工作

　　网络安全等级保护的备案工作包括网络备案、受理、审核和备案信息管理等环节。网络运营者按照相关管理规定，将定级结果和备案材料提交公安机关进行备案审核。公安机关收到网络运营者的备案材料后，应对网络定级的准确性进行审核。网络定级准确、定级材料符合要求的，公安机关颁发由公安部统一监制的《网络安全等级保护备案证明》。

2.5.1　网络备案与受理

　　网络运营者和受理备案的公安机关应按照公安部发布的有关网络安全等级保护备案实施细则的要求办理网络备案。

1. 备案

　　网络定级后，需要到公安机关备案，履行法定程序。第二级以上网络，在安全保护等级确定后 30 日内，由其网络运营者或者其主管部门（下称"备案单位"），到属地设区的地市级以上公安机关的网络安全保卫部门备案，提交《网络安全等级保护定级报告》。办理备案手续时，应先到公安机关指定的网址下载并填写备案表，准备好备案材料，再到指定的地点办理备案手续。当网络发生变化影响网络安全保护等级时，网络运营者应当办理备案变更。

　　隶属于中央的在京单位，其跨省或者全国统一联网运行并由主管部门统一定级的网络，由主管部门向公安部备案；其他网络向北京市公安局网络安全保卫部门备案。跨省或者全国统一联网运行的网络在各地运行的分支系统，应当向当地地市级以上公安机关的网络安全保卫部门备案。各行业统一定级的网络在各地的分支系统，即使是上级主管部门定级的，也要到属地公安机关备案。

2. 受理备案

（1）地市级以上公安机关的网络安全保卫部门受理本辖区内备案单位的备案。隶属于省级的备案单位，其跨地（市）联网运行的网络系统，由省级公安机关的网络安全保卫部门受理备案。

（2）隶属于中央的在京单位，其跨省或者全国统一联网运行并由主管部门统一定级的网络，由公安部网络安全保卫局受理备案，其他网络由北京市公安局的网络安全保卫部门受理备案。隶属于中央的非在京单位的网络，由当地省级公安机关的网络安全保卫部门（或其指定的地市级公安机关的网络安全保卫部门）受理备案。

（3）跨省或者全国统一联网运行并由主管部门统一定级的网络在各地运行、应用的分支（包括由上级主管部门定级，在当地有应用的网络），由地市级以上公安机关的网络安全保卫部门受理备案。

2.5.2　网络备案的审核

（1）公安机关应当对网络运营者提交的《网络安全等级保护定级报告》等备案材料进行审核。对定级结果合理、备案材料符合要求的，在 10 个工作日内出具由公安部统一监制的《网络安全等级保护备案证明》。对备案材料不符合要求的，应当在 10 个工作日内反馈网络运营者改正并说明理由。对于定级不准的，公安机关应书面通知备案单位进行整改，建议其重新定级并组织专家评审，并报上级主管部门核准。网络运营者仍然坚持原定等级的，公安机关可以受理备案，但应书面告知其承担由此引发的责任和后果，经上级公安机关同意后，同时通报备案单位的上级主管部门。

（2）对拒不备案的，公安机关应当依据《网络安全法》《计算机信息系统安全保护条例》等有关法律法规规定，责令限期整改。逾期仍不备案的，应予以警告，并向其上级主管部门通报。需要向中央和国家机关通报的，应当报经公安部同意。

2.6　网络安全等级保护的安全建设整改工作

安全建设整改是网络安全等级保护制度的核心内容，是网络安全等级保护工作五个规定环节中的重要一环。通过开展安全建设整改，将国家网络安全法律、政策和标准要求，以及机构的使命性要求，作为网络系统的安全需求，按照网络安全等级保护相应等级的安全要求进行设计、规划和实施，使网络系统能够达到相应等级的基本保护水平和保护能力。

2.6.1　安全建设整改工作的基本含义

1. 针对新建的网络系统

网络运营者按照国家网络安全等级保护政策、标准要求，制定网络安全建设方案，在信息化建设中落实"同步规划、同步建设、同步使用"的网络安全保护措施"三同步"要求，落实网络安全责任，落实安全管理措施和技术保护措施，开展网络安全建设工作，确保新建网络系统的运行安全和数据安全。

2. 针对已运行的网络系统

网络运营者按照国家网络安全等级保护政策、标准要求，根据等级测评、风险评估、事件分析、实战检验等发现的问题隐患和威胁风险，以及与国家、行业标准的差距，制定网络安全整改方案并开展安全整改，直至符合国家法律、政策和标准要求。

3. 安全建设整改应达到的目的

一是网络安全管理水平明显提高；二是网络安全防范能力明显增强；三是消除网络安全隐患，遏制网络安全事件的发生；四是有效保障数字化、信息化健康发展；五是有效维护国家安全、社会秩序和公共利益。

2.6.2　安全建设整改工作的主要内容

1. 建设网络安全等级保护安全管理制度

按照《网络安全法》《关于落实网络安全保护重点措施 深入实施网络安全等级保护制度的指导意见》《网络安全等级保护基本要求》等法律、政策、标准要求，建立并落实符合相应安全保护等级要求的安全管理制度。主要包括以下内容：

（1）落实网络安全责任制。成立网络安全工作领导机构，明确网络安全工作的主管领导。成立专门的网络安全管理部门或落实网络安全责任部门，确定安全岗位，落实专职人员或兼职人员。明确并落实领导机构、责任部门和有关人员的网络安全责任。

（2）落实人员安全管理制度。制定人员录用、离岗、考核、教育培训等管理制度，落实具体管理措施。对安全岗位人员进行安全审查，定期进行培训、考核和安全保密教育，提高安全岗位人员的专业水平，逐步实现安全岗位人员持证上岗。

（3）落实网络建设管理制度。建立网络定级备案、方案设计、产品采购使用、密码使用、软件开发、工程实施、验收交付、等级测评、安全服务等的管理制度，明确工作内容、工作方法、工作流程和工作要求。

（4）落实网络运维管理制度。建立机房环境安全、存储介质安全、设备设施安全、安全监控、网络设施安全、系统安全、数据安全、恶意代码防范、密码保护、备份与恢复、事件处置等的管理制度，制定应急预案并定期开展演练，采取相应的管理技术措施和手段，确保网络系统运维管理制度有效落实。

2. 建设网络安全等级保护安全技术措施

按照《网络安全法》《关于落实网络安全保护重点措施 深入实施网络安全等级保护制度的指导意见》《网络安全等级保护基本要求》《网络安全等级保护安全设计技术要求》等法律、政策、标准要求，建设网络安全等级保护安全技术措施。

（1）开展网络安全保护现状分析，确定网络安全技术建设需求，结合行业特点和安全需求，制定符合相应等级要求的网络安全技术建设整改方案。

（2）采取"一个中心、三重防护"（即一个安全管理中心及安全通信网络、安全计算环境和安全区域边界三重防护）的防护策略，开展网络安全等级保护安全技术措施建设，落实相应的物理环境安全、网络安全、主机安全、应用安全和数据安全等安全保护技术措施，实现相应等级网络的安全保护技术要求，建立并完善网络安全综合防护体系，提高网络安全防护能力和水平。

2.6.3　采用重要技术保护网络系统安全

采用科学网络架构设计、强制访问控制、用户身份鉴别、入侵检测和恶意代码防范、安全审计、可信计算、密码保护等重要技术，结合大数据分析技术、人工智能技术，是保护网络系统安全的重要措施。

1. 科学网络架构设计

在规划设计网络时，要科学分布网络资源，合理确定网络架构，依据实际安全需求进行优化，结合各种先进技术，保障网络安全。

（1）网络分区。根据业务和功能特性、安全特性的要求，以及现有网络或物理地域状况等，可将网络划分为不同的安全区域。同一安全区域内的网络应有相同的安全保护需求，相互信任，并具有相同的安全访问控制和边界控制策略，且相同的安全区域共享相同的安全策略。安全区域可以根据防护需要进一步划分成若干个安全子域，区分防护重点，对重要资源实施重点保护。

（2）域间隔离。根据网络系统功能和访问控制关系，对网络采用防火墙、VLAN、微隔离等技术进行分区分域。每个区域都有独立的隔离控制手段和访问控制策略。通过分区分域可以清晰确定网络架构、缩小被攻击面、延缓黑客攻击进程。

2. 访问控制技术

（1）访问控制的含义。在网络系统中，软硬件设备、数据、文件、资料、模块、组件等都是网络安全保护的对象，也是系统管理的资源。访问控制技术是根据访问者的权限确定其对相应资源是否具有访问权限和使用权限的技术，其中，使用权限包括读取、修改、新建、删除、执行等活动。资源访问者称为"主体"，被访问的资源通常称为"客体"。有些实体既可以作为主体，也可以作为客体。例如，软件程序既可以作为主体在运行时访问数据资源，也可以作为客体被其他主体读取或修改。访问控制策略分为自主访问控制和强制访问控制两种。

（2）自主访问控制。自主访问控制的含义是，客体有且仅有一个所有者，客体的所有者决定其他主体对该客体的访问策略。例如，网络系统中一个数据安全模块的创建者即其所有者，该所有者决定网络系统中哪些主体可以访问该数据安全模块、以何种方式访问该模块。自主访问控制策略可以代理或转交，客体的所有者既可以让其他用户代理客体的权限管理，也可以进行多次客体管理权限的转交，这导致自主访问控制策略的安全强度有限。在实际应用中，所有者的身份可能会被冒用，冒用者恶意修改客体的访问控制策略，可导致访问控制机制失效。因此，自主访问控制策略一般用于安全保护等级较低的网络系统的安全管控中。

（3）强制访问控制。强制访问控制指访问权限由系统统一管理，保证访问授权状态的变化始终处于系统的统一控制下。系统安全管理员对用户所创建的对象从访问角度进行统一的强制性控制，按照规则决定哪些用户可以对客体进行访问、可以访问哪些对象、进行什么类型的访问，即使是自己创建的对象，创建者也可能无权访问该对象。在强制访问控制策略下，每个实体（包括主体和客体）都与对应的安全标签绑定。安全标签用于表示实体的安全等级。当某个主体提出对某个客体的访问请求时，系统会比较二者的安全标签，如果主体安全标签的等级高于或等于客体安全标签的等级，则允许该访问请求，反之则拒绝。由此表明，强制访问控制策略不受主体的影响，而是由系统根据设定的安全标签进行统一控制，从而规避了自主访问控制策略的安全风险。安全保护等级为第三级以上的网络系统应采用强制访问控制策略，在通信网络、操作系统、应用系统等方面采用访问控制标记和策略，实施统一的主客体安全标记，安全标记随数据全程流动，并在不同访问控制点之间实现访问控制策略的关联，建立各层面强度一致的访问控制体系，从而实现统一的访问权限管理和运行。

3. 身份鉴别与认证技术

在保护网络系统安全的技术体系中，身份鉴别与认证技术属于最基础的技术和重要保护手段。身份鉴别与认证包括用户标识和用户鉴别，即用户向网络系统以一种安全的方式提交自己的身份证明，然后由网络系统确认用户的身份是否属实。网络安全等级保护标准要求用户标识具有唯一性，且网络系统用户鉴别使用到的鉴别数据具有一定的复杂度、保密性和完整性。其中，第三级网络系统要求网络运营者使用两种或两种以上的用户身份组合机制进行身份鉴别。身份鉴别与认证技术是建立访问控制机制的基础，只有准确鉴别主体和客体的身份，才能基于访问控制策略对其访问行为进行控制和管理。常用的身份鉴别与认证技术包括：

（1）静态口令。静态口令是最普通、最传统的身份认证方式。口令一般由一串可输入的数字、字符组成，或者是其混合体。口令可以由认证机构颁发给系统用户，也可以由用户自行编制，用户在登录系统时需要输入已知的口令。静态口令使用方便简洁，但容易被攻击者通过弱口令猜解或暴力破解方法获得，安全强度相对较低。同时，静态口令还存在容易遭受窃听、重放攻击等安全缺陷，因此，主要用于低安全保护等级的网站、电子邮箱等网络系统中。

（2）动态验证码。动态验证码是静态口令的一种改进机制。静态口令在一段时间内通常不会改变，除非系统强制要求进行定期修改，因此极易被攻击者破解，为了解决这一问题，研究形成了动态验证码认证技术。其含义是，每次用户登录系统或提出访问请求时，由系统动态生成验证码，并通过安全通道发送给用户，用户输入临时获得的动态验证码，完成认证过程。用户每次登录或访问系统时获得的验证码是不同的，因此动态验证码比静态口令安全性高，攻击者无法获取系统通过安全通道发送的数据，也就无法获知系统的动态验证码。

（3）数字证书。数字证书采用高强度的密码算法和挑战-响应机制，其安全保护能力得到了理论和实际环境的验证，普遍用于高安全保护等级网络系统的认证。数字证书与用户身份绑定，当用户获得合法的数字证书后，就可以进行数字签名和数据加、解密等操作，从而实现用户身份认证和数据安全保护。数字证书通常包含采用密码算法的公钥和私钥，当需要进行身份认证时，验证方动态生成一段挑战消息发送给用户，并要求用户对其进行签名，用户使用数字证书中的私钥对挑战消息进行签名，并将签名结果回传给验证方，验证方使用用户的公钥对签名结果进行解密，验证其是否与之前发送的挑战消息一致，从而完成认证过程。

（4）生物特征识别。生物特征识别技术是一种有别于其他身份鉴别与认证技术的认证方式，已广泛用于重要行业和领域。生物特征识别利用的是人体生物特征的唯一性，如指纹、声纹、虹膜、面部特征等。验证方预先采集用户的生物特征，将其数字化并与对应的用户身份绑定，在验证过程中，验证方再次采集用户的生物特征，如果与预先采集的相匹配，则通过认证。利用人工智能技术提高生物特征识别的准确性和实用性，是人工智能技术应用的重要领域之一。

4. 入侵检测和恶意代码防范技术

入侵检测技术是用于检测入侵行为或者破坏网络系统机密性、完整性或可用性等的活动的安全技术。这类技术的实现机制是，通过在网络系统中部署检测设备，监视网络系统的安全状态和活动，根据采集的数据，采用相应的检测方法发现非授权行为或者网络攻击活动，并为防范入侵行为提供支持。入侵检测包括主机检测、网络检测、应用检测等种类，采用的方法包括特征匹配、模式识别、统计分析、行为分析等。通常在网络系统中布设网络流量探针实施入侵检测，网络流量探针包含了入侵检测技术，结合网络行为分析、网络探测、威胁情报比对、病毒监测等有关网络安全技术。

恶意代码是指危害网络系统安全的程序，是计算机病毒、木马、蠕虫、后门和逻辑炸弹等恶意程序的总称，通常会在用户不知晓也未授权的情况下入侵到网络系统中，给网络系统造成破坏和危害，如进行窃取数据资料、篡改系统配置、恶意占用网络资源、远程控制系统等非法活动。入侵检测和恶意代码防范是网络安全等级保护国家标准中对所有安全保护等级的网络系统提出的要求。

恶意代码检测技术分为静态检测和动态检测两种。静态检测是指预先建立已知恶意代码的特征库，通过软件程序将待检测代码与特征库比对，判断是否存在已知的恶意代码。动态检测是指构建模拟运行环境，通过将待检测的代码样本置入模拟环境并运行，观察代码样本在执行过程中的各项操作行为，特别是高敏感的行为（如网络回连、系统调用、修改系统文件、修改注册表、打开网络端口等），以判断代码样本是否属于恶意代码。动态检测技术不依赖特征库，能够有效发现新型恶意代码。

检测恶意代码的方法有：一是在服务器、终端等计算节点安装防恶意代码软件，并定期升级和更新恶意代码特征库；二是在操作系统等各类计算节点中安装具有主动免疫可信检验机制的软件，采用可信计算主动防御机制，提供执行程序可信度量，阻止未授权及不符合预期的执行程序运行，实现对已知/新型恶意代码的主动防御，防范操作系统完整性及可用性被破坏的风险。

5. 安全审计技术

安全审计是保障网络系统安全的重要技术手段，通过对目标对象的操作访问情况进行记录和事后分析，发现并报告安全事件及安全状况，同时将其作为相关安全事件的证据留存，为行为追溯和取证等提供支撑。安全审计技术立足于大量网络安全事件采集、数据挖掘、智能关联和基于业务的安全监控技术，突破海量数据处理瓶颈。通过对审计数据快速提取，满足信息处理中对检索速度和准确性的需求，针对网络系统的脆弱性评估、责任认定、损失评估、系统恢复等多方面的关键性信息进行审计分析。建立事件分析模型，发现高级安全威胁，并追查攻击路径和溯源攻击源头，有效防范网络攻击活动。

安全审计按照目标对象的不同，分为系统审计、网络审计、应用审计和数据库审计。

（1）系统审计由操作系统负责记录，包括系统启动/关机事件、用户登录/退出事件、资源访问事件、账号管理事件、策略更改事件等。

（2）网络审计主要由网络审计系统负责记录，包括网络流量、网络会话、网络服务访问的情况等。

（3）应用审计通常由应用系统负责记录，包括应用启动/退出/中断事件、应用参数更改情况、应用访问情况等。

（4）数据库审计通常由数据库管理系统负责记录，包括数据库启动/关闭、数据库用户登录/退出、表创建/删除、记录添加/删除、索引创建/删除、数据库备份的情况等。

审计系统应保持独立运行，不受审计对象和其他外部因素的影响。审计数据应采用安全可靠的方式进行保护，避免未经授权的读取、删除或篡改。

6. 可信计算技术

（1）可信计算技术是网络安全等级保护国家标准中提出的最重要的技术要求之一。传统的计算机体系结构主要满足计算功能，缺少同步安全防护功能，引入可信计算技术，采取"计算＋防护"的双体系架构，建立可信的计算环境，解决了基础软硬件和网络系统安全防护先天不足的问题。

（2）可信计算技术解决网络安全问题的基本思想是，基于安全可信的白名单，采用密码技术对计算机系统的各个部件（组件）进行逐级验证，只有通过验证的部件（组件）才允许运行，从源头上有效防范网络系统及其部件（组件）被入侵、控制和破坏。可信计算基于白名单理念，并不依赖安全设备的规则库，当出现新型攻击或漏洞利用活动时，产生这些行为的部件（组件）无法获得系统白名单的验证，因此，在不更新规则库的情况下，也能及时阻断新型网络攻击。可信计算平台通常需要具备模块验证保护、用户管理、唯一标识等功能。

（3）采用自主研发的密码算法，将可信密码模块作为可信根植入芯片、CPU、服务器、操作系统、数据库等基础软硬件，网络设备、网络安全产品，"安全管理中心、安全计算环境、安全区域边界、安全通信网络"网络要素，以及整机、云计算平台、物联网、工业控制系统、移动互联网等，针对计算资源构建体系化的保护环境，实现软硬件计算资源可信；针对信息资源构建业务流程控制链，基于可信计算技术实现访问控制和安全认证、密码操作调用和资源管理等，建立良好的网络安全保护生态和科学、可信的供应链，提升网络系统的内生安全能力、主动免疫能力和主动防御能力。

7. 密码保护技术

密码是指使用特定变换对数据和信息进行加密保护或者安全认证的物项和技术，是保障网络系统安全最有效、最可靠的手段，是网络安全的核心技术和基础支撑，是构建网络信任体系的基石。密码技术用于提供机密性、完整性、真实性和不可否认性等安全属性保护，主要包括密码算法、密钥管理和密码协议。网络运营者应按照《密码法》和密码应用相关标准规范要求，采用密码技术对数据进行保护，并使用符合相关要求的密码产品和服务。第三级以上网络的运营者应在网络规划、建设和运行阶段，落实密码应用安全性评估管理办法和相关标准，在网络安全等级测评中同步开展密码应用安全性评估。

8. 结构化保护技术

优化网络系统的模块结构和层次设计，利用可信计算技术实现结构化保护，保证网络系统具有较强的防攻击渗透能力，其安全功能不可被篡改、绕转，隐蔽信道不可被利用，确保网络的安全功能得以正常执行，使网络系统具备源于自身结构的、内在的、主动性的防御能力。

9. 多级互联技术

在网络建设中，存在多个不同安全保护等级的网络互联互通的情况，互联互通的网络之间存在互操作。因此，采用多级互联技术，在保证各自网络自身安全的前提下，有效控制异构网络间的安全互操作，从而实现分布式资源的共享和交互。随着对网络结构化和业务应用分布化的动态性要求越来越高，多级互联技术应在不破坏原有网络正常安全运行的前提下，实现不同安全保护等级网络之间的多级安全互联互通和数据交换。

2.6.4 网络安全等级保护制度中的密码管理

国家密码管理部门负责网络安全等级保护制度中的密码管理，根据非涉密网络的安全保护等级、涉密网络的密级，确定密码的配备、使用、管理和应用安全性评估要求，制定网络安全等级保护密码标准规范。

1. 涉密网络密码保护

对涉密网络及其传递的国家秘密信息，网络运营者应依照有关密码法律法规和标准要求采取相应的密码保障措施。涉密网络中使用的密码技术和密码产品应当通过密码检测，并经密码管理部门批准。涉密网络中密码的服务、检测、装备、采购和使用等，由密码管理部门依照《密码法》和有关法律、行政法规、国家有关规定实行统一管理。

2. 非涉密网络密码保护

非涉密网络的网络运营者应按照国家密码管理法律法规和标准的要求，使用密码技术、产品和服务。第三级以上网络应当正确、有效采用密码进行保护，并使用经密码检测认证合格的密码产品和服务。第三级以上网络的运营者应当在网络规划、建设和运行阶段，按照密码应用安全性评估管理办法和相关标准，自行或者委托密码检测机构开展密码应用安全性评估。通过评估后，网络方可上线运行，并在投入运行后，每年至少组织一次安全性评估。密码应用安全性评估结果应当报所在地设区的市级密码管理部门备案。密码应用安全性评估应当与网络安全等级测评工作相衔接，避免重复检测评估。

3. 密码安全管理

网络运营者按照国家密码管理相关法律法规和相关管理要求，履行密码安全管理职责，加强密码安全制度建设，完善密码安全管理措施，规范密码使用行为。

2.6.5 实施网络安全等级保护应达到的综合防御能力

实施网络安全等级保护制度、采取安全保护措施的主要目的，是使网络具备相应等级的综合防御能力，包括安全保护能力、监测预警能力、技术对抗能力、事件处置能力、快速恢复能力、风险化解能力、检测评估能力、技术创新能力、威胁情报能力和综合保障能力等。将综合防御能力分级，是基于网络的等级不同，等级不同决定了网络所具有的能力不同。总体原则是，网络安全保护等级越高，说明网络越重要，面临的威胁越大，应具有的综合防御能力就越强、要求就越高。不同安全保护等级的网络系统，通过实施网络安全等级保护制度，应具备相应级别的综合防御能力。

第一级网络的综合防御能力：应能够防护免受来自个人的、拥有很少资源的威胁源发起的恶意攻击，一般的自然灾难，以及其他相当危害程度的威胁所造成的关键资源损害；在自身遭到损害后，能够恢复部分功能。

第二级网络的综合防御能力：应能够防护免受来自外部小型组织的、拥有少量资源的威胁源发起的恶意攻击，一般的自然灾难，以及其他相当危害程度的威胁所造成的重要资源损害；能够发现重要安全漏洞和处置安全事件；在自身遭到损害后，能够在一段时间内恢复部分功能。

第三级网络的综合防御能力：应能够在统一安全策略下防护免受来自外部有组织的团体、拥有较为丰富资源的威胁源发起的恶意攻击，较为严重的自然灾难，以及其他相当危害程度的威胁所造成的主要资源损害；能够及时发现、监测攻击行为和处置安全事件；在自身遭到损害后，能够较快恢复绝大部分功能。

第四级网络的综合防御能力：应能够在统一安全策略下防护免受来自国家级别的、敌对组织的、拥有丰富资源的威胁源发起的恶意攻击，严重的自然灾难，以及其他相当危害程度的威胁所造成的资源损害，能够及时发现、监测发现攻击行为和安全事件；在自身遭到损害后，能够迅速恢复所有功能。

2.7　网络安全等级保护的等级测评工作

2.7.1　等级测评概述

1. 等级测评的基本含义

网络安全等级保护的等级测评活动（以下简称等级测评）是国家网络安全等级保护制度规定的工作环节，是指网络运营者和测评机构依据网络安全等级保护政策规定，按照有关技术标准和规范，对非涉密的网络系统开展安全检测评估的活动。

等级测评包括标准符合性评判和风险评估。标准符合性评判是指依据网络安全等级保护的国家标准或行业标准，对网络系统的安全保护状况进行合规性检测评估，对安全保护能力进行综合评判；风险评估是指排查网络系统的安全隐患、薄弱环节，以及面临的网络入侵、攻击、破坏、威胁和风险。结合标准符合性评判和风险评估两方面的结果，给出等级测评结论，并针对网络系统存在的安全问题、风险、威胁和隐患等，提出整改意见建议。

2. 开展等级测评的目的

通过等级测评，达到以下目的：

（1）发现网络系统中存在的安全问题，掌握网络的安全状况，排查网络的安全隐患和薄弱环节，评估网络安全威胁、风险，确定网络系统安全建设整改需求。

（2）衡量网络系统的安全保护管理措施和技术措施是否符合网络安全等级保护的基本要求，是否具备网络相应等级的安全保护能力。

（3）等级测评结果为行业主管部门开展行业网络安全监管、公安机关开展网络安全监督检查提供支持。

3. 开展等级测评依据的标准规范

开展等级测评，主要依据《网络安全等级保护测评要求》（GB/T 28448—2019）、《网络安全等级保护测评过程指南》（GB/T 28449—2018）等国家标准进行，并按照公安部制定的《网络安全等级保护测评报告模板》格式出具等级测评报告。

2.7.2　网络运营者组织开展等级测评

根据《网络安全法》和网络安全等级保护有关政策规定，网络运营者参照《网络安全等级保护基本要求》《网络安全等级保护安全设计技术要求》等国家标准，完成网络系统建设后，应当选择符合规定条件的等级测评机构，依据《网络安全等级保护测评要求》等国家标准定期对网络系统开展等级测评，形成网络安全等级保护测评报告。

1. 开展等级测评的时机

（1）新建的网络系统开展等级测评。

新建的网络系统上线运行前，网络运营者应委托等级测评机构依据网络安全等级保护有关标准规范，对网络系统开展等级测评，检测评估网络系统所采取的安全措施与等级保护基本要求之间的差距，通过等级测评的网络系统方可投入运行。等级测评未通过的，应进行安全整改，整改后进行复测，复测通过后网络系统投入使用。新建的网络系统上线前，还应进行源代码安全检测评估。

（2）定期开展等级测评。

网络系统上线运行后，网络运营者应当按照有关政策要求，依据有关标准规范，针对网络系统的安全性和可能存在的威胁风险，委托等级测评机构定期开展等级测评，及时发现和分析网络存在的安全问题，提出安全建设整改意见和建议，为网络运营者开展网络安全整改提供依据。

2. 开展等级测评的要求

（1）第三级以上网络系统应当每年开展一次等级测评，第二级网络系统可以参照上述要求开展等级测评工作。等级测评完成后，应按照《网络安全等级保护测评报告模板》编写等级测评报告，并将测评报告提交受理备案的公安机关网络安全保卫部门和有要求的行业主管部门。

（2）等级测评属于合规性检测和风险排查，检测评估网络系统的安全性是否符合相应等级的网络安全基本要求，同时开展风险评估，查找网络安全问题和风险隐患，提出整改意见，为网络运营者制定安全建设整改方案提供支持。网络运营者应当针对等级测评中发现的安全风险隐患和问题，制定安全建设整改方案，落实整改措施，及时消除风险隐患。

2.7.3　网络安全等级测评活动管理

1. 网络运营者的等级测评活动管理

网络运营者应按照有关政策要求，选择符合政策要求的等级测评机构，按照"流程规范、方法科学、结论公正"的要求开展等级测评。等级测评活动包括如下环节：测评准备、方案编制、现场测评、分析及报告编制。

网络运营者应与等级测评机构签署服务协议和安全保密协议，保证等级测评机构为其提供安全、客观、公正的检测评估服务，同时，保护在测评服务中等级测评机构知悉的国家秘密、商业秘密、重要敏感信息和个人信息等。

2. 等级测评机构的等级测评活动管理

等级测评机构应当与网络运营者签署服务协议，不得泄露在等级测评服务中知悉的国家秘密、商业秘密、重要敏感信息和个人信息；不得擅自发布、披露在等级测评服务中收集掌握的网络信息和系统漏洞、恶意代码、网络侵入等网络安全信息，防范测评风险。

等级测评机构应当对测评人员进行安全保密教育，与其签订安全保密责任书，明确测评人员的安全保密义务和法律责任；组织测评人员参加专业培训，培训合格的方可从事等级测评活动。

等级测评机构应熟悉国家网络安全法律法规、政策和有关标准，熟悉网络安全等级保护政策规范要求和有关标准，建立一系列管理制度，具备较强的组织管理能力；掌握等级测评的专业知识、检测评估技术、工具装备的使用，具备较强的测评实施能力；建立测评质量管理规范，具备较强的测评质量管理能力。

2.8　网络安全保护工作的监督管理

公安机关依法监督管理网络安全保护工作，定期对第三级以上网络开展监督检查。保密行政管理部门负责对涉密网络系统进行监督管理。密码管理部门负责对网络安全保护工作中的密码管理进行监督管理。行业主管部门监督管理本行业、本领域的网络安全保护工作。

2.8.1　公安机关对网络安全保护工作开展监督管理

依据《人民警察法》《网络安全法》《计算机信息系统安全保护条例》等有关法律法规，公安机关开展网络安全监督检查，是指公安机关网络安全保卫部门依法对网络运营者的网络安全保护工作情况及非涉密网络的安全状况进行监督、检查和指导，对行业主管部门在全行业组织开展网络安全保护工作的情况进行监督、指导。

1. 监督检查方式

公安机关对第三级以上网络每年至少开展一次安全检查。涉及相关行业的，可以会同同级行业主管部门开展安全检查。检查前，公安机关可组织技术支持队伍开展网络安全专门技术检测。

2. 监督检查内容

公安机关从网络安全保障工作、网络安全等级保护工作、关键信息基础设施安全保护工作、数据安全保护工作、网络安全信息通报预警工作、事件应急处置工作等方面，对网络运营者开展监督检查，对行业主管部门开展监督指导。

（1）检查网络安全保障工作。包括制定出台网络安全有关政策文件和行业标准规范情况，网络安全保护工作规划及组织部署情况；网络安全考核评价、责任制落实、责任追究、事件报告和处置、人员管理、教育训练等的相关制度的制定和落实情况；发生重大威胁报告情况、安全案（事）件发生和报告情况、责任追究和整改情况；采购安全可信的网络安全产品、服务以及网络安全审查情况；新技术新应用的网络安全风险管控情况；网络安全服务外包等供应链安全情况；网络安全保障机制建立和落实情况；网络安全保护类平台、技术设备建设和应用情况等。

（2）检查网络安全等级保护工作。包括网络系统定级以及向公安机关备案情况，网络变化后的定级备案变更情况；落实"同步规划、同步建设、同步使用"网络安全保护措施情况；第三级以上网络系统开展年度等级测评情况，发现问题隐患和整改情况；按照有关国家标准开展网络安全建设情况；第三级以上网络使用安全可信网络产品及服务情况；使用互联网远程运维工具及采取相应管控措施情况；开展网络安全保护工作自查情况等。

（3）检查关键信息基础设施安全保护工作。包括保护工作部门和运营者制定出台关键信息基础设施安全保护有关政策文件和行业标准规范、工作规划和实施方案，及组织部署情况；领导机构、网络安全官、专门安全管理机构的设立情况、履行职责情况；关键信息基础设施的认定规则制定和认定情况，向公安机关备案情况，认定变更情况；开展年度检测评估情况；关键信息基础设施安全建设方案的制定和实施情况；安全防护、安全监测、通报预警、应急处置、技术对抗、威胁情报等重点工作开展情况；关键岗位人员管理、供应链安全、数据安全等重点保护措施落实情况；采购、使用安全可信网络产品及服务情况；在境内收集、产生的个人数据和重要数据存储情况，跨境数据传输安全评估情况等。

（4）检查数据安全保护工作。包括建立数据分类分级制度，开展数据分类分级工作，将数据分类分级指南和数据认定规则、数据认定结果、数据目录清单等向有关部门备案情况；建立数据安全保护制度，落实数据安全责任部门、人员，明确任务分工，从数据采集、存储、传输、处理、应用、提供和销毁等各个环节开展风险和威胁分析，加强数据全生命周期、全流程安全保护情况；建立数据安全检测评估、安全审查、出境安全评估、安全风险监测、通报预警、应急处置、事件调查等机制，以及数据流转、交易、出境等的管理制度情况；供应链安全管控情况等。

（5）检查网络安全信息通报预警和事件应急处置工作。包括建立国家（地方）网络与信息安全信息通报机制情况；建立健全本行业、本单位网络与信息安全信息通报机制情况，责任部门落实情况；处置本级（国家、地方）网络与信息安全信息通报中心通报的预警信息、安全事件等的情况；组织开展网络安全监测、通报预警、应急处置情况；网络安全应急预案制定、应急处置机制建设、应急演练常态化开展情况；网络安全重大威胁、网络安全案（事）件报告和应急联络等相关制度的建立和落实情况。

3. 检查要求

行业主管部门和网络运营者应当协助、配合公安机关依法实施的监督检查，按照公安机关的要求如实提供相关数据信息。网络运营者的网络系统存在安全风险隐患，可能严重威胁国家安全、公共安全和社会公共利益的，公安机关应当依法对其采取停止联网、停机整顿等处置措施。

4. 重大风险隐患处置

公安机关在监督检查中发现网络安全风险隐患，应当责令网络运营者采取措施立即消除；不能立即消除的，应当责令其限期整改。公安机关检查时发现第三级以上网络存在重大安全风险隐患的，发现重要行业或地区存在严重威胁国家安全、公共安全和社会公共利益的重大网络安全风险隐患的，应当按要求及时通报有关部门。

5. 对网络安全服务机构和人员的监督管理

公安机关对从事网络安全建设、运维、监测、检测认证、风险评估等的网络安全服务机构、服务人员及其服务活动进行监督管理，确保服务活动客观、公正、安全，维护重要网络系统和数据安全；发现有违反有关政策规定行为的，应责令其整改。

公安机关对第三级以上网络运营者的关键岗位人员以及为第三级以上网络提供安全服务的人员进行监督管理。

6. 案（事）件调查

公安机关依据有关法律规定处置网络安全事件，开展事件调查，依法查处危害网络安全的违法犯罪活动。必要时，按照国家有关规定责令网络运营者采取阻断信息传输、备份相关数据等紧急措施。网络运营者应当依法协助、配合公安机关和有关部门开展调查和事件处置工作。

2.8.2　保密行政管理部门和密码管理部门的监督管理

1. 保密行政管理部门的监督管理

保密行政管理部门负责对涉密网络的安全保护工作进行监督管理，对非涉密网络存储、处理、传输、发布涉密内容等违法行为进行检查监测，发现存在安全保密隐患，违反保密法律法规，或者不符合保密标准的，按照《中华人民共和国保守国家秘密法》（以下简称《保守国家秘密法》）及其实施条例、国家保密相关规定处理。

2. 密码管理部门的监督管理

密码管理部门负责对网络安全保护工作中的密码管理进行监督管理，监督检查网络运营者对网络中密码的配备、使用、管理和应用安全性评估的情况。对涉密网络每年至少开展一次监督检查。监督检查中发现存在安全隐患，违反密码管理相关规定，或者不符合密码相关标准规范要求的，按照《密码法》和有关行政法规、国家密码管理相关规定予以处理。

2.8.3　行业主管部门的监督管理和网络运营者的内部管理

1. 行业主管部门的监督管理

行业主管部门负责对本行业网络安全保护工作的监督管理，组织制定本行业网络安全等级保护工作规划和标准规范，掌握网络基本情况、定级备案情况和安全保护状况；监督检查本行业网络运营者依照国家网络安全法律法规和相关标准规范要求，开展网络定级备案、等级测评、安全建设整改、安全自查等工作的情况，以及落实网络安全管理和技术保护措施情况；组织开展网络安全防范、网络安全事件应急处置、重大活动网络安全保护等工作。

2. 网络运营者的内部管理

网络运营者承担内部网络安全管理责任，每年对本单位网络安全工作开展自查，自查内容包括：落实国家网络安全法律法规和相关标准规范要求情况，网络安全等级保护制度落实情况，网络安全状况，安全风险隐患、安全事件监测及处置、报告情况。网络运营者对自查和等级测评中发现的安全风险隐患，应制定安全建设整改方案并开展建设整改。

2.9　按照《网络安全等级保护基本要求》开展网络安全建设

2019 年 5 月，国家标准化委员会发布了国家标准《信息安全技术　网络安全等级保护基本要求》（GB/T 22239—2019）（以下简称基本要求），该标准是一项推荐性国家标准，于 2019 年发布实施。基本要求是指导网络运营者开展网络安全等级保护安全建设整改、等级测评等工作的重要标准，也是基线要求。网络运营者按照基本要求开展网络安全建设，是按照《网络安全法》和网络安全等级保护制度要求实施的规定动作，本质上是实现网络系统的安全合规。

2.9.1　《网络安全等级保护基本要求》概述

1. 基本要求的含义

网络按照其重要性和被破坏后对国家安全、社会秩序、公共利益的危害性，分为五个安全保护等级。不同安全保护等级的网络有着不同的安全需求，为此，针对不同安全保护等级的网络提出了相应的基本安全保护要求，不同安全保护等级网络的安全保护要求汇聚成了《网络安全等级保护基本要求》。

2. 基本要求的构成

鉴于第五级网络属于特殊管理和保护对象，因此，基本要求只规定了第一级到第四级网络的安全要求。

（1）安全要求由"安全通用要求＋扩展要求"组成。

由于网络的业务目标不同，应用场景不同，因此其使用的技术也不同。不同安全保护等级的网络，会以不同的形态出现，例如网络基础设施、业务信息系统、云计算平台、物联网、工业控制系统、移动互联系统等。网络的应用场景不同，所面临的威胁也有所不同，安全保护需求也会有所差异。因此，为便于实现对不同安全保护等级的和不同形态的网络的共性化和个性化保护，将网络的安全要求分为通用要求和扩展要求，如图 2-4 所示。

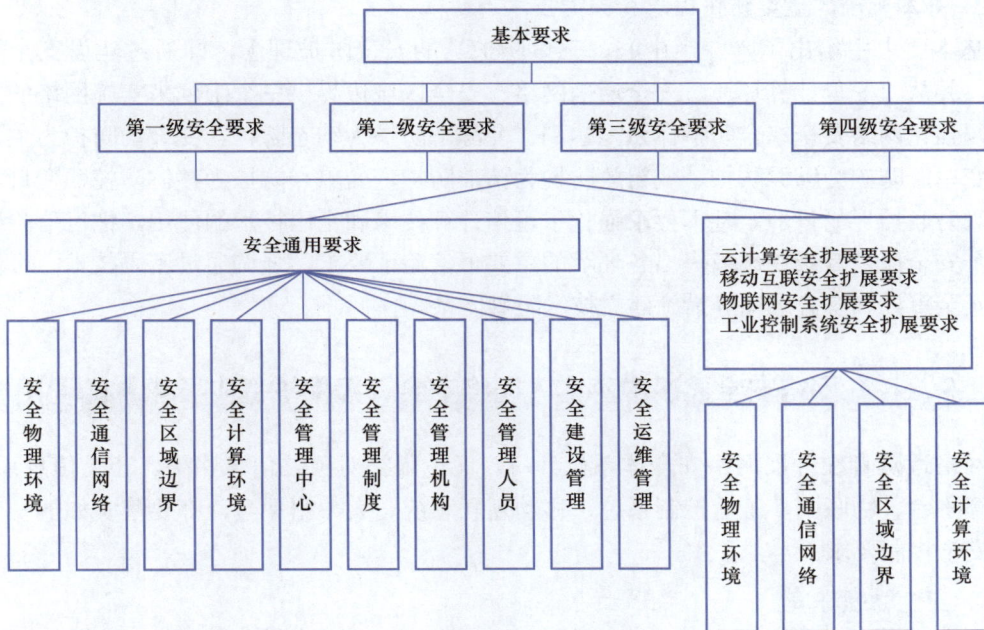

图 2-4 基本要求的组成

安全通用要求是针对共性化保护需求提出的，无论等级保护对象以何种形式出现，都需要根据网络的安全保护等级落实相应级别的安全通用要求。安全通用要求包括"安全物理环境""安全通信网络""安全区域边界""安全计算环境""安全管理中心"5 类安全技术要求和"安全管理制度""安全管理机构""安全管理人员""安全建设管理""安全运维管理"5 类安全管理要求，共 10 大类。（注：第一级安全要求没有"安全管理中心"。）

扩展要求是采用特定技术或特定应用场景下的等级保护对象需要扩展实现的安全要求，包括云计算安全扩展要求、移动互联安全扩展要求、物联网安全扩展要求、工业控制系统安全扩展要求，每类扩展要求都在"安全物理环境""安全通信网络""安全区域边界""安全计算环境"4 个方面提出个性化要求，如图 2-4 所示。例如，云计算安全扩展要求主要包括"基础设施位置""网络架构""镜像和快照保护""云服务商选择""云计算环境管理"等方面。有关扩展要求的应用详见 2.9.3 节"在网络安全建设中落实《网络安全等级保护基本要求》的扩展要求"。

（2）安全控制点和安全要求项。

安全通用要求和扩展要求下的 10 类要求为安全控制大类，各大类要求之下是安全控制点，控制点之下为安全要求项。安全要求项是每个安全控制点之下的具体安全要求。不同级别的安全要求有不同数量的安全控制点和安全要求项，随着安全保护等级的提高，安全控制点和安全要求项也在增加。例如第一级的安全通用要求有 42 个安全控制点、55 个安全要求项，第二级的安全通用要求有 68 个安全控制点、135 个安全要求项，第三级的安全通用要求有 71 个安全控制点、211 个安全要求项。

3. 基本要求的重要防护理念和关键技术

基本要求中给出了"一个中心、三重防护"的安全防护理念，即通过建设安全管理中心，并从"安全计算环境、安全通信网络、安全区域边界"三个维度来实施网络的安全保护，强化网络安全综合防护体系，达到"变静态防护为动态防护，变被动防护为主动防护，变单层防护为纵深防护，变粗放防护为精准防护，变单点防护为整体防控，变自主防护为联防联控"的目的。基本要求强化了可信计算技术和密码技术的使用，把可信验证列入各个安全保护等级并逐级提出各环节的主要可信验证要求，强调通过密码技术、可信验证、安全审计和态势感知等措施建立技术防御体系。

2.9.2 在网络安全建设中落实《网络安全等级保护基本要求》的通用要求

网络运营者在开展网络安全体系设计时，无论保护对象是信息网络，还是信息系统、云计算平台、物联网、工业控制系统、移动互联系统、大数据平台，都要落实如下安全措施和安全控制要求。

1. 安全物理环境

安全物理环境是针对计算机机房提出的安全控制要求，包括物理环境、物理设备和物理设施等。安全物理环境的安全控制点包括：物理位置选择、物理访问控制、防盗窃和防破坏、防雷击、防火、防水和防潮、防静电、温湿度控制、电力供应和电磁防护等。

2. 安全通信网络

安全通信网络是针对通信网络提出的安全控制要求，包括广域网、城域网和局域网等。安全通信网络的安全控制点包括网络架构、通信传输和可信验证等。通过设计科学合理的网络架构，保障网络的基础业务能力、区域安全隔离、线路设备冗余等需求；通过采取通信传输保护措施，保障数据的正确可靠传输等。

3. 安全区域边界

安全区域边界是针对网络边界提出的安全控制要求，包括网络系统的边界和区域边界等。安全区域边界的安全控制点包括边界防护、访问控制、入侵防范、恶意代码和垃圾邮件防范、安全审计和可信验证等。采取边界防护措施来保证边界受控且无非法设备接入；

采取访问控制措施来实现数据的访问控制；采取入侵防范措施来检测并防止网络攻击行为；采取恶意代码和垃圾邮件防范措施来对木马病毒、垃圾邮件等进行检测和防护；采取安全审计措施来实现安全事件的事后审计追溯。

4. 安全计算环境

安全计算环境是针对网络内部设备设施提出的安全控制要求，包括网络内部的网络设备、安全设备、服务器设备、终端设备、信息系统、数据对象和其他设备设施等。安全计算环境的安全控制点包括身份鉴别、访问控制、安全审计、入侵防范、恶意代码防范、可信验证、数据完整性、数据保密性、数据备份恢复、剩余信息保护和个人信息保护等。身份鉴别是对用户身份合法性进行判断，访问控制是保证用户在权限范围内进行操作，入侵防范是防止系统被非法入侵、漏洞被恶意利用，数据完整性和数据保密性是保障数据传输和存储过程中不被篡改、窃取，数据备份恢复是提供网络系统在故障时的恢复能力。

5. 安全管理中心

安全管理中心是针对整体网络系统提出的安全管理方面的技术控制要求，通过技术手段对网络系统实现集中管理。安全管理中心的安全控制点包括系统管理、审计管理、安全管理和集中管控。系统管理的含义是系统管理员对业务系统及基础运行环境的集中管理；审计管理的含义是审计管理员对各类设备的集中审计管理，并对各类管理员进行操作审计；安全管理的含义是安全管理员对各类安全策略的统一维护管理，保障安全策略的有效性；集中管控的含义是各类管理员对业务系统及各类设备的集中管理，有效提高设备、系统的维护管理效率，同时降低因维护、管理措施不足和管理不到位而引发的安全风险。

6. 安全管理制度

安全管理制度是针对管理制度体系提出的安全控制要求，其安全控制点包括安全策略、管理制度、制定和发布以及评审和修订等。

7. 安全管理机构

安全管理机构是针对管理组织架构提出的安全控制要求，其安全控制点包括岗位设置、人员配备、授权和审批、沟通和合作以及审核和检查等。

8. 安全管理人员

安全管理人员是针对人员管理提出的安全控制要求，其安全控制点包括人员录用、人员离岗、安全意识教育和培训以及外部人员访问管理等。

9. 安全建设管理

安全建设管理是针对网络安全建设整改过程提出的安全控制要求，其安全控制点包括定级和备案、安全方案设计、产品采购和使用、自行软件开发、外包软件开发、工程实施、测试验收、系统交付、等级测评以及服务供应商选择等。

10. 安全运维管理

安全运维管理是针对网络安全运维过程提出的安全控制要求，其安全控制点包括环境管理、资产管理、介质管理、设备维护管理、漏洞和风险管理、网络和系统安全管理、恶意代码防范管理、配置管理、密码管理、变更管理、备份与恢复管理、安全事件处置、应急预案管理和外包运维管理等。

2.9.3　在网络安全建设中落实《网络安全等级保护基本要求》的扩展要求

1. 落实云计算安全扩展要求

（1）云计算的概念

云计算（Cloud Computing）是通过网络访问可扩展的、灵活的物理或虚拟共享资源池，并按需自助获取和管理资源的模式。云计算具有如下特点：一是能根据业务需要和负载大小动态分配资源，而部署于云计算平台上的应用需要适应资源的变化，并能根据变化做出响应；二是提供大规模资源池的共享，通过共享提高资源复用率，并利用规模经济降低成本；三是从高性价比出发，考虑成本、可用性、可靠性等因素，其硬件设备、软件资源需综合进行优化设计，而不片面追求高性能。

云计算按部署类型可以分为私有云、公有云和混合云。云计算的特征是按需自助、泛在网络访问、资源池化、快速弹性和可度量的服务。云计算按照服务的提供方式可划分为三个大类：SaaS（Software as a Service，软件即服务），PaaS（Platform as a Service，平台即服务），IaaS（Infrastructure as a Service，基础设施即服务）。

（2）云计算平台

云计算平台（系统）是采用了云计算技术构建的网络系统，分为三种形态：一是云计算平台，云服务商提供的云基础设施及其上服务层软件的集合；二是云服务客户业务应用系统，包括云服务客户部署在云计算平台上的业务应用和云服务商为云服务客户通过网络提供的应用服务；三是采用云计算技术构建的各类业务应用系统、业务应用和为业务应用独立提供底层云计算服务、硬件资源的集合。

（3）云计算安全扩展要求

云计算安全扩展要求是云计算平台在满足安全通用要求之上增加的特殊安全要求。大类包括：安全物理环境、安全通信网络、安全区域边界、安全计算环境、安全管理中心、安全建设管理、安全运维管理。控制点包括：基础设施位置、网络架构，网络边界的访问控制、入侵防范、安全审计，计算环境的身份鉴别、访问控制、入侵防范、镜像和快照保护、数据完整性和保密性、数据备份恢复、剩余信息保护，集中管控，云服务商选择、供应链管理和云计算环境管理等内容。

（4）云计算的安全体系设计

按照网络安全等级保护制度"一个中心、三重防护"的防护理念，在满足安全通用要求基础上，从通信网络、区域边界、计算环境三方面进行安全防护设计，同时，设计安全管理中心，对云计算平台进行集中监控、调度和管理，构建云计算的安全体系，如

图 2-5 所示。

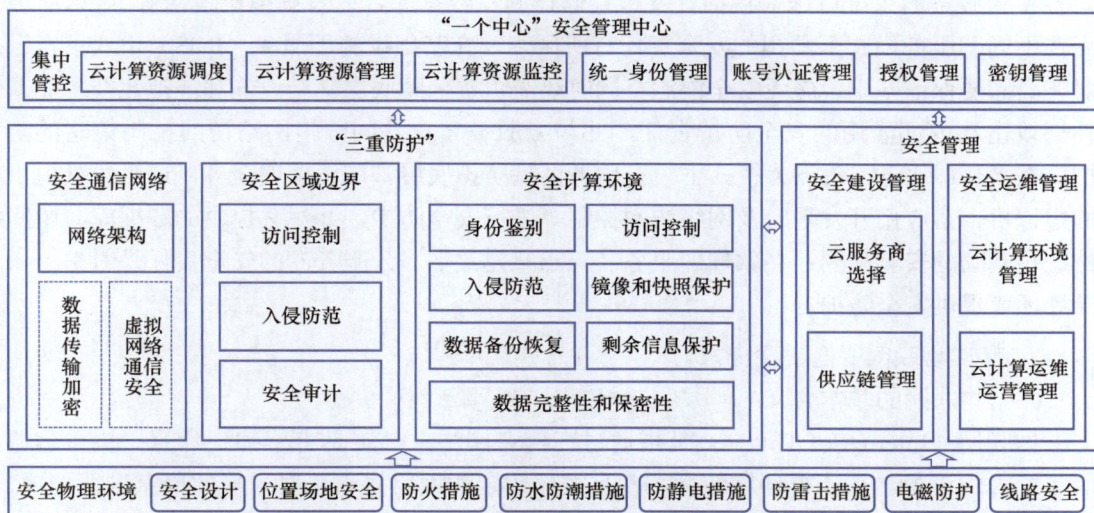

图 2-5　云计算安全体系设计

（5）云计算安全责任划分

与传统的网络系统不同，云计算环境中涉及一个或多个安全责任主体，各责任主体应根据管理权限不同划分安全责任，确定责任边界。云计算平台中通常有云服务商和云服务客户两种角色，在不同的云计算服务模式中，云服务商和云服务客户对资源拥有不同的控制范围，控制范围决定了安全责任边界。云计算平台作为提供云服务的基础设施，云服务商的安全责任是保障云计算平台的运行安全，同时提供各项基础设施服务以及各项服务内置的安全功能，如图 2-6 所示。

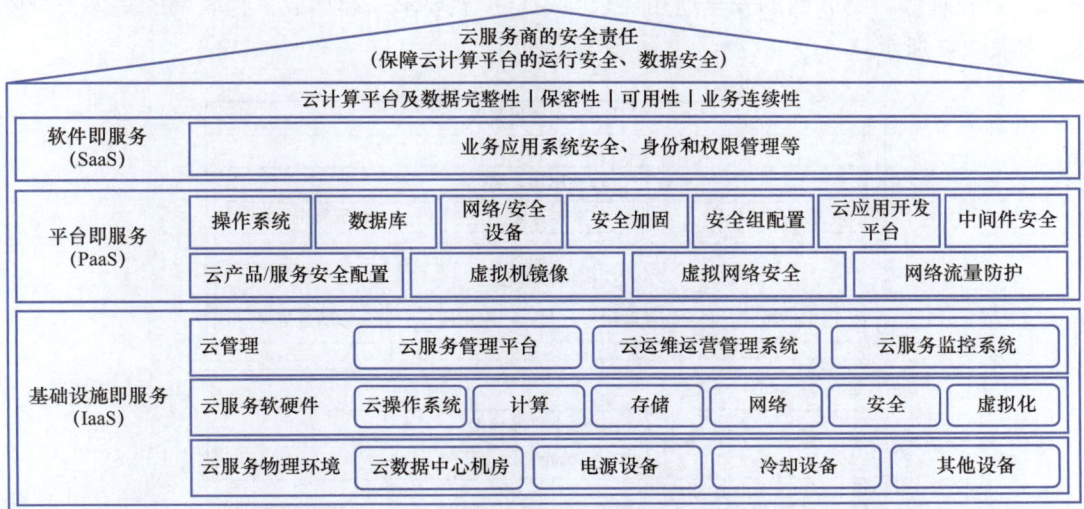

图 2-6　云服务商的安全责任

云服务商基础设施包括支撑云服务的物理环境、云服务商开发的软硬件，以及运维运营各项云服务的系统设施（包括计算、存储设施，数据库，以及虚拟机镜像等）。云服务商在不同的服务模式下承担的安全责任有所区别。在基础设施即服务（IaaS）模式下，云服务商需要保证基础设施无安全漏洞，同时还需负责保障底层基础设施和虚拟化技术免遭外部攻击和内部滥用的安全防护责任，并与云服务客户共同分担网络访问控制策略的防护；在平台即服务（PaaS）模式下，云服务商除防护底层基础设施安全外，还需对其提供的虚拟机、云应用开发平台及网络访问控制等进行安全防护，并对其提供的数据库、中间件进行基础的安全加固；在软件即服务（SaaS）模式下，云服务商的安全责任是对整个云计算环境提供安全防护。

2. 落实物联网安全扩展要求

（1）物联网的基本含义

物联网（Internet of Things）是指通过在信息网络上部署具有感知、计算、执行和通信等能力的设备，来获得环境信息，并且按照约定的网络协议，对采集的信息进行传输、协同和处理，从而实现智能化识别、定位、跟踪、监控和管理的一种信息系统。简单来说，物联网是将感知节点设备通过互联网等网络连接起来构成的信息系统。其应用场景包括车联网、智能家居、智慧交通、智能电网、智慧油田、智慧社区、智慧城市、智能仓储等。物联网结构通常包括感知层、网络传输层、处理应用层，实现数据采集、数据传输、数据处理、数据应用等功能。感知节点设备包括射频识别（Radio Frequency Identification，RFID）、传感器、红外感应器、全球定位系统（GPS）、激光扫描器等。

（2）物联网安全扩展要求

物联网的安全防护主要集中在物联网的感知层，针对感知层提出的安全扩展要求主要包括：感知节点设备物理防护、感知节点设备安全、网关节点设备安全、数据融合处理和感知节点管理等。物联网的安全通用要求与安全扩展要求一起构成了物联网的整体安全要求，如图 2-7 所示。

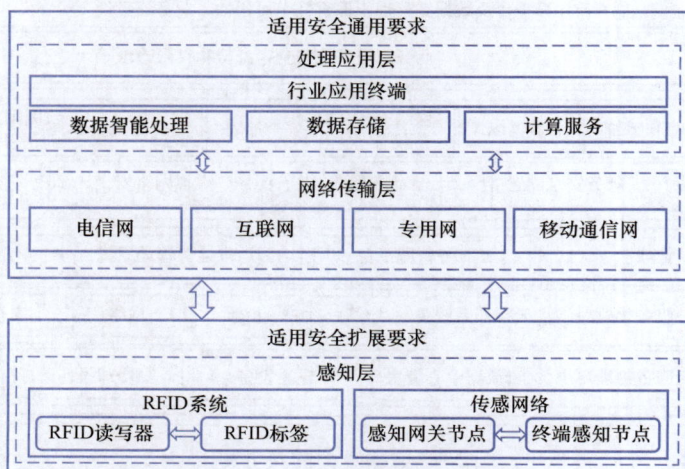

图 2-7　物联网的整体安全要求

（3）物联网安全关键技术

保护物联网安全，采用如下关键技术：

① 感知层安全技术。针对感知层的设备、网络和数据处理等的安全需求而采取的技术，包括轻量级密码算法、轻量级身份鉴别技术、RFID 非法读写和非法克隆等安全技术、控制安全技术、抗重放安全技术、抗侧信道攻击技术等。

② 网络传输层安全技术。针对广域网和移动通信网的安全问题而采取的技术，包括数据融合安全、网络冗余、防火墙、虚拟专网（VPN）、数据传输安全、数据流量保护等。

③ 处理层安全技术。针对系统、服务、数据等的安全需求而采取的技术，包括访问控制、入侵检测、安全审计、应用软件安全、虚拟服务安全、数据安全等。

④ 应用层安全技术。针对行业应用安全需求而采取的技术，包括用户终端管理、隐私保护等。

⑤ 信任机制与密钥管理技术。包括初始密钥建立、根证书生成与管理、公钥证书体系及应用技术、会话密钥的产生与应用、口令管理等。

⑥ 安全运维技术。包括与系统运维相关的支撑技术及平台等。

⑦ 安全检测评估技术。包括安全测评指标体系（针对感知层）、安全测评方法、安全测评工具等。

（4）物联网安全架构

对物联网进行整体安全架构设计，根据安全需求的不同和采用的安全技术的差异，一是可将处理应用层进一步划分为处理层和应用层，并分别设计其安全架构；二是物联网整体上需要建立信任机制和密钥管理、开展安全测评与运维监督。因此，物联网安全架构可以设计成四个逻辑层（包括感知层安全、网络传输层安全、处理层安全、应用层安全）和两个技术支撑（包括信任机制与密钥管理、安全测评与运维监督），如图 2-8 所示。

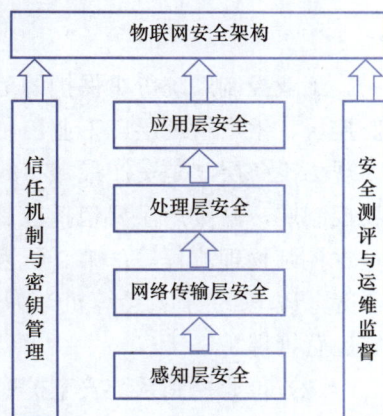

图 2-8　物联网安全架构

3. 落实工业控制系统安全扩展要求

（1）工业控制系统的基本含义

工业控制系统（Industrial Control System，ICS）是一个通用术语，是由各种自动化控制组件以及对实时数据进行采集、监测的过程控制组件共同构成的确保工业基础设施自动化运行、进行过程控制与监控的业务流程管控系统，主要包括数据采集与监视控制系统（SCADA）、分布式控制系统（DCS）、过程控制系统（PCS）、可编程控制器（PLC）、远程终端单元（RTU）、智能电子装置（IED）、安全仪表系统（SIS）。参考国际标准 IEC 62264—1 对工业控制系统层次结构模型的划分方法，将工业控制系统的功能划分为五个层级，由上至下依次为企业资源层、生产管理层、过程监控层、现场控制层和现场设备层，如图 2-9 所示，各功能层对数据通信实时性及数据记录时间有不同要求。工业控制系统通常用于电力、石油和天然气、化工、交通运输、水和污水处理、制药、纸浆和造纸以及制造（如汽车、航空航天和耐用品）等行业。

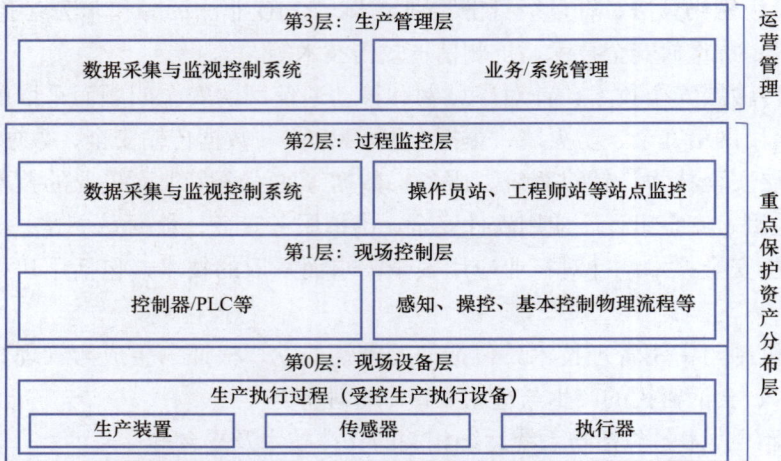

图 2-9　工业控制系统功能层次模型

工业控制系统等级保护的范畴包括第 0 层到第 3 层：现场设备层、现场控制层、过程监控层、生产管理层。工业控制系统重点保护资产分布在第 0 层到第 2 层，其中，第 0 层为现场设备层，是资产最密布的区域，主要包括生产装置、传感器和执行器；第 1 层为现场控制层，其资产主要包括控制器或 PLC 等，实现对系统安全的保护，实施感知、操控、基本控制物理流程等；第 2 层为过程监控层，其资产主要包括操作员站、工程师站、服务器等，以 PC（个人计算机）为硬件平台设备，实施监督控制；第 3 层为生产管理层，实施运营管理。

（2）工业控制系统安全扩展要求

工业控制系统安全扩展要求主要针对现场控制层和现场设备层提出特殊安全要求，主要包括：室外控制设备物理防护、网络架构、通信传输、访问控制、拨号使用控制、无线使用控制、控制设备安全、产品采购和使用、外包软件开发等。工业控制系统安全通用要求与安全扩展要求一起构成其完整的安全要求。

（3）工业控制系统安全措施

下面以一个电力控制系统为例，简要说明工业控制系统安全措施。按照"一个中心、三重防护"的防护理念，将工业控制系统的安全防护措施划分为四个方面：一是网络方面，包括安全域之间的边界，通信链路关键节点、网络通信设备等；二是应用方面，包括上位机工程组态软件、监控软件、仿真软件等；三是主机方面，包括工程师站、操作员站、服务器主机以及控制器内生安全等；四是数据方面，包括通信过程中的动态传输数据和静态数据等。

每个方面都针对不同的网络安全要求，分别配置相对应的防护策略。防护策略分为如下五类：一是区域划分，将控制系统按照不同的功能、控制区、非控制区进行区域划分；二是网络节点保护，对各安全区域的边界节点进行隔离保护，并对各安全域内的关键通信节点配置防护策略；三是主机安全防护，上位机主机加装基于可信计算的白名单终端防护软件，并对主机加固，保障主机设备安全，下位机通过内生安全防护技术提升控制器的防护能力；四是通信数据加密，对控制系统的关键数据（如下装数据、身份验证数据等）进行通信加密和加密存储；五是集中审计管控，在安全管理区配置集中审计和管理平台，对系统安全策略统一管理，并集中收集和分析各层级的安全审计内容。

4. 落实移动互联安全扩展要求

（1）移动互联的基本含义

移动互联（Mobile Communication）是采用无线通信技术将移动终端接入有线网络的活动。无线网络分为两种，一种是通过公众移动通信网实现的无线网络（如 5G、4G）；另一种是无线局域网（Wi-Fi）。采用移动通信网技术、互联网技术以及互联网应用技术的信息系统称为移动互联信息系统。

（2）移动互联信息系统的架构

移动互联信息系统的移动互联部分由移动终端、移动应用和无线网络三部分组成，移动终端通过无线通道连接无线接入设备，无线接入网关通过访问控制策略限制移动终端的访问行为，后台的移动终端管理系统对移动终端进行管理，包括向客户端软件发送移动设备管理、移动应用管理和移动内容管理策略等，如图 2-10 所示。

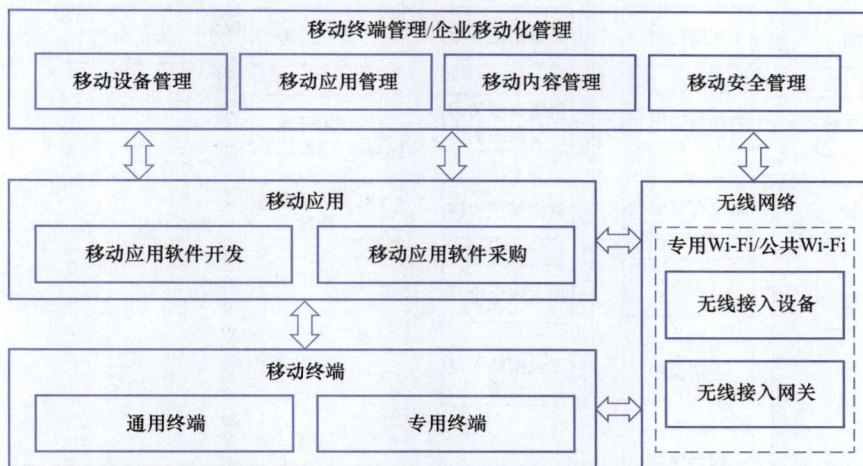

图 2-10　移动互联信息系统架构

（3）移动互联安全扩展要求

移动互联安全扩展要求主要是针对移动终端、移动应用和无线网络提出的安全要求，主要包括：无线接入点的物理位置、移动终端管控、移动应用管控、移动应用软件采购和移动应用软件开发等。移动终端又分为通用终端和专用终端，二者所处环境不同，所面临的安全风险威胁也有所不同,因此采用不同的安全防护策略和措施。无线通信安全方面,主要是局域网络环境(即 Wi-Fi 环境),特别是单位自建的 Wi-Fi 的网络安全;接入设备安全方面,包括无线接入设备和无线接入网关,重点是无线接入控制与无线访问控制;移动终端安全管理方面,主要是通过移动终端管理系统对移动应用和移动终端进行统一管理。

(4)移动互联信息系统的安全建设体系框架

根据《网络安全等级保护基本要求》第三级安全要求中的移动互联安全扩展要求,结合移动互联信息系统的业务需求,从移动终端安全、移动应用安全、网络接入安全三个方面,设计了移动互联信息系统的安全建设体系框架,如图 2-11 所示。

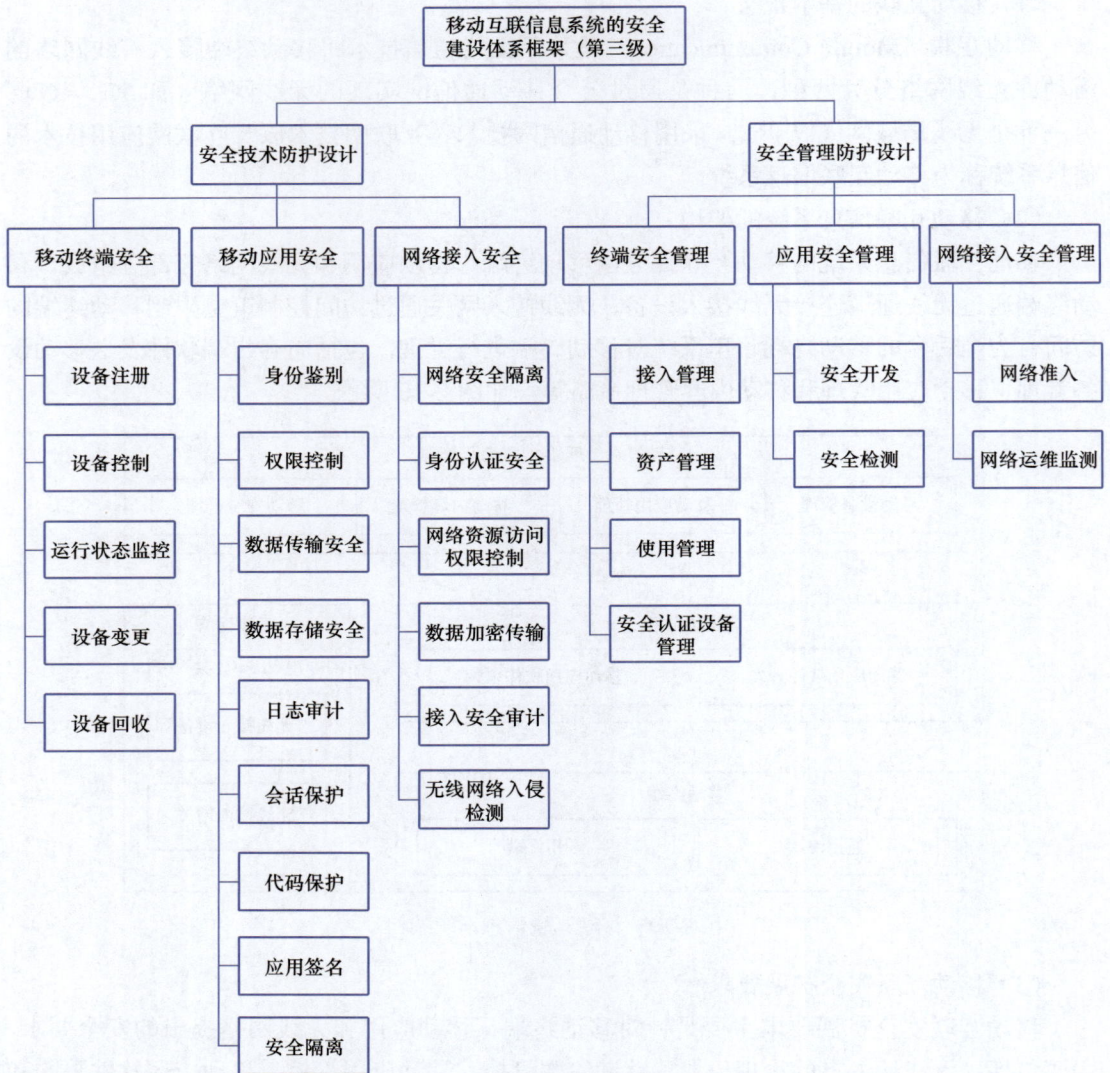

图 2-11　移动互联信息系统的安全建设体系框架

5. 落实大数据安全扩展要求和保护措施

（1）大数据的基本含义

大数据（Big Data）是指具有海量的数据规模、快速的数据流转、多样的数据类型、低价值密度等特征，且难以用传统数据体系结构有效处理的信息资产。

（2）大数据系统

采用了大数据技术的信息系统称为大数据系统。大数据系统通常由大数据平台、大数据应用、大数据资源构成，如图 2-12 所示。大数据平台是指为大数据应用提供资源和服务的支撑集成环境，包括基础设施层、数据平台层、计算分析层、大数据管理平台。大数据平台中的基础设施层采用虚拟化技术、云计算技术或数据仓库技术，支持数据平台层的数据处理和计算。大数据平台也可以集成大数据服务所需的存储与网络设备、服务器、虚拟化软件等基础设施和计算资源，以减少大数据服务基础设施部署和运维管理复杂度，优化大数据服务性能。大数据应用是指基于大数据平台对数据进行处理的过程，通常包括数据采集、存储、处理、应用、传输、提供、销毁等环节。大数据资源是指具有海量的数据规模、快速的数据流转、多样的数据类型、低价值密度等特征的信息资产。

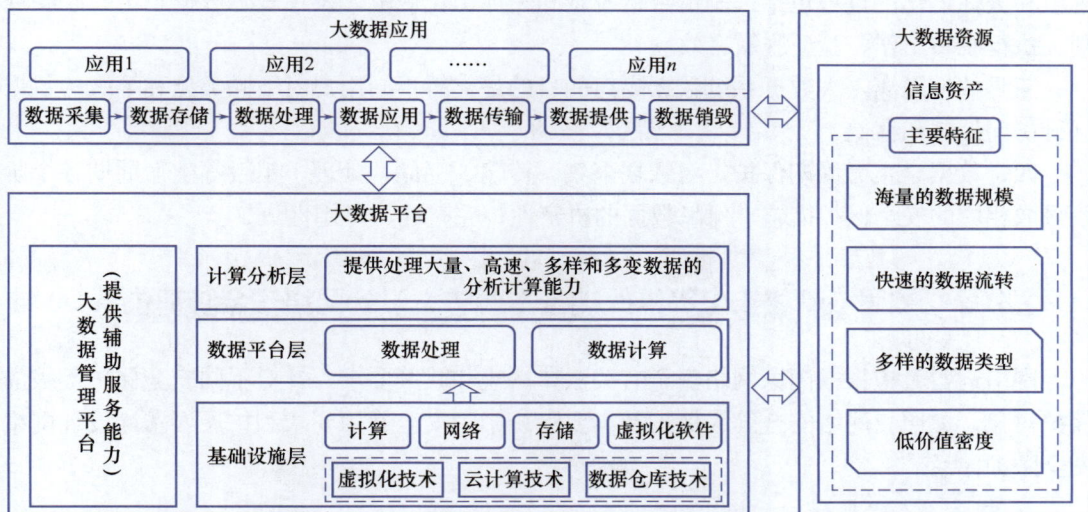

图 2-12　大数据系统

（3）大数据安全扩展要求

一是在安全物理环境方面，承载大数据存储、处理和分析的设备机房应位于中国境内；采取防盗窃、防破坏、防雷击、防火、防水、防潮、防静电、温湿度控制、电力双路冗余、UPS（不间断电源）、进出人员登记、电磁防护等措施。

二是在安全通信网络方面，大数据平台不承载高于其安全保护等级的大数据应用；大数据平台的管理流量与系统业务流量分离，采取网络分区及隔离、通信传输完整性保护措施。

　　三是在安全区域边界方面，跨越边界的访问和数据流通过边界设备提供的受控接口进行通信，采取五元组过滤、内容过滤、策略优化、基于会话状态信息的访问控制，和安全威胁入侵监测、网络防病毒、网络行为审计等措施。

　　四是在安全计算环境方面，采取网络设备和系统的身份鉴别、访问控制、安全审计、入侵防范、恶意代码防范、可信验证、数据分类管理、数据完整性和保密性保护、数据备份恢复、数据迁移和销毁保护、剩余信息保护、个人信息保护等措施。

　　五是在安全管理中心方面，采取系统管理和审计管理措施。

　　（4）大数据安全保护措施

　　数据处理者除落实上述大数据安全扩展要求外，还应对大数据自身采取几项重要安全保护措施：

　　一是数据清洗和转换，是对数据进行重新审查和校验的过程，目的在于删除重复信息、纠正存在的错误，并保障数据一致性。

　　二是数据脱敏和去标识化，是指对某些敏感信息通过脱敏规则进行数据的变形，实现去隐私化，实现敏感隐私数据的可靠保护，防止敏感数据被滥用；数据脱敏和去标识化后既可最大程度地释放大数据的流动性和使用价值，又可保证使用敏感信息的合规性。数据脱敏和去标识化的过程包括：制定数据脱敏和去标识化规范、发现敏感数据、定义脱敏规则、执行脱敏工作、验证脱敏有效性。

　　三是数据隔离，大数据系统数据隔离的目的是支持不同用户对不同类型和等级的数据进行访问控制和存储。

　　四是数据全生命周期保护，对数据采集、传输、存储、处理、销毁等生命周期各个阶段采取相应的安全保护措施，保障数据的机密性、完整性、可用性。

2.9.4　按照《网络安全等级保护基本要求》设计网络安全防护体系

　　网络运营者应根据国家网络安全有关法律法规和政策要求，针对不同安全保护等级的保护对象，参照《网络安全等级保护基本要求》中的安全通用要求和扩展要求，设计网络安全防护体系。

1. 网络安全防护体系架构设计

　　如果等级保护对象是传统的网络系统，应将安全通用要求纳入网络安全防护体系架构；如果等级保护对象是云计算平台、物联网、移动互联系统、工业控制系统、大数据平台，应将安全通用要求与各类等级保护对象的扩展要求相结合，纳入网络安全防护体系架构。无论何种等级保护对象，都要从"安全物理环境""安全通信网络""安全区域边界""安全计算环境""安全管理中心"五类安全技术要求，和"安全管理制度""安全管理机构""安全管理人员""安全建设管理""安全运维管理"五类安全管理要求方面，设计各类等级保护对象的安全防护体系架构，如图 2-13 所示。有关五类安全技术要求和五类安全管理要求的具体内容详见 2.9.2 节"在网络安全建设中落实《网络安全等级保护基本要求》的通用要求"。

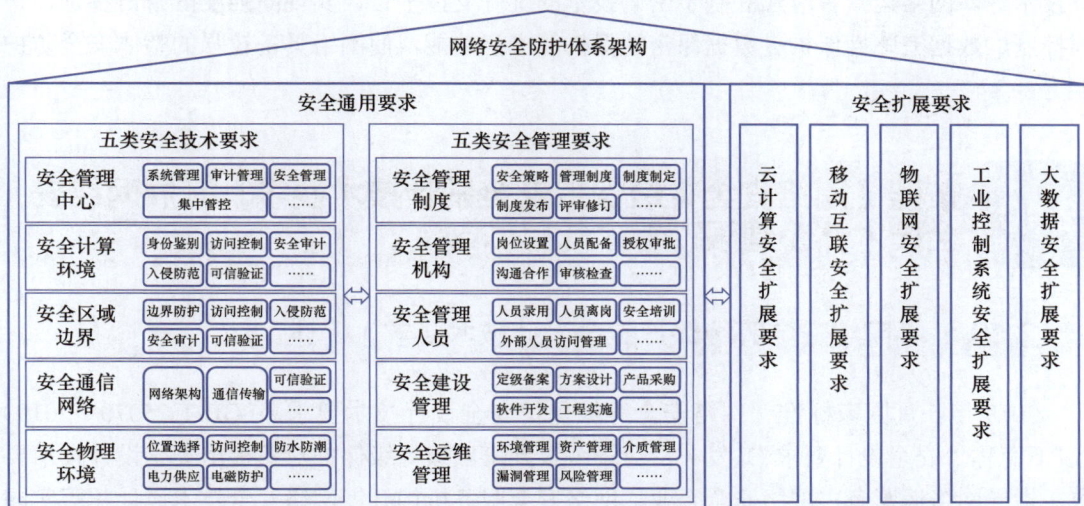

图 2-13　网络安全防护体系架构

2. 网络安全综合防护体系设计

在网络安全防护体系架构设计的基础上，网络运营者根据本行业、本领域业务情况和网络安全实际，综合考虑总体性安全需求，根据等级保护对象的整体安全保护能力要求，设计网络安全综合防护体系。

（1）纵深防御体系。在落实基本要求中管理和技术两方面措施的基础上，还应从整体上设计各种安全措施的组合，从外到内构建一个纵深防御体系，以保障网络具有整体安全防护能力。

（2）安全功能强度的一致性。基本要求将身份鉴别、访问控制、安全审计、入侵防范等安全要求分解到了网络的各个层面，在实现各个层面的安全功能时，应保证各个层面安全功能强度的一致性，以防止某个层面安全功能的削弱导致整体安全保护能力在该安全功能上削弱。

（3）安全措施的互补性。基本要求以安全措施的形式提出安全要求，在将各种安全措施落实到特定网络中时，应考虑各个安全措施之间的互补性，关注各个安全措施在层面内、层面间和功能间产生的连接、交互、依赖、协调、协同等相互关联关系，保证各个安全措施共同综合作用于网络上，以保障网络的整体安全保护能力。

（4）集中的安全管理。基本要求针对较高级别的网络，提出了实现集中的安全管理、安全监控和安全审计等安全要求。为了实现这些安全要求，网络运营者应建立集中的安全管理中心，以保证在统一安全策略的指导下实现各个层面的安全功能，确保各个安全措施在可控情况下发挥各自的作用，集中管理网络中的各个安全措施组件，支持统一安全管理。

（5）统一的支撑平台。基本要求针对较高级别的网络，提出了使用密码技术、可信计算技术等。网络运营者应建立基于密码技术的统一支撑平台，实现高强度的身份鉴别、访问控制、数据完整性保护、数据保密性保护等安全功能，使网络具备较强的整体安全防护能力。

<table>
<tr><td>2.10</td><td>按照《网络安全等级保护安全设计技术要求》开展网络安全技术体系建设</td></tr>
</table>

2.10.1 《网络安全等级保护安全设计技术要求》概述

2019 年 5 月国家标准《网络安全等级保护安全设计技术要求》（GB/T 25070—2019）（以下简称"安全设计要求"）发布，对第一级到第四级等级保护对象提出安全设计技术要求，指导网络运营者、网络安全企业、网络安全服务机构开展网络安全技术设计，落实国家网络安全法律法规、政策和《网络安全等级保护基本要求》等标准的要求。

1.《网络安全等级保护安全设计技术要求》与《网络安全等级保护基本要求》的关系

《网络安全等级保护基本要求》是对各安全保护等级的网络提出的基本的安全要求，即安全规范，也是要达到的安全目标，而《网络安全等级保护安全设计技术要求》是从技术方面对各安全保护等级的网络提出的安全技术设计方法，是实现《网络安全等级保护基本要求》中技术要求的方法和途径，因此，二者是密切衔接的关系。也就是说，《网络安全等级保护安全设计技术要求》是从网络安全技术设计的角度去实现《网络安全等级保护基本要求》中提出的技术要求，只有把这两个标准的定位搞清楚、关系搞清楚，才能制定出科学、合理的网络安全建设方案，实现网络系统安全合规的目的，保证不同安全保护等级的网络系统具备应有的安全保护能力和水平。

2. 安全设计要求的主要内容

《网络安全等级保护安全设计技术要求》给出了通用等级保护安全技术设计框架和云计算、移动互联、物联网和工业控制等级保护安全技术设计框架，第一级到第四级系统安全保护环境设计（包括设计目标、设计策略和设计技术要求），定级系统互联设计。

通用等级保护安全技术设计包括各级系统安全保护环境的设计及其安全互联的设计，各级系统安全保护环境由相应级别的安全计算环境、安全区域边界、安全通信网络和（或）安全管理中心组成，定级系统互联由安全互联部件和跨定级系统安全管理中心组成，如图 2-14 所示。

3. 安全设计要求的主要特点

（1）采用可信计算技术，强化主动免疫和内生安全能力。按照安全可信原则，通过构建可信网络协议、设计可信网络设备实现网络终端的可信接入。在网络安全技术设计中，可信计算技术的应用范围可以覆盖到单个芯片、硬件、软件、信息资产、平台、操作系统、应用程序和运行环境。可信计算技术需要从网络系统的各个层面进行安全增强，建立可信根、可信计算环境和可信认证体系，以构建全网的可信架构体系，实现科学完善的安全防护功能。

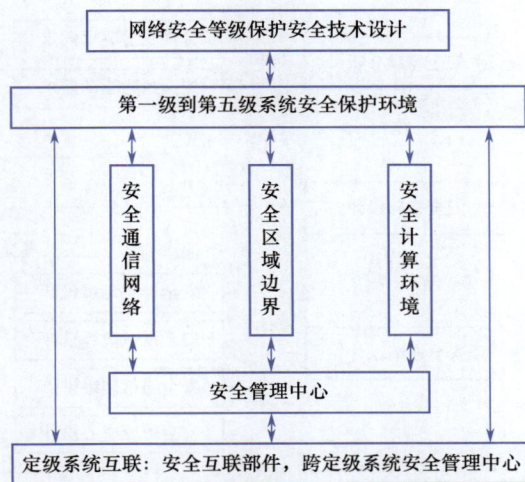

图 2-14　通用等级保护安全技术设计框架

（2）采用可信验证机制，强化网络集中管控。按照集中管控原则，把可信验证机制纳入各级网络系统，并提出各环节的主要功能要求；对网络系统整体的安全策略及安全计算环境、安全区域边界、安全通信网络中的安全机制等实施统一管理，以实现对网络链路、网络设备和安全设备等的运行状况的集中监测，对审计数据进行收集和集中分析，对安全策略、恶意代码、补丁升级等安全事项集中管理，对网络中发生的各类安全事件集中识别、报警和分析。

（3）与《网络安全等级保护基本要求》中的"一个中心、三重防护"的防护理念和思路紧密衔接，从"安全管理中心、安全计算环境、安全区域边界、安全通信网络"层面提出安全设计技术要求，建立网络安全技术防护体系，提升网络系统的技术防护能力。

2.10.2　按照"一个中心、三重防护"思路设计网络安全防护技术体系

1. 网络安全防护技术体系设计的内容和流程

网络安全防护技术体系设计包括安全需求分析、安全架构设计、安全详细设计和安全效果评价四个方面的内容，如图 2-15 所示。

（1）安全需求分析。安全需求分析是网络安全防护技术体系设计的首要环节，网络运营者从合规角度和风险防范化解角度，确定网络安全建设的实际需求。合规要求是，网络安全防护技术设计应符合国家网络安全法律、政策、标准规范要求，在具体方案设计中，

要满足《网络安全等级保护基本要求》和《网络安全等级保护安全设计技术要求》，不同等级的网络系统，依据不同等级的标准要求进行安全需求分析。风险防范化解要求是，根据网络系统的安全保护等级，分析网络系统面临的外在风险挑战和攻击威胁，合理确定防范化解风险的安全需求。

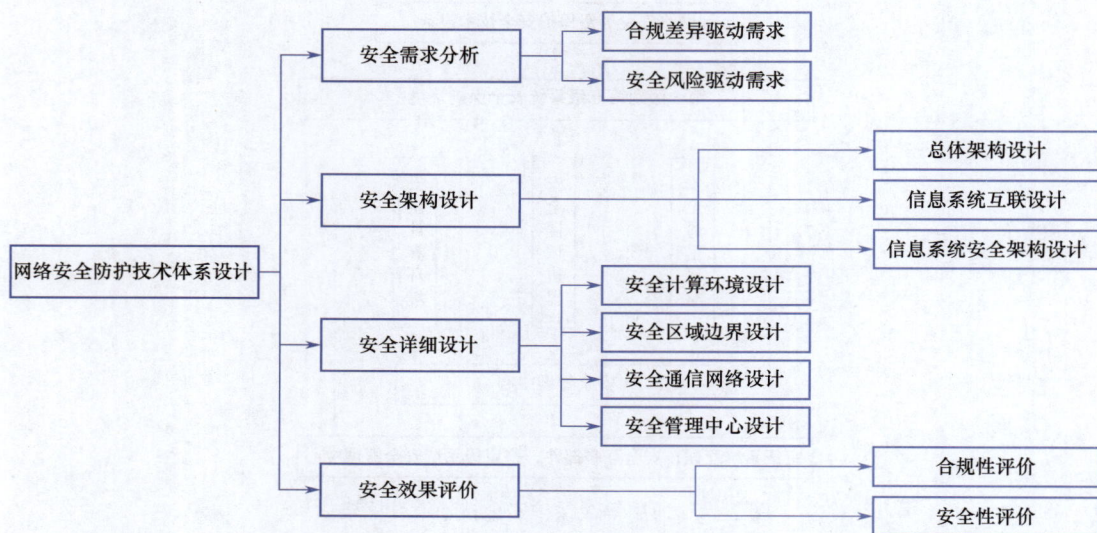

图 2-15　网络安全防护技术体系设计

（2）安全架构设计。在安全需求分析的基础上，依据网络安全等级保护相关政策、标准以及业务安全需求，开展安全架构设计，包括网络安全总体架构设计、信息系统互联设计、信息系统安全架构设计，形成总体设计方案。对网络系统进行总体架构设计时，要从安全和业务需求两个方面考虑区域的划分与隔离需求，包括办公区域、DMZ 区域、核心交换区域、网络接入区域、服务器区域等。为了便于安全管理，应专门划分单独的运维管控区，将系统业务流量与管理流量分离。区域划分还应考虑安全保护等级的差异，不同安全保护等级的区域应进行安全隔离。信息系统互联设计，是通过部署安全互联部件和跨信息系统安全管理中心，实现相同或不同安全保护等级信息系统的安全保护环境之间的安全连接。针对云计算、移动互联、物联网以及工业控制系统，应充分考虑不同形态等级保护对象的互联安全问题。信息系统安全架构设计（如图 2-16 所示），是按照"一个中心、三重防护"的防护理念和思路，设计一个安全管理中心，建立包含"安全计算环境、安全区域边界、安全通信网络"三个方面的安全架构，建立安全机制和策略，确保安全防护的密切协同和一体化管理。

（3）安全详细设计。在总体设计方案的基础上，对安全计算环境、安全区域边界、安全通信网络和安全管理中心等四个方面进行详细设计，给出具体安全措施，形成详细设计方案。详见下文说明。

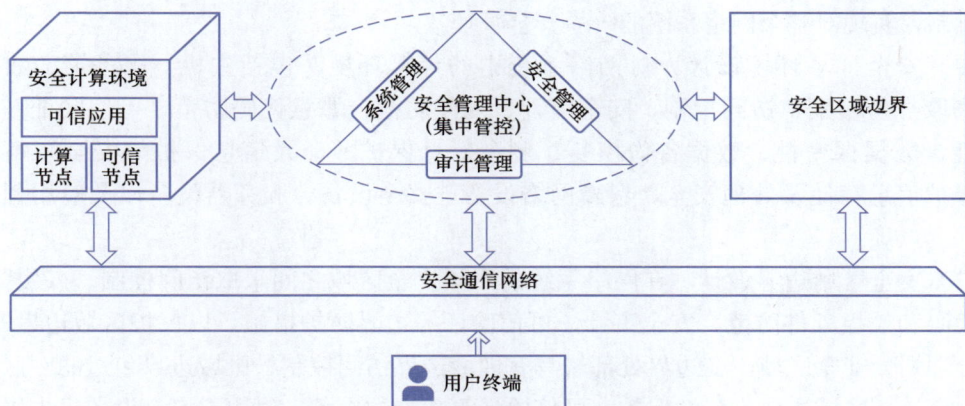

图 2-16　"一个中心、三重防护"体系架构

（4）安全效果评价。验证和评价安全方案设计的合理性，包括合规性评价和安全性评价。

2. 安全详细设计

安全详细设计是在"一个中心、三重防护"体系架构下，在总体设计方案的基础上，对"安全计算环境、安全区域边界、安全通信网络、安全管理中心"四个方面进行详细设计，建立起在一个安全管理中心支持下，包含安全计算环境、安全区域边界和安全通信网络的三重防护体系，如图 2-17 所示。

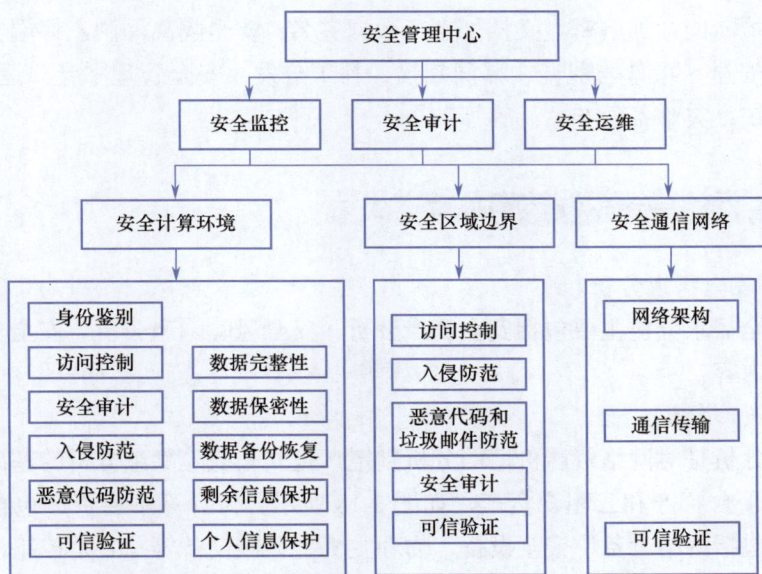

图 2-17　信息系统三重防护体系设计

（1）安全管理中心设计。在网络系统上对安全监控、安全审计、安全运维等安全措施部署和下发安全策略；对安全计算环境、安全区域边界和安全通信网络方面，部署和下发

安全机制，实现对整个网络系统的统一安全管理。

（2）安全计算环境设计。对网络系统中的计算环境（包括主机、服务器、数据库等）采取身份鉴别、访问控制、安全审计、入侵防范、恶意代码防范、可信验证、数据完整性、数据保密性、数据备份恢复、剩余信息保护、个人信息保护等安全策略和措施，保护信息存储及处理安全，保障网络设备、安全设备、服务器设备以及应用程序的安全。

（3）安全区域边界设计。在网络系统的不同安全区域之间采取访问控制、入侵防范、恶意代码和垃圾邮件防范、安全审计、可信验证等边界防护措施，以保护区域边界安全。通过合理划分安全区域，在边界处部署具有区域边界访问控制、区域边界包过滤、区域边界安全审计、区域边界完整性保护、可信验证等功能的设备，对边界安全设备日志进行集中管理和审计，实现互联区域的边界安全控制。访问控制类设备具有细粒度的访问控制功能，入侵防范类设备能够对来自内外网的攻击进行控制。

（4）安全通信网络设计。在网络系统的安全计算环境之间采取通信传输、可信验证等安全保护措施，包括网络设备业务处理能力保障、区域间访问控制、网络资源的访问控制、数据传输的保密性与完整性、基于可信根的应用程序可信验证等，以保证网络结构和通信传输过程的安全。

为了满足"安全计算环境、安全区域边界、安全通信网络"的安全要求，下列安全设备或技术用于支撑上述一系列安全措施的实现：安全管理中心/网络安全态势感知系统；防火墙；Web 防火墙、网页防篡改；入侵检测、入侵防御、防病毒；统一威胁管理 UTM；身份鉴别，虚拟专网；加解密、文档加密、数据签名；安全隔离网闸，终端安全与上网行为管理；内网安全、审计与取证、漏洞扫描、补丁分发；安全管理平台；运维审计系统，数据库审计系统；灾难备份产品；等等。

2.10.3 云计算等级保护安全技术设计

1. 云计算安全需求分析

云计算安全需求分析主要包括安全资产分析、安全风险隐患分析、安全责任分析、安全需求确认等内容。

（1）安全资产分析。

安全资产分析是对网络资产价值的分析判定，是安全风险隐患分析的基础。云计算资产包括云计算平台资产和云租户资产，如图 2-18 所示。云计算平台资产包含三部分：一是物理设施，包括网络设备、安全设备、物理主机、存储设备等；二是控制设备和虚拟化设施，包括对物理设备进行资源抽象控制的各类控制器，虚拟化的网络、计算、存储和安全资源池；三是为了方便提供云计算服务及云安全服务而开发的平台应用，如云管理平台、安全管理平台等。

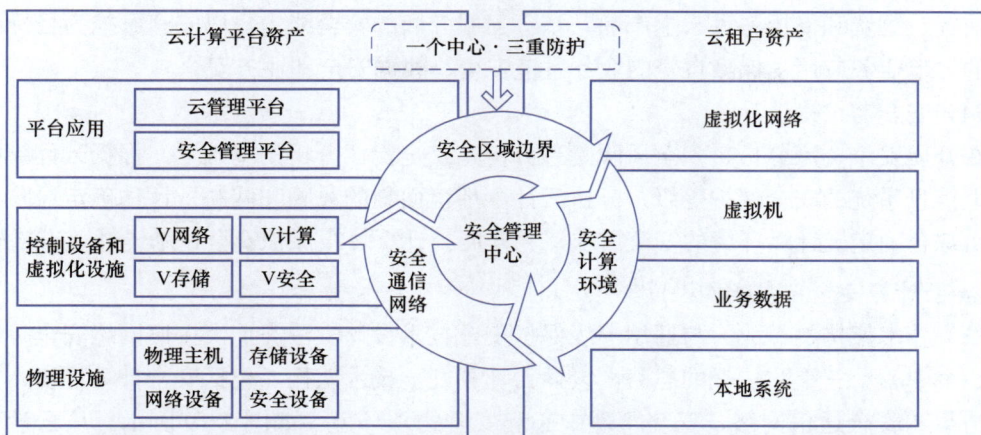

图 2-18　云计算资产

（2）安全风险隐患分析。

安全风险隐患分析包括资产脆弱性分析、云计算平台风险分析、云租户侧风险分析。

① 资产脆弱性分析。云计算环境下，云计算平台采用虚拟化技术和虚拟机，因此，网络和数据资产不再局限于物理实体的有形资产，还包括具有多客户、多业务系统环境的无形资产。有形资产由多个业务或者多个客户共享，导致数据资产可以在客户业务系统内部或客户业务系统之间反复交换和使用，比如虚拟机的分配与回收再分配过程。这种共享机制使得云计算环境中资产安全脆弱性上升，安全风险也随之增加。

② 云计算平台风险分析。云计算平台为云租户提供基础设施、软件应用和计算处理能力，云租户的网络系统接入云计算平台的网络后，使用云计算平台提供的服务，基本可以满足业务需求。但由于云租户众多，如果云计算平台自身存在安全漏洞、隐患和问题，又不能及时发现处置，会导致云租户的网络系统被攻击入侵、数据遭破坏等安全事件发生。

③ 云租户侧风险分析。云租户（即客户）侧面临的风险主要是在数据源头与云计算平台之间、云计算平台与应用之间通过不安全的通道进行数据传输时，可能发生的中间人攻击、数据泄露等安全风险。同时，云租户根据业务需要对云计算平台实施操作，也可能给云计算平台安全带来风险；对部署在云计算平台上的设备设施进行远程运维时，存在运维人员不受控、运维终端存在安全漏洞等问题，可能被攻击者利用实施攻击以及导致运维过程中发生数据泄露风险。

（3）安全责任分析。

提供公有云的云服务，云服务商和客户之间要明确安全边界和安全责任划分，以防范网络安全事件发生。云服务商应为客户提供高可用和高安全的云服务，保护客户的云上业务安全、应用系统安全和数据安全：一是保障云基础设施安全（包括跨地域部署的数据中心、软硬件设备设施等）；二是云操作系统上的虚拟化层和云产品层的安全；三是云计算平台侧的身份鉴别和访问控制功能，具有较强的管理、监控和运营能力。云上客户应以安全为前提，配置和使用各种云上产品，基于云服务商的安全能力，以安全可控为目标建设自己的云上业务应用，保障自身的业务系统安全、数据安全和业务安全。

（4）安全需求确认。

在开展安全资产分析、安全风险隐患分析、安全责任分析的基础上，根据云计算平台和云上信息系统的安全保护等级，分析云计算环境面临的风险和威胁，评估确定风险威胁等级，综合确定云计算环境的安全需求，为开展云计算等级保护安全技术设计奠定基础。

2. 云计算安全技术架构设计

（1）技术架构的组成。与通用等级保护安全技术设计方法类似，按照网络安全等级保护"一个中心、三重防护"的思路，设计云计算安全技术架构，包括安全计算环境、安全区域边界、安全通信网络、安全管理中心和安全物理环境，如图 2-19 所示。从云计算功能分层角度，云计算安全技术架构可细分为云用户层、访问层、服务层、资源层、硬件设施层和管理层 (跨层功能)。

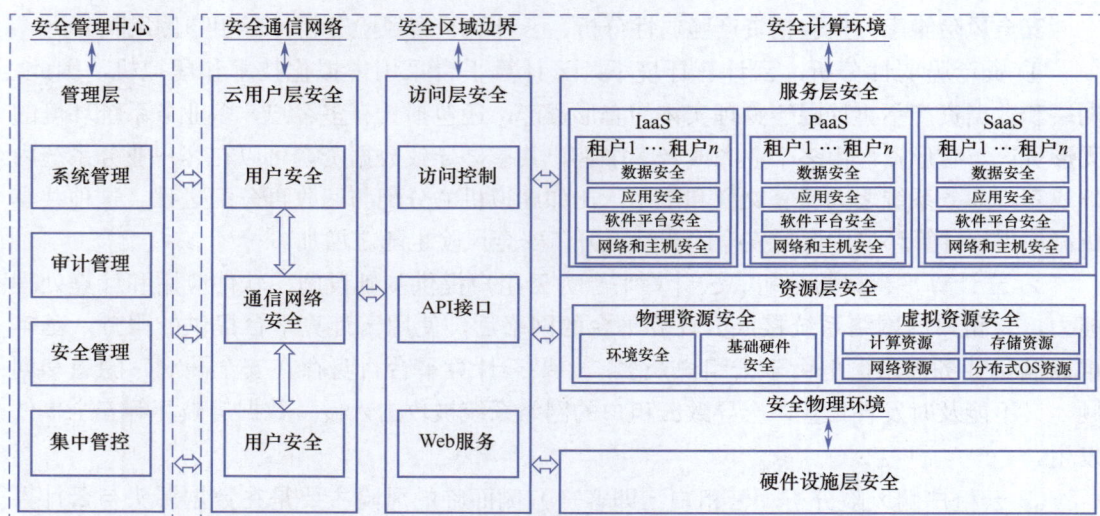

图 2-19　云计算安全技术架构

（2）安全计算环境。安全计算环境包含资源层安全和服务层安全。资源层分为物理资源和虚拟资源，物理资源安全包括环境安全、基础硬件安全；虚拟资源安全包括计算资源、网络资源、存储资源、分布式操作系统（OS）等资源安全，其安全能力由云服务商提供。云服务商通过服务层为云租户提供服务，由于服务模式不同，云服务商和云租户承担的安全责任也不同。云服务商可以通过安全接口，为云租户提供数据安全、应用安全、软件平台安全、网络和主机安全等各种安全服务能力。

（3）安全区域边界。云租户访问云计算平台，是通过安全的通信网络，以网络直接访问、API 接口访问或 Web 服务访问等方式访问云服务商提供的安全计算环境，通过安全的通信网络到达区域边界，从安全的区域边界进入安全计算环境。安全区域边界包括网络的访问控制、安全的 API 接口和 Web 服务。

（4）安全管理中心。安全管理中心集中管控整个云计算环境的系统管理、安全管理和审计管理，确保云计算平台自身安全，并满足云租户的安全需求。

（5）云服务商和客户的配合。云服务商和客户在明确安全边界和安全责任分工的基础上，应建立密切的协作机制和应急处置机制，防范来自内外的网络入侵攻击、敏感数据泄露等事件发生，保障云计算平台自身的安全性、云上业务系统的高可用性。

2.10.4　物联网等级保护安全技术设计

物联网等级保护安全技术设计包括物联网资产分析、安全需求分析和物联网安全技术架构设计。

1. 物联网资产分析

物联网架构从逻辑上可分为三层，即感知层、网络传输层和处理应用层。

（1）感知层的功能包括信息的感知和采集，属于物联网的基础层。感知层包括 RFID 读写器、传感器、红外感应器、执行器、智能装置、全球定位系统、激光扫描器、智能节点等，还包括由多个传感节点构成的无线传感器网络等。

（2）网络传输层的功能是将感知层采集到的信息实时准确地进行传输，属于由多网络构成的开放性网络，包括互联网、窄带物联网、移动网络、无线局域网、无线自组网、卫星网、蜂窝移动通信网、低功耗广域网等多种网络，还包括多种网络的融合。

（3）处理应用层分为处理层和应用层。处理层的功能是从感知数据中分析挖掘数据。处理层由多个不同功能的处理平台组成，包括云计算平台、大数据平台、人工智能平台、物联网中间件等后端业务组件。应用层是用户接口，其功能是向用户提供身份认证、个性化业务、隐私保护等服务。

2. 安全需求分析

（1）物联网是一个复杂的信息系统，其主要功能是对感知数据进行存储与智能处理，为各种业务提供应用服务。物联网的应用范围包括能源、交通、金融、水利、国防、公共安全、环境保护、智慧交通、智能物流等领域。

（2）物联网在感知层、网络传输层和处理应用层都存在被攻击风险。感知层存在物理攻击、信号泄露与干扰攻击、伪造和假冒、权限获取攻击、资源耗尽攻击、隐私泄露等威胁风险；网络传输层存在网络层协议漏洞、异构网络融合风险、海量感知节点设备威胁、无线传输风险、分布式拒绝服务攻击等威胁风险；处理应用层存在硬件故障、物理环境影响、人为操作失误、恶意代码、越权或滥用、网络攻击、物理攻击、泄密、篡改、抵赖等威胁风险。

（3）物联网结构复杂，关联性强，任何一处的安全风险都有可能波及整个网络及其核心系统。因此，物联网安全需求应综合考虑、整体布局，从物联网资产识别评估、物联网系统安全分析、安全合规差异分析、安全需求确认等方面进行设计。物联网感知层的数量及感知节点规模远超单个感知层规模，所处理的数据量巨大，因此，还需要从数据安全角度分析物联网的安全需求。

3. 物联网安全技术架构设计

物联网安全技术架构是按照"一个中心、三重防护"的防护理念和方法进行设计，建立在安全管理中心支持下的安全计算环境、安全区域边界、安全通信网络的三重防御体系，如图2-20所示。物联网安全技术架构涵盖物联网的感知层、网络传输层、处理层和应用层，既包含网络安全等级保护中所要求的安全通用要求，也包含物联网的安全扩展要求。

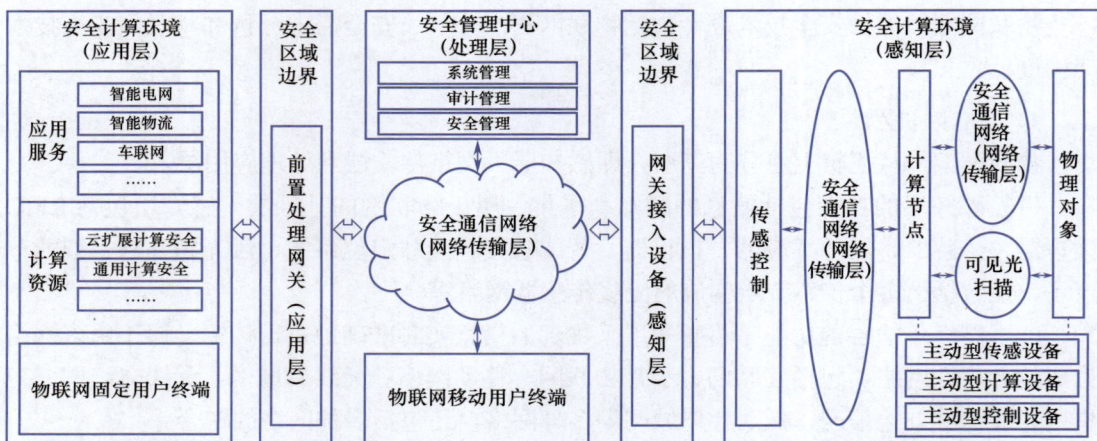

图 2-20　物联网安全技术架构

物联网的安全扩展要求分为安全用户终端、安全计算环境、安全通信网络、安全区域边界和安全管理中心。其中，安全计算环境包括感知层计算环境安全和应用层计算环境安全。物联网感知层和应用层都由完成计算任务的计算环境和连接网络通信域的区域边界组成。

2.10.5　工业控制系统等级保护安全技术设计

工业控制系统等级保护安全技术设计包括安全区域划分、安全需求分析和安全架构设计。

1. 工业控制系统的安全区域划分

工业控制系统结构复杂，根据安全保护需要，将其划分为若干个安全区域，每个安全区域具有相同的安全需求，具有一组物理资产，有清晰的边界。安全区域可以是工业控制系统中一个或几个相邻的层，也可以是一个层内部的一部分。按照各区域的重要性，采取相应安全保护等级的防护措施。工业控制系统中的通信网络是不同安全区域之间的连接通道，具有相同的安全需求。

2. 工业控制系统的安全需求分析

工业控制系统的安全需求分析包括系统风险及需求分析、等级保护合规需求分析两部分，如图 2-21 所示。系统风险及需求分析包括资产识别、业务分析、外联分析和风险分析，形成风险与需求确认清单；等级保护合规需求分析应按照《网络安全等级保护基本要求》《网络安全等级保护安全设计技术要求》以及国家、行业有关工业控制系统的安全要求，形成合规要求清单。在此基础上，对照已有安全保护措施，经过归并/整理、抵消/确认，进一步开展风险及需求识别和合规要求识别，形成安全需求清单。

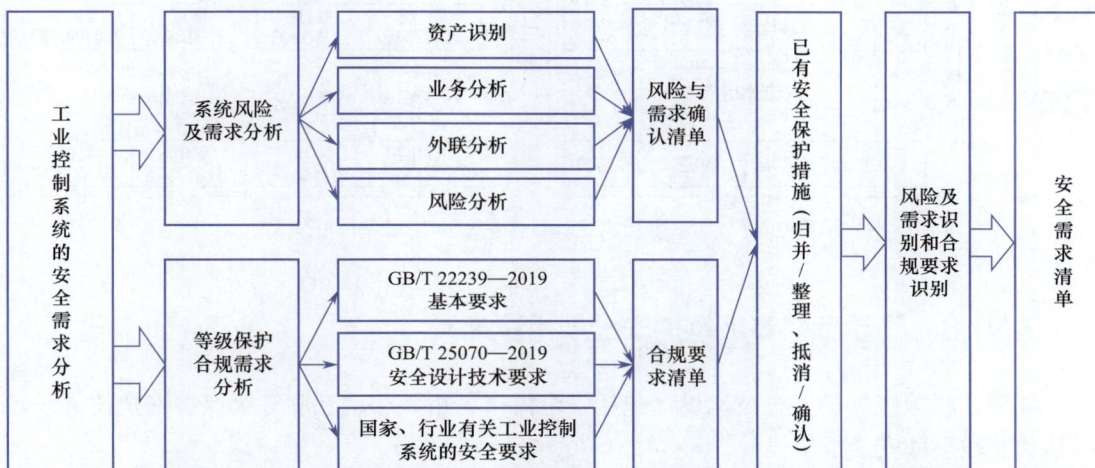

图 2-21　工业控制系统的安全需求分析

3. 工业控制系统的安全架构设计

工业控制系统的安全架构设计，是按照"一个中心、三重防护"的防护理念和方法进行设计，建立在安全管理中心支持下的安全计算环境、安全区域边界、安全通信网络的三重防御体系。按照功能划分工业控制系统层次，从第 0 层到第 3 层属于工业自动化与控制系统。第 3 层为生产管理层，具有 IT 领域特性，可参照安全通用要求进行安全架构设计，但第 3 层与第 2 层过程监控的边界防护与安全通信有控制系统的特性要求。

大多数工业控制系统，从第 0 层到第 2 层的网络系统称为生产网，这里给出了生产网的安全技术设计框架，如图 2-22 所示第 0 层到第 2 层部分。其中左侧是典型的系统模型，通过区域边界防护与其他系统相连，也可根据安全需求采取物理隔离方式；右侧将第 0 层和第 1 层控制功能组件划分为两个安全区域。

对于大型工业控制系统，应根据工业控制系统中业务的重要性、实时性、关联性和对现场受控设备的影响程度及功能范围、资产属性等，将其划分为不同的安全域，对计算环境、通信网络、区域边界有针对性地实施安全保护。工业控制系统中的保护对象是受控过程各环节的现场设备（如执行器、传感器），以及连接这些设备的控制器、PLC 等现场控制设备构成的控制回路，安全保护措施要保障它们的正常运行。

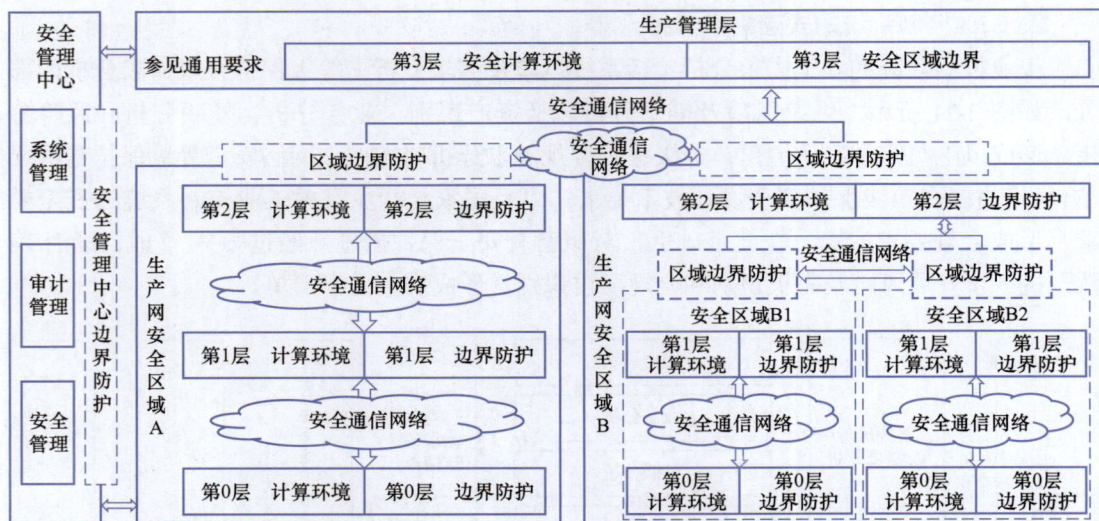

图 2-22　工业控制系统等级保护安全技术设计框架

2.10.6　移动互联等级保护安全技术设计

移动互联等级保护安全技术设计包括安全需求分析、移动互联等级保护安全技术设计和移动互联整体安全框架设计。

1. 移动互联安全需求分析

移动互联安全需求分析与工业控制系统的安全需求分析类似，包括安全风险要素识别、系统风险分析/合规差距分析、安全需求确认等内容。移动互联系统在使用范围、重要程度、遭受破坏后的危害性、安全防护需求等方面差异较大，因此，应根据移动互联系统的安全保护等级，《网络安全等级保护基本要求》《网络安全等级保护安全设计技术要求》及国家、行业有关移动互联的安全要求，确定其具体安全需求。

2. 移动互联等级保护安全技术设计

移动互联等级保护安全技术设计，是按照"一个中心、三重防护"的防护理念和方法进行设计，建立在安全管理中心支持下的安全计算环境、安全区域边界、安全通信网络的三重防御体系，如图 2-23 所示。

安全计算环境由核心业务域、DMZ 域和远程接入域三个安全域组成；安全区域边界由移动互联系统安全区域边界、移动终端区域边界、传统计算终端区域边界、核心服务器区域边界和 DMZ 区域边界构成，安全通信网络由电信运营商或用户自己搭建的无线网络组成。

移动互联等级保护安全技术设计分为整体安全框架设计、模块互联安全设计和模块安全设计三部分。整体安全框架设计是根据移动互联系统的安全保护等级，同步进行系统的框架设计和安全框架设计，划分核心域、DMZ 域和远程接入域，设计相应的安全机制；

模块互联安全设计是针对各安全域之间的互联、移动端与服务端的互联，设计相应的安全机制；模块安全设计是针对服务端和移动端设计相应的安全机制。

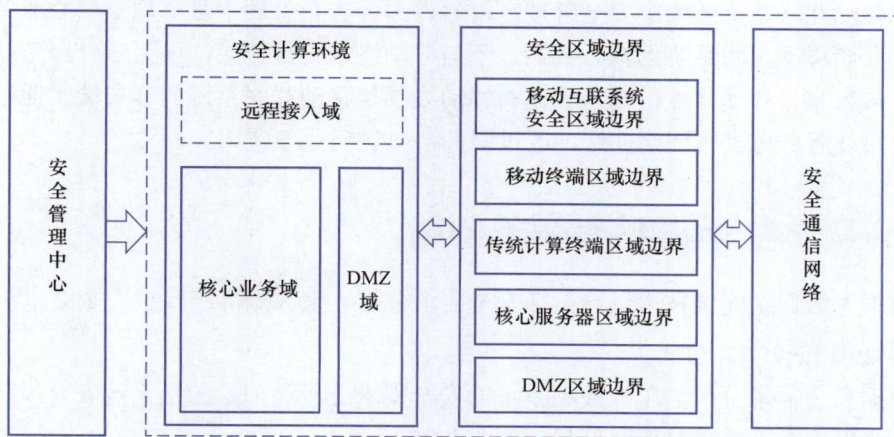

图 2-23 移动互联等级保护安全技术设计

3. 移动互联整体安全框架设计

开展移动互联整体安全框架设计，首先需要综合分析移动互联系统、网络基础设施和其他相关信息系统的基本情况，然后在网络基础设施框架和支撑能力的基础上，科学合理地确定并划分安全域。通常一个网络中包含多个信息系统，其安全保护等级可能相同也可能不同，所以要划分安全域，清晰确定信息系统的区域边界，并将不同的信息系统纳入不同的安全域。在安全域之间的区域边界部署逻辑隔离或物理隔离设备，建立区域边界安全机制。移动互联整体安全框架如图 2-24 所示。

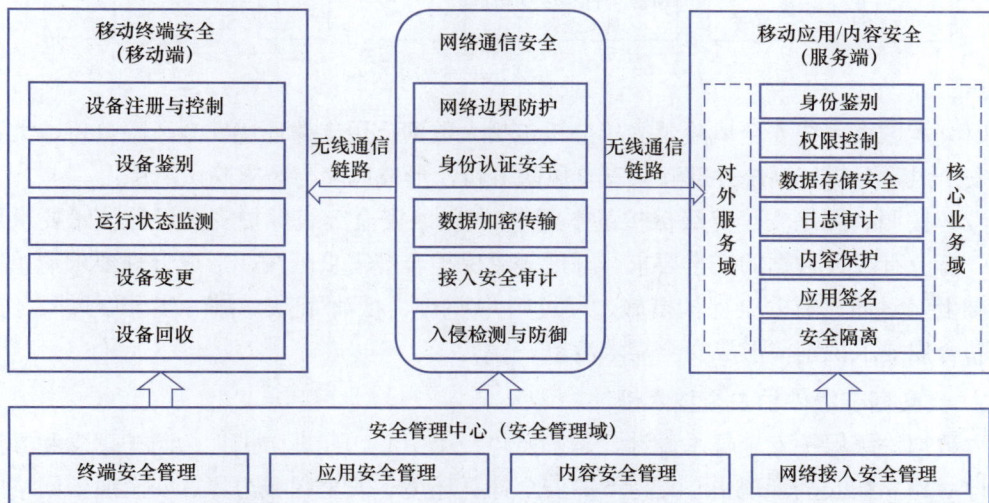

图 2-24 移动互联整体安全框架

移动互联系统结构上分为服务端和移动终端两部分。服务端划分为不同的安全域，执行不同的安全策略，安全域的划分可根据用户业务需求和网络现状灵活进行，但需要设置关键区域。其中，对外服务域用于对外（为移动终端）提供无线接入和业务服务；安全管理域用于移动互联系统的集中安全管理，可通过部署安全管理中心实现；核心业务域则用于处理、存储移动互联系统的核心数据，不与移动终端直接连接，可为对外服务域提供数据或中转接收来自移动终端的输入数据。移动终端是移动互联系统的客户端，通过无线通信链路与对外服务域进行网络连接，通过服务接口访问业务应用。

2.10.7　大数据等级保护安全技术设计

大数据等级保护安全技术设计包括安全需求分析、大数据等级保护安全技术设计。

1. 大数据安全需求分析

大数据安全需求分析与工业控制系统的安全需求分析类似，包括系统安全风险及需求分析、等级保护合规需求分析两部分，如图 2-25 所示。

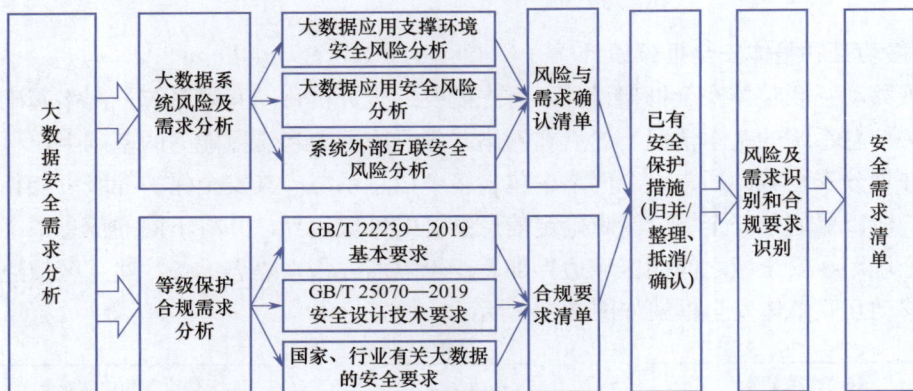

图 2-25　大数据安全需求分析

（1）大数据系统安全风险及需求分析包括大数据应用支撑环境安全风险分析、大数据应用安全风险分析、系统外部互联安全风险分析，形成风险与需求确认清单。

（2）按照《网络安全等级保护基本要求》《网络安全等级保护安全设计技术要求》及国家、行业有关大数据的安全要求，开展等级保护合规需求分析，形成合规要求清单。在此基础上，对照已有安全保护措施，经过归并/整理、抵消/确认，进一步开展风险及需求识别和合规要求识别，形成安全需求清单。

2. 大数据等级保护安全技术设计

大数据等级保护安全技术设计，是按照"一个中心、三重防护"的防护理念和方法进行设计，建立在安全管理中心支持下的安全计算环境、安全区域边界、安全通信网络的三重防御体系，重点从大数据应用安全、大数据支撑环境安全、访问安全、数据传输安全和管理安全等方面设计相应的安全机制，如图 2-26 所示。具体分析如下：

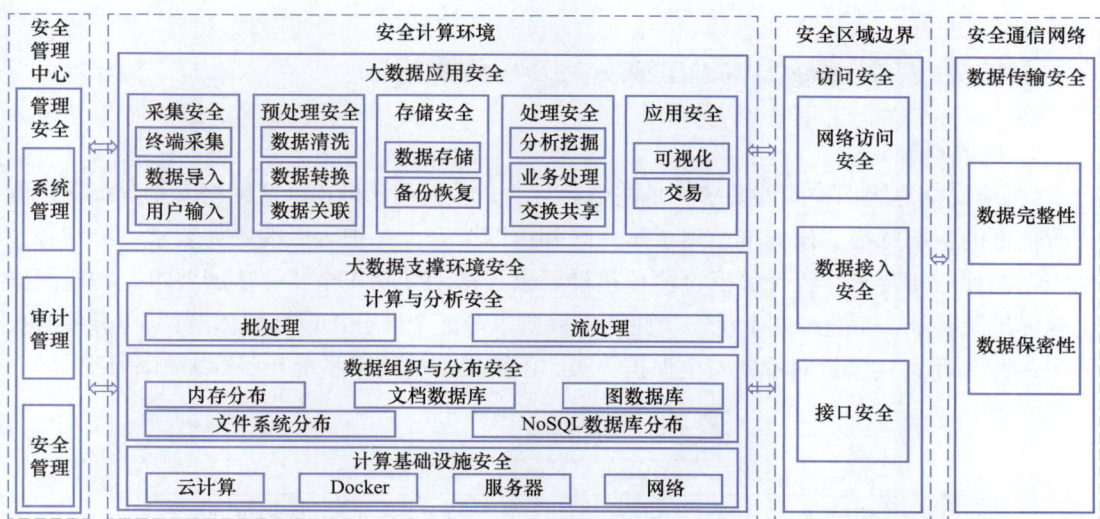

图 2-26　大数据等级保护安全技术设计框架

（1）大数据安全框架设计。确定大数据安全保护对象、安全保护等级，按照《网络安全等级保护基本要求》《网络安全等级保护安全设计技术要求》及国家、行业有关大数据的安全要求，建立大数据等级保护安全技术体系。

（2）大数据计算环境安全设计。覆盖大数据采集、预处理、存储、处理、应用等全生命周期，采用相应的安全防护技术，设计大数据的安全计算环境，形成大数据系统安全架构，支撑大数据业务安全和大数据应用安全。

（3）大数据支撑环境安全设计。大数据支撑环境安全包括计算基础设施安全、数据组织与分布安全、计算与分析安全，采用相应的安全防护技术及监管措施，保护大数据支撑环境安全。

（4）区域边界安全设计。采用相应的安全防护技术，保护访问层面的网络访问安全、数据接入安全和接口安全等。

（5）通信网络安全设计。采用相应的安全防护技术，保护数据传输层面的数据完整性和保密性不受破坏。

（6）安全管理中心设计。对系统管理、审计管理和安全管理三方面实施集中统一管理。

（7）大数据安全互联设计，采用相应的安全防护技术和数据传输安全、采集设备安全、数据接入安全、安全审计等措施，实现大数据平台、业务应用互联设备和节点的安全认证与鉴权。

2.11　按照《网络安全等级保护测评要求》开展等级测评

等级测评活动是网络运营者委托等级测评机构，按照国家有关网络安全等级保护政策要求，依据国家或行业标准对网络系统开展的安全检测评估活动。

2.11.1 《网络安全等级保护测评要求》主要内容

1. 标准框架

《网络安全等级保护测评要求》是网络运营者、等级测评机构开展网络安全等级保护测评所依据的主要标准。该标准给出了第一级到第四级安全保护等级的测评要求,分别各包括安全测评通用要求、云计算安全测评扩展要求、移动互联安全测评扩展要求、物联网安全测评扩展要求、工业控制系统安全测评扩展要求等五个部分,以及整体测评、测评结论,如图 2-27 所示,用于针对不同安全保护等级、不同类型的网络系统开展等级测评工作。

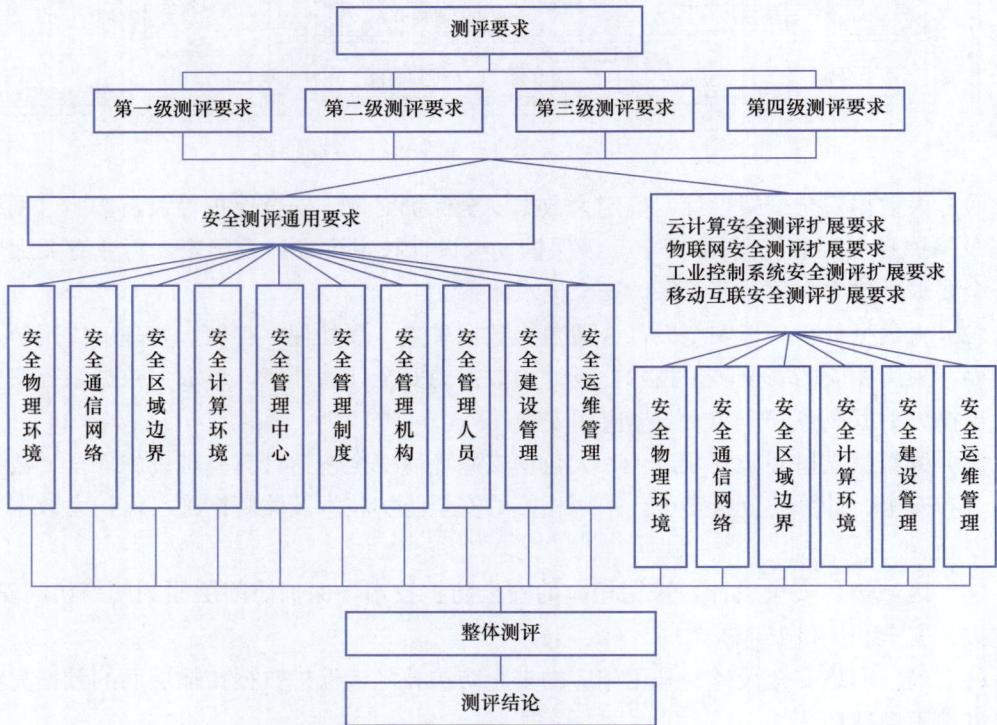

图 2-27 网络安全等级保护测评要求框架

每个级别的测评通用要求都细分为安全物理环境、安全通信网络、安全区域边界、安全计算环境、安全管理中心(第一级除外)、安全管理制度、安全管理机构、安全管理人员、安全建设管理、安全运维管理等十个方面,扩展要求细分为安全物理环境、安全通信网络、安全区域边界、安全计算环境、安全建设管理、安全运维管理等方面。每个方面又包含若干个安全要求项。

2. 单项测评和整体测评

等级测评包含单项测评和整体测评。

(1)单项测评。是针对各安全要求项的测评,支持测评结果的可重复性和可再现性。

单项测评为一个测评单元，由测评指标、测评对象、测评实施和单元判定组成。

（2）整体测评。是在单项测评基础上，对网络系统整体安全保护状况和能力的判断。测评结论的产生不能仅依据单项测评结果，而应该在整体测评的基础上，结合被测网络系统的实际情况，综合评判其是否具备相应等级的安全保护能力。

2.11.2　等级测评基本方法和实施过程

1. 等级测评基本方法

等级测评基本方法是针对特定的测评对象，采用相关的测评技术、手段和工具装备，按照一定的测评规程，获取所需的证据数据，给出是否合规和达到相应级别安全保护能力的评判。

测评对象是等级测评过程中测评人员测试评估的直接对象，主要包括相关设备设施、配套制度文档、有关人员等。

等级测评基本方法通常包括访谈、核查、技术测试和评估等。

（1）访谈。是指测评人员与网络运营者相关人员有针对性地进行交流，了解被测评网络系统的基本情况，以帮助测评人员理解、澄清或取得测评证据。不同级别的测评对象在测评时有不同要求，因此，在访谈对象范围上也有所差异，一般应覆盖各类网络安全有关人员。

（2）核查。是指测评人员通过审查制度文档、实地察看各类设备和核查相关安全配置等方法，对测评对象进行观察、查验和分析，以帮助测评人员理解、澄清或取得测评证据。

（3）技术测试。是指测评人员使用技术工具装备对测评对象（设备或安全配置）进行技术检测，包括网络探测、漏洞扫描、渗透性测试、功能测试、性能测试、入侵检测和协议分析等，使测评对象产生客观结果，并与预期结果进行比对。

（4）评估。是指测评人员对被测评网络系统可能存在的风险威胁进行分析，预判风险威胁可能产生的后果，以及评估判断被测评网络系统的安全保护措施是否达到标准规范要求，形成综合评价意见。

2. 等级测评实施过程

等级测评实施过程包括：测评准备、方案编制、现场测评、分析评估、报告编制。等级测评实施的整个过程中，网络运营者与等级测评机构应密切配合、加强沟通交流，确保测评活动顺利完成。

（1）测评准备。了解掌握被测评网络系统的详细情况，为实施测评准备文档及测试工具。包括等级测评项目启动、信息收集和分析、工具和表单准备。

（2）方案编制。在测评准备基础上，选择测评对象，确定测评指标、测评内容、测评工具、测评方法，开发测评指导书，分析被测评网络系统的业务流程和数据流，确定测评范围和流程，形成测评方案。

（3）现场测评。按照测评方案的要求，分步实施所有测评项目（包括单项测评和整体测评），了解掌握网络系统的真实保护情况，记录测试结果，获取足够的证据，发现网络中存在的安全问题和风险隐患。主要包括现场测评准备、现场测评和结果记录、结果确认和资料归还。

（4）分析评估与报告编制。根据现场测评结果，分析整个网络系统的安全保护现状与相应等级的保护要求之间的差距，综合评价被测评网络系统的安全保护状况，分析安全问题、风险，给出测评结论，按照网络安全等级测评报告格式编制测评报告。

3. 测评对象的选择原则

测评活动是复杂的技术检测活动，科学合理地选择测评对象的种类和数量，是获取足够证据、对被测评网络系统真实安全保护状况做出准确判断的重要保障。为此，可按下列原则选择技术层面的测评对象：

（1）采用抽查的方法选择测评对象，即抽取网络系统中具有代表性的组件作为测评对象。

（2）在测评对象确定过程中，应平衡工作量与结果产出的关系

（3）选择重要的服务器、数据库和网络设备等作为测评对象

（4）抽查对外暴露的网络边界，确保测评活动的安全性。

（5）抽查共享设备和数据交换平台/设备，便于共享测试数据。

（6）尽量覆盖网络系统的各种设备类型、操作系统类型、数据库系统类型和应用系统类型，确保测评活动覆盖重要组件。

（7）选择的设备、软件系统等能符合相应安全保护等级的测评强度要求。

4. 测评对象的选择流程

选择测评对象是测评过程中的重要环节，等级测评机构在编制测评方案前，首先要选择测评对象。按照上述原则，根据调查结果，分析被测评网络系统的业务流程、数据流程、范围、特点和各个设备及组件的主要功能，按照如下流程选择测评对象：

（1）结合被测评网络系统的安全保护等级，分析其整体结果，综合分析其各个设备、组件的功能和特性，从网络系统构成组件的重要性、安全性、共享性、全面性和恰当性等几方面属性，确定技术层面的测评对象，并将与其相关的人员及管理文档等确定为管理层面的测评对象。

（2）识别并描述被测评网络系统的边界、网络区域、主要设备等，并对构成网络系统的组件进行分类。包括机房、客户端（主要是操作系统）、服务器（包括主机操作系统、数据库管理系统、业务应用软件系统等）、网络互联设备、网络安全设备、网络安全相关人员、网络安全管理文档等，可在上述分类基础上对测评对象进一步细分。

（3）确定与安全保护等级相应的测评力度。为检验不同安全保护等级的网络系统是否具有相应等级的安全保护能力、是否满足相应等级的保护要求，需要实施与其安全保护等级相适应的测评活动，投入相应的工作量，以达到应有的测评力度。测评力度包括测评广度（覆盖面）和测评深度（强弱度）。安全保护等级越高，测评力度应越强，以获得可信

度更高的测评证据。

（4）选择重要程度高的测评对象。对于每一类构成网络系统的组件，应根据访谈和调研结果，选择重要程度高的服务器操作系统、数据库系统、网络互联设备、安全设备、安全相关人员以及安全管理文档等。

（5）科学合理确定测评对象集合。根据上述流程选择测评对象后，还需要从测评活动的安全性、共享性和全面性等方面进行综合分析和研判，最终形成合理的测评对象集合。

2.11.3　等级测评的扩展要求

等级测评的扩展要求包括云计算安全测评扩展要求、移动互联安全测评扩展要求、物联网安全测评扩展要求、工业控制系统安全测评扩展要求等四个部分。云计算、移动互联系统、物联网、工业控制系统除了按照等级测评通用要求开展测评，还要针对其扩展要求开展测评。

1. 云计算安全测评扩展要求

云计算安全测评扩展要求主要包括：基础设施位置，网络架构，网络边界的访问控制、入侵防范、安全审计，计算环境的身份鉴别、访问控制、入侵防范、镜像和快照保护、数据完整性和保密性、数据备份恢复、剩余信息保护，安全管理中心的集中管控，云服务商选择，供应链管理和云计算环境管理。

2. 移动互联安全测评扩展要求

移动互联安全测评扩展要求主要包括：无线接入点的物理位置、移动终端管控、移动应用管控、移动应用软件采购和移动应用软件开发等。

3. 物联网安全测评扩展要求

物联网安全测评扩展要求主要包括：感知节点设备物理防护、接入控制、入侵防范、感知节点设备安全、网关节点设备安全、抗数据重放、数据融合处理、感知节点管理等。

4. 工业控制系统安全测评扩展要求

工业控制系统安全测评扩展要求主要包括：室外控制设备物理防护、网络架构、通信传输、访问控制、拨号使用控制、无线使用控制、控制设备安全、产品采购和使用、外包软件开发等。工业控制系统结构复杂，组网存在多样性，以及等级保护对象划分灵活，给测评活动带来了一些困难。因此，等级测评机构在选择工业控制系统安全测评扩展要求时，首先要明确等级保护对象是否具备工业控制属性，通常工业控制系统定级时不包含企业资源层。如果仅将生产管理层单独定级，应不考虑增加工业控制系统安全测评扩展要求。

2.11.4　测评结论与撰写测评报告

1. 测评结论

测评人员首先对网络系统开展单项测评。在单项测评基础上，再对网络系统整体安全保护能力进行评估和判断，即针对单项测评结果的不符合项及部分符合项，采取逐条判定的方法，从安全控制点间、层面间出发考虑，给出整体测评的具体结果。

整体测评之后，应对单项测评结果中的不符合项或部分符合项进行风险分析和评价，一般采用风险分析的方法，分析所产生的安全问题被威胁利用的可能性，判断其被威胁利用后对业务信息安全和系统服务安全造成影响的程度，综合评价这些不符合项或部分符合项对网络系统造成的安全风险，从而得到安全问题风险分析结果。

针对等级测评结果中存在的所有安全问题，采用风险分析的方法进行危害分析和风险等级判定，得到被测评对象安全问题风险分析表。风险分析主要结合关联资产和关联威胁分别分析安全问题可能产生的危害结果，找出可能对网络系统、单位、社会及国家造成的最大安全危害或损失（风险等级）。风险分析结果的判断应综合以下因素：相关系统组件的重要程度，安全问题的严重程度，安全问题被威胁利用的可能性，所影响的相关业务应用及发生安全事件可能的影响范围等。风险等级根据最大安全危害的严重程度分别确定为"高""中""低"。

等级测评结论由综合得分和最终结论构成。最终结论分为"优"、"良"、"中"和"差"四类。等级测评结论的判别依据如下。

优：被测评对象中存在安全问题，但不会导致被测评对象面临中、高等级安全风险，且网络系统综合得分 90 分以上（含 90 分）。

良：被测评对象中存在安全问题，但不会导致被测评对象面临高等级安全风险，且网络系统综合得分 80 分以上（含 80 分）。

中：被测评对象中存在安全问题，但不会导致被测评对象面临高等级安全风险，且网络系统综合得分 70 分以上（含 70 分）。

差：被测评对象中存在安全问题，而且会导致被测评对象面临高等级安全风险，或被测评对象综合得分低于 70 分。

2. 撰写测评报告

等级测评机构应按照公安部下发的《网络安全等级保护测评报告模板》撰写测评报告。测评报告内容主要包括：

（1）测评项目概述，包括测评目的、测评依据、测评过程、报告分发范围。

（2）被测评对象描述，包括被测评对象概述、测评指标、测评对象。

（3）单项测评结果分析，包括对安全物理环境、安全通信网络、安全区域边界、安全计算环境、安全管理中心、安全管理制度、安全管理机构、安全管理人员、安全建设管理、安全运维管理和其他安全要求指标的测评结果分析，以及测试验证、单项测评小结。

（4）整体测评。

（5）安全问题风险分析。

（6）测评结论。

（7）安全问题整改建议。

习　题

1. 网络安全等级保护制度体系是如何构建的？

2. 网络安全等级保护工作中有关部门的职责分工是什么？

3. 网络运营者应履行的网络安全义务是什么？

4. 网络安全等级保护工作对网络服务机构、技术服务、网络产品采购要求是什么？

5. 落实网络安全等级保护制度的总体要求是什么？

6. 落实网络安全等级保护制度的原则是什么？

7. 落实网络安全等级保护制度的主要措施包括哪些方面？

8. 网络定级的总体要求是什么？

9. 网络的安全保护等级是如何划分的？各级定义是什么？

10. 如何确定网络安全等级保护的定级对象？

11. 如何确定定级对象的安全保护等级？

12. 简要叙述网络安全等级保护的备案工作。

13. 网络安全等级保护工作中安全建设整改工作的基本含义和主要内容是什么？

14. 保护网络系统安全的重要技术包括哪些？

15. 网络安全等级保护制度中的密码管理要求是什么？

16. 实施网络安全等级保护应达到的综合防御能力是什么？

17. 网络安全等级保护的等级测评工作的含义和目的是什么？

18. 开展等级测评活动依据的标准规范有哪些？

19. 公安机关对网络安全工作开展监督管理的方式和内容是什么？

20. 保密行政管理部门和密码管理部门监督管理的内容是什么？

21. 简要叙述《网络安全等级保护基本要求》的构成。

22. 《网络安全等级保护基本要求》的通用要求有哪些内容？

23. 《网络安全等级保护基本要求》的扩展要求有哪些内容？

24. 《网络安全等级保护安全设计技术要求》的主要内容是什么？

25. 简要叙述"一个中心、三重防护"理念。

26. 简要叙述云计算等级保护安全技术设计方法。

27. 《网络安全等级保护测评要求》的主要内容是什么？

28. 简要叙述等级测评基本方法和实施过程。

关键信息基础设施安全保护制度与实施

关键信息基础设施是网络安全保护的重中之重，法律法规要求在实施网络安全等级保护制度的基础之上，对关键信息基础设施实施重点保护。本章介绍关键信息基础设施安全保护制度的主要内容，以及有关法律、政策和标准，使读者对国家关键信息基础设施安全保护制度有一个全面了解和掌握。

3.1 法律法规确立关键信息基础设施安全保护制度

1.《网络安全法》关于关键信息基础设施安全保护的规定

《网络安全法》对关键信息基础设施安全保护给出了明确规定：第三章（网络运行安全）第二节（关键信息基础设施的运行安全）第三十一条到第三十九条，规定了关键信息基础设施安全保护的法律要求，如下。

（1）明确了什么是关键信息基础设施，在网络安全等级保护制度的基础上，对其实行重点保护。

（2）保护工作部门承担本行业、本领域的关键信息基础设施安全主管责任。

（3）关键信息基础设施与安全技术措施建设应落实"三同步"原则。

（4）关键信息基础设施的运营者应履行的安全保护义务。

（5）关键信息基础设施的运营者采购网络产品和服务，可能影响国家安全的，应通过国家安全审查。

（6）关键信息基础设施的运营者采购网络产品和服务，应当签订安全保密协议，明确安全和保密义务与责任。

（7）个人信息和重要数据的存储及出境要求

（8）关键信息基础设施安全检测评估。

（9）关键信息基础设施安全保护应采取的重点措施。

2.《关键信息基础设施安全保护条例》对关键信息基础设施安全保护做出制度性安排

《关键信息基础设施安全保护条例》（以下简称《关保条例》）2021 年发布并实施。《关保条例》共六章五十一条，第一章为总则，阐述了立法目的，明确了关键信息基础设施的范畴、相关单位的职责分工和主要任务等内容；第二章为关键信息基础设施认定；第三章为运营者责任义务；第四章为保障和促进；第五章为法律责任；第六章为附则。

《关保条例》是根据《网络安全法》制定的，旨在建立专门保护制度，明确各方责任，提出保障和促进措施，保障关键信息基础设施安全，维护网络安全。国家对关键信息基础设施实行重点保护，采取措施，监测、防御、处置来源于中华人民共和国境内外的网络安全风险和威胁，保护关键信息基础设施免受攻击、侵入、干扰和破坏，依法惩治危害关键信息基础设施安全的违法犯罪活动。《关保条例》明确了监督管理体制，完善了关键信息基础设施认定机制，规定了运营者责任义务、保障和促进措施，并明确了相应的法律责任。

3. 国家高度重视关键信息基础设施安全保护工作

关键信息基础设施是我国经济社会运行的神经中枢，是网络安全保护的重中之重，加强关键信息基础设施安全保护对维护国家安全、保障经济社会健康发展、维护社会公共利益意义重大。国家高度重视关键信息基础设施安全保护工作，2019 年以来陆续出台了有关关键信息基础设施安全保护工作的政策文件、国家标准规范，明确了工作要求和保护措施，指导并组织各地区和有关部门开展关键信息基础设施认定和安全保护工作。

3.2　关键信息基础设施安全面临的威胁和挑战

网络空间是大国战略竞争的重要领域和必争之地，有组织的网络攻击活动日益猖獗。世界主要国家已将保护关键信息基础设施作为国家网络安全战略的核心内容，围绕关键信息基础设施的网络战打击、军事威慑已经成为大国间网络空间博弈的重要方面。

3.2.1　网络攻击活动日益猖獗，关键信息基础设施安全威胁显著增大

1. 国际上重大网络安全事件频发多发

国际上针对关键信息基础设施的重大网络攻击频繁发生，网络攻击威慑、高级持续性攻击、网络勒索攻击、数据窃取等重大案（事）件的发生频率呈上升趋势，攻击强度和范围不断扩大，对国家安全和经济社会稳定运行造成了严重危害，这是世界各国需要共同面对的重大威胁挑战。

2. 我国来自外部的网络攻击威胁日益增大

我国关键信息基础设施面临的安全形势严峻复杂，国家级、有组织的网络攻击活动日益猖獗，攻击者采取高级可持续性威胁攻击、漏洞利用攻击、供应链攻击、勒索病毒攻击等方法手段，长期对我国重要行业部门实施网络攻击，窃取情报和重要数据，我国网络空间安全

面对的来自外部的威胁挑战显著增大。某些国家将我国作为长期战略对手，在网络空间领域从法律政策规划、机构设置、行动部署、攻防演习、研发突破性网络武器等方面，加快重大变革和网络作战现代化进程，严重威胁我国国家安全、经济发展、社会稳定和国计民生。

3. 网络违法犯罪日益升级

针对关键信息基础设施和重要数据的网络违法犯罪活动日益升级，网络安全重大案（事）件高发、频发，犯罪团伙和不法分子利用各种手段实施网络攻击，控制重要网络系统、实施网络窃密、窃取重要数据和公民个人信息。除了以网络系统为攻击目标，针对"重点人"的社会工程学攻击活动日益猖獗、危害极大，邮件钓鱼、身份伪装、信息套取等手段层出不穷，直接危害社会稳定和公共利益。

4. 新技术新应用给关键信息基础设施安全带来新挑战

人工智能、云计算、大数据、区块链、5G等新技术的广泛应用，IPv6的规模部署，加速了物联网、车联网、自动驾驶、智能制造等新应用的快速发展，有力促进经济发展和社会进步。与此同时，犯罪团伙和不法分子利用人工智能、云计算、大数据等技术实施网络犯罪，也给关键信息基础设施安全、国家安全带来新挑战和重大威胁。这些风险挑战，给保护关键信息基础设施和重要数据安全提出了更高的要求。

3.2.2 国家加快建设新型基础设施，关键信息基础设施安全面临新挑战

国家加快建设信息基础设施、融合基础设施、创新基础设施，包括5G网络和基站、特高压、城际高速铁路和城市轨道交通、新能源汽车充电桩、大数据中心、工业互联网等。这些新型基础设施和由新技术构成的新业态，有力促进了国家经济发展和社会进步。与此同时，新型基础设施也是网络攻击的重点目标，因此，维护关键信息基础设施安全的任务更加艰巨。

国家加快建设数字基础设施，实施"东数西算"工程，支撑数字政府、数字经济、数字中国建设，构建一个数字化、网络化、智能化的全新社会。然而，数字化建设面临的最大威胁是网络攻击，数字基础设施的安全风险和威胁挑战持续上升。

《网络安全法》《数据安全法》《关键信息基础设施安全保护条例》等一系列法律法规密集出台，为解决我国网络安全的突出问题提供了法律保障，标志着国家网络安全提档升级跨进新时代。新时代网络安全最显著的特征是技术对抗，因此我们需要树立新理念，采取新举措，以攻促防，攻防兼备，加强网络备战，大力提升关键信息基础设施防御能力和技术对抗能力。

3.2.3 关键信息基础设施安全的薄弱环节和风险隐患

1. 网络安全意识和责任落实存在一定差距

一些重点单位的网络安全敌情意识、危机意识、安全意识不强，防范社工攻击的意识

和措施不强，网上防策反、防渗透、防间谍意识不强，极易遭受社工攻击；实体经济部门对来自网络空间的威胁和风险认识不足，缺乏责任追究制度；行业主管部门的主管责任、运营者的主体责任、职能部门的监管责任、网络安全企业的第三方服务责任等四方责任落实不到位；有些行业和地区组织领导及监督力度不够，网络与数据安全保护措施落实不到位，难以应对大规模网络攻击。

2. 基层单位安全防护措施薄弱，成为网络攻击入口

随着重要行业部门网络安全防护能力不断提升，攻击者越来越多的是利用迂回攻击手段和方法，通过攻击防护薄弱的下级单位，达到攻击目的。一些重点单位总部的网络安全防护措施比较完善，但对基层单位的网络安全工作缺乏统一领导和统筹管理，导致网络安全事件频繁发生：一是基层单位互联网出口过多，非法外联问题突出；二是防守能力薄弱，人防、物防、技防措施不足；三是老旧资产和测试系统清理不及时，老旧漏洞不修补、弱口令、口令复用等低级问题仍然存在，整改不及时，很多漏洞被攻击者反复利用；四是内网缺乏分区分域隔离，缺少纵深防御措施；五是网络资产边界不清、安全责任不明；六是神经中枢系统防护薄弱，系统和网络访问控制措施不健全。

3. 供应链安全管控不力，成为网络攻击的跳板和桥梁

供应链是最大风险点，常成为网络攻击的跳板和桥梁。

（1）一些提供产品供应、安全服务、域名服务的网络服务提供商不重视自身网络安全、网络安全责任和安全措施落实。而一些重点单位对供应链安全重视不够，对供应商安全管理措施缺失，以及采购和使用许多国外核心设备和服务，导致供应链成为攻击者的迂回攻击渠道和通道。

（2）一些重点单位的重要和敏感信息在互联网上泄露问题严重，大量建设运维方案、网络拓扑、账号密码、系统原始代码等敏感信息，被网络安全服务机构上传到互联网共享网站上，成为网络攻击的"情报源"。

（3）攻击者在境外代码共享平台上获取一些单位的系统源代码，通过源代码筛查，挖掘零日漏洞并利用其攻击该单位内网，窃取重要数据资源，控制网络系统，这些源代码成为迂回攻击的突破口，可导致"一点突破，全网沦陷"的后果，给关键信息基础设施安全带来巨大风险。

4. 大数据、云计算平台、物联网、工业控制系统等关键信息基础设施安全防护薄弱，成为攻击重点目标

随着新技术新应用的快速发展，数据集中共享、业务云化融合、万物互联互通已经成为必然趋势。然而，部分重点单位对大数据、云计算平台、物联网、工业控制系统等新技术新应用的安全重视不够，对其存在的安全风险认识不清，管理措施薄弱，技术防护措施不到位，使之成为威胁关键信息基础设施安全的重大风险隐患。同时，由于经济发展和业务需要，网络广泛互连，许多单位业务数据跨网传输、交换和应用，加之重要数据全生命周期安全保护措施不到位，数据安全成为网络安全的最大短板和最难解决的问题，致使重

要数据遭窃取、非法交易和出境事件等频发，地下黑产和暗网出售活动猖獗。

5. 远程办公和移动应用防护能力不强，成为攻击新渠道

一些重要行业部门和政府单位为便于开展业务工作，在内外网之间部署了大量虚拟专用网络（Virtual Private Network，VPN）进行加密通信。攻击者可通过信息搜集、资产测绘等，发现专网的 VPN 通道，并通过暴力破解、利用零日漏洞等手段，通过 VPN 进入单位内网；再利用目录访问、弱口令、任意文件上传等组合攻击方式，获得重要业务系统控制权。同时，一些移动应用作为信息发布的重要渠道，缺少必要的安全保护措施，存在被逆向破解和监听的风险。一旦远程办公和移动应用安全保护措施不到位、安全防护能力不强，即会成为网络攻击的新渠道。

3.3 关键信息基础设施的认定和安全保护总体要求

3.3.1 关键信息基础设施的认定

1. 制定关键信息基础设施认定规则

重要行业和领域的主管部门、监管部门是负责本行业、本领域关键信息基础设施安全保护工作的部门，简称保护工作部门。按照《关键信息基础设施安全保护条例》的有关规定，保护工作部门应根据有关法律法规和政策文件要求，从维护国家安全、社会公共安全、人民群众利益出发，履行主管责任、承担社会责任，结合本行业、本领域业务和网络安全工作实际，梳理摸清网络系统底数和基本情况，制定关键信息基础设施认定规则，组织专家进行评审，并报公安部备案。

保护工作部门制定认定规则应当主要考虑下列因素：

（1）网络设施和信息系统等对于本行业、本领域关键核心业务的重要程度，一旦遭到破坏、丧失功能或者数据泄露可能带来的危害程度，以及这些网络设施、信息系统的损坏将对其他重要行业和领域造成严重危害的关联性影响。以保障本行业和本领域关键业务安全，维护国家安全、社会公共安全、人民群众利益为目标，识别关键业务运行所依赖的网络设施、信息系统、公共服务平台等，纳入关键信息基础设施范围。

（2）要紧密结合网络安全等级保护制度的落实情况。以网络安全等级保护定级备案情况为基础，关键信息基础设施应从第三级以上网络系统中选择，可以是单独的第三级以上网络系统，也可以是多个网络系统的集合。

（3）要有明确的网络安全责任单位。根据关键信息基础设施的重要程度和受到破坏后的危害程度，确定关键业务、关键环节的指标，筛选确定关键信息基础设施运营者，并与运营者一起研究制定关键信息基础设施认定规则。

2. 关键信息基础设施认定

保护工作部门根据本行业、本领域关键信息基础设施认定规则和有关指南，组织认定

关键信息基础设施，形成目录清单，将认定结果通知运营者，并通报公安部。一个关键信息基础设施可能涉及一个或多个运营者，也可能包含一个或多个网络系统，若包含多个网络系统，则至少含有一个第三级以上网络系统。

3. 关键信息基础设施变更

关键信息基础设施发生较大变化，例如服务范围、服务对象、重要功能等方面，可能影响其认定结果的，运营者应当及时报告保护工作部门。保护工作部门组织重新认定，并按要求履行相关程序。

3.3.2　关键信息基础设施安全保护的总体要求

按照《网络安全法》《关键信息基础设施安全保护条例》等法律法规、有关政策要求，参照有关标准规范，开展关键信息基础设施安全保护工作。

1. 开展关键信息基础设施摸底调查

对关键信息基础设施进行摸底调查，梳理排查关键信息基础设施建设、运行、管理情况及安全保护状况，动态掌握网络基础设施、重要业务系统、重要数据等资源的底数和网络资产，做到底数清、情况明，便于开展保护工作。开展摸底调查的主要对象如下：

（1）支撑履行职能、开展生产业务的网络系统情况，包括互联网、业务专网、业务系统、管理系统、云计算平台、物联网等；支撑跨地域、跨系统、跨部门、跨业务的大型网络系统，支撑业务运转的大数据监测分析系统、利企便民的数字化服务系统，一体化协同办公系统等。

（2）关键信息基础设施的边界、使用单位、安全责任部门、责任人等；关键信息基础设施资产，包括各类硬件设备、软件，产品提供商、产品型号，国外产品使用情况等。

（3）产生和利用的各类数据，按照《数据安全法》和有关政策规范要求，掌握所有数据的分级分类情况，编制数据目录清单。

（4）供应链情况，包括关键信息基础设施建设、运维、托管、外包、安全服务的机构、人员、网络系统、工具装备等情况。

2. 开展顶层设计和统筹规划

坚持总体国家安全观的战略思维、系统思维、底线思维和创新思维，按照网络强国战略要求，以防控重大风险威胁为重点，坚持"底线思维、问题导向、实战引领、综合防御"原则，采取超常规举措，守住关键，保住要害，全面构建关键信息基础设施安全综合防控体系。

（1）加强组织领导、统筹规划。按照"问题导向、实战引领、体系化防御"原则，立足应对大规模网络攻击威胁，开展关键信息基础设施安全保卫、保护和保障工作，健全完善"网上网下结合、人防技防结合、打防管控结合"的综合防控体系，落实网络安全"实战化、体系化、常态化"和"动态防御、主动防御、纵深防御、精准防护、整体防控、联防联控"的"三化六防"措施，及时发现并有效应对重大风险隐患威胁，依法打击危害关键信息基础设施安全的违法犯罪活动，大力提升关键信息基础设施安全防护能力。

（2）依法保护，落实安全保护责任制。按照网络安全法律法规要求，全面落实保护工作部门的主管责任、运营者的主体责任、监管部门的监管责任、服务提供者的安全服务责任，落实关键信息基础设施安全保护责任制。按照"同步规划、同步建设、同步使用"的安全保护措施"三同步"要求，从安全管理、技术、业务、运营等方面，将关键信息基础设施安全保护贯穿整个信息化生命周期，确保各项安全制度、策略、措施有效落实。

（3）制定安全规划和年度计划。一是保护工作部门结合本行业、本领域网络安全工作实际，编制关键信息基础设施安全规划和行业标准规范；二是安全规划和行业标准规范应当通过国家关键信息基础设施安全保护专家组评估审议；三是根据保护工作部门制定的安全规划，运营者每年制定关键信息基础设施安全保护实施方案并组织实施。

3. 建立领导体系和工作体系，落实领导责任制

（1）保护工作部门和运营者应强化"一盘棋"思想，建立关键信息基础设施安全保护的领导体系。按照《党委（党组）网络安全工作责任制实施办法》要求，设立网络安全工作专门领导机构，确定一名领导班子成员分管关键信息基础设施安全保护工作，明确具体负责关键信息基础设施安全保护工作的职能部门。运营者要明确一名领导班子成员为首席网络安全官，分管关键信息基础设施安全保护工作，设置专门安全管理机构和岗位，确定关键信息基础设施安全管理责任人。

（2）落实网络安全领导责任制，建立安全责任制和责任追究制度。建立领导机构决策机制，定期专题研究关键信息基础设施安全保护工作重大事项，加强统筹规划和贯彻实施，保障人力、财力、物力等投入；安全管理人员参与网络安全和信息化决策；建立健全关键信息基础设施安全管理制度和评价考核制度，确保各项措施落实到位。

4. 健全完善关键信息基础设施安全保护制度

（1）保护工作部门和运营者结合本行业、本领域关键信息基础设施安全保护需求，开展顶层设计和统筹规划，出台关键信息基础设施安全保护政策规范、行业标准，统筹建立关键信息基础设施安全保护制度，并与落实网络安全等级保护制度、数据安全保护制度有机结合，建立关键信息基础设施综合防护体系。

（2）依法落实网络安全等级保护制度。按照有关政策和标准要求，对网络开展定级、备案、等级测评、安全建设整改、自查等工作。参照网络安全等级保护国家标准要求，对网络设施、信息系统、云计算、大数据、物联网、移动互联网等开展定级备案，并按照不同安全保护等级，开展等级测评，实施不同强度的保护，建设安全保护生态和综合防御体系，实现网络安全合规。

（3）在落实网络安全等级保护制度基础上，按照关键信息基础设施安全保护相关法律、政策、标准要求，以防控关键信息基础设施重大风险威胁为重点，从领导体系、机构编制、管理制度、技术防护、经费保障、教育训练等方面采取有效措施，提升关键信息基

础设施综合防护能力；聚焦关键信息基础设施安全保护的突出问题和薄弱环节，从分析识别、安全防护、检测评估、实时监测、通报预警、技术对抗、事件处置、威胁情报、数据安全、供应链安全管控等方面，健全完善关键信息基础设施安全保护技术体系，及时发现和有效处置网络安全事件，防范网络攻击和违法犯罪活动，提升网络安全防护能力、监测发现能力、通报预警能力、态势感知能力、检测评估能力、应急处置能力、指挥调度能力、技术对抗能力和综合保障能力，保障关键信息基础设施安全稳定运行和数据安全。

5. 加强关键信息基础设施安全保卫

公安机关、军队和国家安全部门是国家网络安全的保卫部门，应充分发挥主力军作用，对关键信息基础设施开展安全保卫，利用技术、队伍、能力优势，从国家层面开展实时监测、态势感知、通报预警、应急处置、追踪溯源、侦查打击、威胁情报、指挥调度等重要工作，依法打击网络恐怖、网络入侵攻击、网络窃密等网络违法犯罪活动，维护网络空间秩序，保护网络空间安全和关键信息基础设施安全。

6. 加强关键信息基础设施安全综合保障

综合保障是关键信息基础设施安全最重要的基础，按照有关法律政策要求，财政、编制、教育等政府部门应加大支持力度，从机构、编制、人员、经费、装备、工程、科研、教育训练等方面，加大投入和保障，建立关键信息基础设施综合保障体系；充分发挥和调动社会各方力量，协调配合，支持网络安全产业和企业发展；设置网络安全专项经费，重点保障关键信息基础设施开展检测评估、技术对抗、建设整改、运行维护、安全保护平台建设、教育训练等的经费。

3.3.3　保护关键信息基础设施的重要方法

运营者应按照关键信息基础设施安全法律法规、政策和国家标准规范要求，在落实网络安全等级保护制度基础上，从关键信息基础设施分析识别、安全防护、检测评估、监测预警、主动防御、事件处置等六个方面，加强关键信息基础设施安全保护，并贯穿于关键信息基础设施规划设计、开发建设、运行维护、退役废弃等各阶段，确保关键信息基础设施的运行安全和重要数据安全。保护关键信息基础设施的重要方法如下：

1. 采取增强型保护措施

关键信息基础设施安全保护应首先满足网络安全等级保护制度相关要求，按照《网络安全等级保护基本要求》《网络安全等级保护安全设计技术要求》等国家标准，在落实网络安全等级保护制度、满足"合规性"保护要求的基础上，采取增强型、特殊型保护强度和实战化、体系化、常态化的保护措施，提升关键信息基础设施的风险识别能力、抗攻击能力、可恢复能力，确保关键信息基础设施运行安全和重要数据安全。

2. 变静态防护为动态防御

按照动态防御原则，以风险管理为导向，变静态防护为动态防御。根据关键信息基础设施所面临安全风险威胁的态势变化，持续动态调整安全策略和安全监测、安全控制措施，集中管控相关安全产品，形成联动机制，协同防御，并将防护、检测、响应相结合，形成动态的安全防御机制，实现对关键信息基础设施的动态防护，增强保护弹性，及时有效地防范安全风险威胁。

3. 变被动防护为主动防御

按照主动防御原则，以核心技术为支撑，变被动防护为主动防御。基于可信计算、人工智能、大数据分析等核心技术，构建可信安全管理中心支持下的主动防御体系，结合威胁情报和态势感知能力，及时发现、精准预警、有效阻止和处置网络攻击威胁，并采取事前监测、事中遏制及阻断、事后跟踪及恢复措施，提高内生安全和主动免疫能力、主动防御能力，有效防范关键信息基础设施面临的风险及威胁。

4. 变单层防护为纵深防御

按照纵深防御原则和多层防御理念，以域间隔离为手段，变单层防护为纵深防御。从网络全局视角构建整体的网络安全纵深防御体系，网络实行分区分域管理，区域间进行安全隔离和认证；在数据层面、应用层面、主机层面、网络层面和网络边界构筑多道防线，实施层层阻击，应对网络入侵攻击，有效保护关键信息基础设施的核心资产。

5. 变粗放防护为精准防护

按照精准防护原则，以保护核心资产为重点，变粗放防护为精准防护。明确需要重点保护的网络资产，调整优化和细化安全防护策略，使核心资产得到精准和精细化的保护。利用安全管理中心统一下发集中管理和精细化安全策略，对所有安全设备进行管控，以便快速部署网络安全措施、全面掌握设备运维状态和信息。另外，采取基于资产的自动化管理手段，结合威胁情报，检测未知威胁、攻击和异常行为，并做出快速响应，实现对核心资产的精准防护。

6. 变单点防护为整体防控

按照整体防控原则，以保护关键业务和运行安全为重点，变单点防护为整体防控。关键信息基础设施安全保护应以保护关键业务和运行安全、重要数据安全为重点进行体系化设计，建立涵盖技术和管理两大方面、以一体化安全管控为核心的网络安全整体防控体系，实现安全风险与安全管理制度相对应、制度和安全防御策略相匹配、防御技术措施与安全运维流程相配套，有效控制和降低网络攻击风险，有力遏制攻击者实施网络入侵、数据窃取等危害关键信息基础设施安全的活动。

7. 变单一防护为联防联控

按照联防联控原则，以信息共享为基础，变单一防护为联防联控。一是机制层面，建立包括网络安全监管部门、保护工作部门、运营者、安全服务机构在内的信息共享、协调配合、共同防护机制；二是管理和技术层面，采取多种安全技术或产品相互结合、相互联动的方法，将入侵检测系统、访问控制系统、病毒防范系统、安全接入认证系统等多种防护系统的安全策略进行优化，形成跨系统的防护策略集，统一管理和策略下发，对多个系统的安全告警日志进行集中收集和关联分析，最大限度地监测发现并有效处置网络攻击，提升关键信息基础设施应对大规模网络攻击威胁的能力。

3.4　保护关键信息基础设施安全的主要措施

以网络安全法律法规为依据，以总体国家安全观为指导，按照关键信息基础设施安全保护政策和标准规范要求，落实关键信息基础设施安全保护各方责任，加强关键信息基础设施安全保卫、保护和保障，构建网络空间安全综合防控体系，大力提升国家关键信息基础设施综合防御能力和水平。

3.4.1　建立关键信息基础设施安全保护体系框架

按照国家有关关键信息基础设施安全保护法律、政策规范，参照《关键信息基础设施安全保护要求》等国家标准，建立关键信息基础设施安全保护体系框架，如图 3-1 所示。体系框架以国家相关网络安全法律法规和政策标准体系为支撑，包括关键信息基础设施安全保护对象、安全保护六大环节、安全保护四大体系、安全保护八大能力。

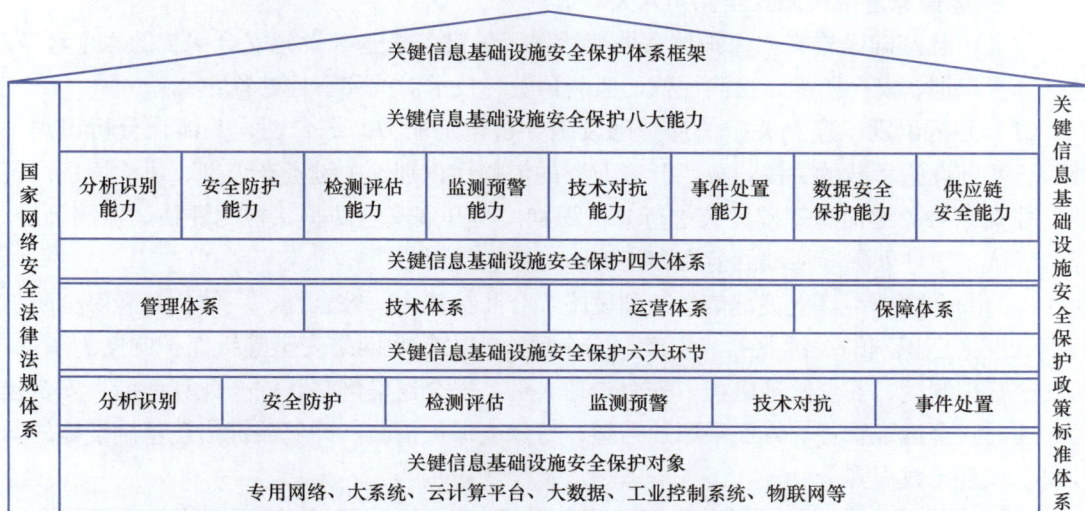

国家网络安全法律法规体系	关键信息基础设施安全保护体系框架							关键信息基础设施安全保护政策标准体系
	关键信息基础设施安全保护八大能力							
	分析识别能力	安全防护能力	检测评估能力	监测预警能力	技术对抗能力	事件处置能力	数据安全保护能力	供应链安全能力
	关键信息基础设施安全保护四大体系							
	管理体系		技术体系		运营体系		保障体系	
	关键信息基础设施安全保护六大环节							
	分析识别	安全防护	检测评估	监测预警	技术对抗	事件处置	
	关键信息基础设施安全保护对象 专用网络、大系统、云计算平台、大数据、工业控制系统、物联网等							

图 3-1　关键信息基础设施安全保护体系框架

1. 构建关键信息基础设施安全保护体系框架的原则

（1）坚持依法保护，落实责任。依据《网络安全法》《关键信息基础设施安全保护条例》等法律法规规定，行业主管（监管）部门依法履行本行业、本领域网络安全主管（监管）责任，网络运营者依法履行网络安全主体责任，公安机关依法履行网络安全保卫和监督管理职责，综合采取网络安全保卫、保护、保障措施，防范和遏制重大网络安全风险和事件发生，以举国之力，建设形成国家关键信息基础设施综合防御能力。

（2）坚持需求牵引，实战引领。为了有效应对外部网络攻击威胁，为国家经济发展、社会进步保驾护航，坚持需求牵引，充分利用人工智能、大数据分析等技术，采取安全防护、检测评估、监测预警、技术对抗、事件处置、侦查打击等重要措施，通过实战演练检验防护措施的有效性，促进和提升技术对抗能力和综合防御能力。

（3）坚持自主创新，综合保护。主管部门联合网络运营者、安全厂商、高校、研究机构等，充分发挥和调动社会各方力量，建立创新型、实战化合作机制，坚持技术创新，推动技术联合攻关和产业发展，构建网络安全自主产业生态，落实网络安全管理和技术防范措施，保护云计算、物联网、新型互联网、大数据、智能制造等新技术应用和新业态安全。

2. 关键信息基础设施安全保护对象

3.3.1 节给出了关键信息基础设施的认定方法，关键信息基础设施是指公共通信和信息服务、能源、交通、水利、金融、公共服务、电子政务、国防科技工业等重要行业和领域的，关系国家安全、国计民生、公共利益的重要网络设施和信息系统等。实践中，关键信息基础设施主要包括大型专用网络、核心业务系统、指挥调度系统、云计算平台、大数据平台、大型工业控制系统、大型物联网等，是国家的神经中枢，是网络安全保护的重中之重。

3. 关键信息基础设施安全保护六大环节

关键信息基础设施安全保护体系框架给出了关键信息基础设施安全保护的六个环节，包括分析识别、安全防护、检测评估、监测预警、技术对抗和事件处置。

（1）分析识别：建立关键信息基础设施分析识别能力，综合性、一体化分析识别关键信息基础设施承载的关键业务，开展业务的依赖性识别、关键资产识别、风险识别。科学、准确地对关键信息基础设施进行分析识别，是开展安全防护、检测评估、监测预警、技术对抗、事件处置等活动的前提和基础。

（2）安全防护：建立关键信息基础设施综合防护能力，综合性、一体化开展安全防护活动。根据已识别的关键业务、资产、安全风险，以落实网络安全等级保护制度为基础，从安全管理制度、安全管理机构、安全管理人员、安全通信网络、安全计算环境、安全建设管理、安全运维管理等方面采取加强型、特殊型保护措施，确保关键信息基础设施的运行安全和重要数据安全。

（3）检测评估：建立关键信息基础设施检测评估能力，综合性、一体化开展检测评估业务。建立关键信息基础设施检测评估机制，确定检测评估的方法、流程、要求和内容等，开展安全检测与风险隐患评估，检验安全防护措施的有效性，发现网络安全风险隐患，分析潜在安全风险可能引发的安全事件，为安全防护和整改提供支撑。

（4）监测预警：建立关键信息基础设施监测预警能力，综合性、一体化开展监测预警业务。建立关键信息基础设施安全监测预警和信息通报机制，针对发生的网络安全事件或发现的网络安全威胁，提前或及时发出预警；建立威胁情报和信息共享机制，落实威胁情报和信息共享措施，提高主动发现攻击能力。

（5）技术对抗：建立关键信息基础设施技术对抗能力，综合性、一体化开展技术对抗活动。以监测发现为基础，采取捕获、溯源、干扰、阻断等措施，对攻击者进行画像，主动应对攻击行为；识别和减少互联网和内网资产暴露面，抵抗社工攻击；开展攻防演习，强化攻防对抗能力，加强威胁情报工作，对网络威胁与攻击行为进行识别分析、追踪溯源和反制。

（6）事件处置：建立关键信息基础设施事件处置能力，综合性、一体化开展事件处置活动。建立关键信息基础设施安全事件报告机制、应急处置机制、调查机制和管理机制，建立专门网络安全应急支撑队伍、专家队伍，制定网络安全事件应急预案，开展网络安全应急演练。当发生网络安全事件时，及时启动预案和报告，采取措施迅速应对和果断处置，恢复系统功能或服务，将损失降到最低。

4. 关键信息基础设施安全保护四大体系

关键信息基础设施安全保护体系框架给出了关键信息基础设施安全保护的四大体系，包括管理体系、技术体系、运营体系和保障体系。

（1）管理体系。包括安全管理机构、安全管理制度、安全管理人员、安全建设管理、安全运维管理和安全策略管理等。

（2）技术体系。包括业务资产风险管理、纵深防御、安全检测评估、安全监测预警、主动防御和安全事件处置等。

（3）运营体系。包括分析识别与风险管理、措施优化与动态防护、检测评估与监测预警、主动防御与事件处置、安全运营流程、安全运营管理等。

（4）保障体系。包括组建网络安全队伍、建立完善经费保障制度、建立完善人才培养机制、建立跨组织关联保障机制等。

5. 关键信息基础设施安全保护八大能力

关键信息基础设施安全保护的八大能力包括：分析识别、安全防护、检测评估、监测预警、技术对抗、事件处置、数据安全保护、供应链安全保护等能力，构成了关键信息基础设施安全综合防御能力，如图 3-2 所示。八大能力与关键信息基础设施安全保护的八方面业务密不可分，能力提升依靠业务促进，反过来，能力提升可以更好地支撑业务开展。有关八大能力的详细介绍见下文。

3.4.2　利用综合业务平台支撑关键信息基础设施安全保护

为了支撑关键信息基础设施安全保护的六个环节工作、提升八大能力，运营者要建设关键信息基础设施安全保护平台，利用人工智能技术和大数据分析技术，依托平台和大数据开展分析识别、安全防护、实时监测、通报预警、应急处置、技术对抗、威胁情报、指挥调度等工作，为内外部门协同、上下级联动提供技术支持，构建纵横联通的联合预警和协同防御体系。平台总体架构如图 3-3 所示。

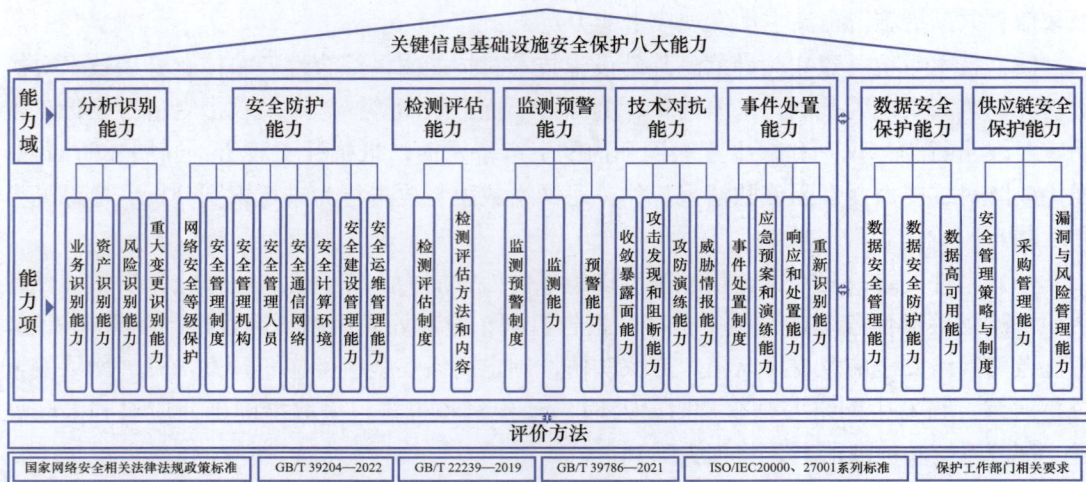

图 3-2　关键信息基础设施安全保护八大能力

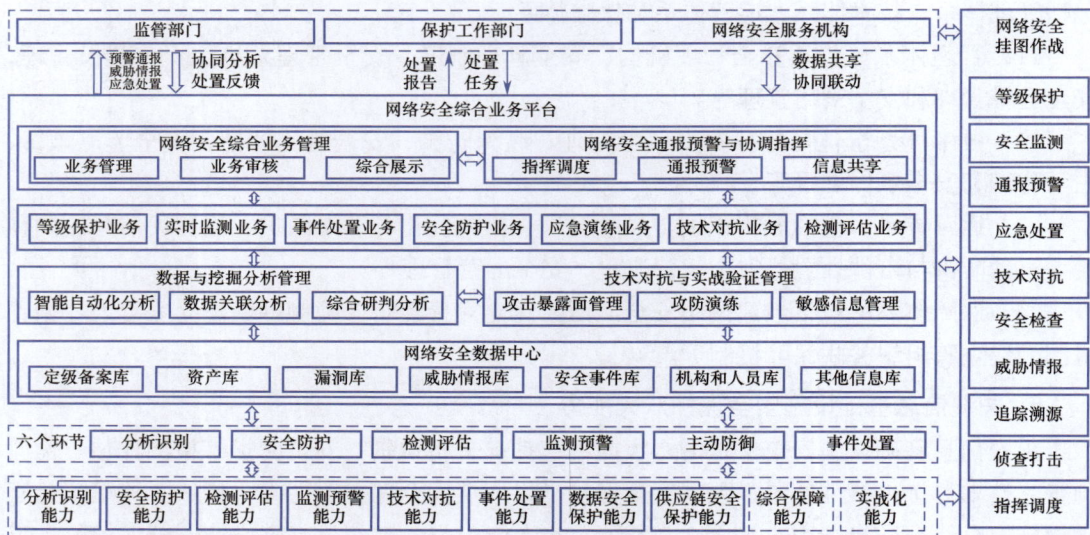

图 3-3　平台总体架构

1. 关键信息基础设施安全保护综合业务平台的架构设计

围绕关键信息基础设施安全保护工作需要和业务需求，科学设计和建设综合业务平台，实现等级保护、关键信息基础设施保护、数据安全保护、威胁情报、态势感知、实时监测、通报预警、事件处置、指挥调度、技术对抗、应急演练等安全业务综合管理。

综合业务平台汇聚多源安全数据，以大数据为支撑，覆盖关键信息基础设施安全保护六个业务环节：一是基于分析识别的业务数据，实现网络系统定级备案管理、等级测评管理、建设整改管理、资产管理、机构和人员管理；二是基于安全防护的业务数据，呈现关键信息基础设施运行、安全防护、安全风险、安全审计、安全管控、安全态势等状态；三是基于检测评估的业务数据，呈现资产风险、脆弱性风险、漏洞分布等；四是基于监测预警的业务数据，呈现网络安全风险和安全态势；五是基于技术对抗的业务数据，呈现攻防能力建设状况；六是基于事件处置的业务数据，实时呈现网络安全事件处置状况。

2. 综合业务平台对关键信息基础设施安全保护的支撑能力

（1）网络安全综合业务管理能力。对基础业务库进行管理，包括网络系统定级备案库、威胁信息库、安全事件库、机构和人员库等；对等级保护、关键信息基础设施保护、数据安全保护、威胁情报、态势感知、实时监测、通报预警、事件处置、指挥调度、技术对抗、应急演练等业务进行管理。

（2）数据与挖掘分析管理能力。在互联网出口和专网出口架设探针或密网，结合其他数据获取渠道和方法，全量汇聚网络安全数据。建设资产库、漏洞库、威胁情报库、安全事件库、机构人员库等基础业务数据库，建设网络安全数据中心，形成平台的大数据支撑。利用大数据挖掘分析技术，提升平台智能化、实战化水平，支撑平台开展各种业务活动。

（3）技术对抗与实战验证管理能力。对关键信息基础设施业务暴露面和业务敏感信息进行管理，支撑攻防演练、沙盘推演、实战行动，支撑关键信息基础设施安全保护技术体系建设，提升实战能力和技术对抗能力。

（4）网络安全通报预警协调指挥能力。将综合业务平台与保护工作部门、公安机关、网络安全服务商等的相关工作平台对接，建立实战化、体系化、常态化的工作机制，实现数据共享和协同联动，及时监测发现网络攻击活动和漏洞风险隐患，对攻击者和攻击过程进行画像，及时研判、预警和快速处置网络安全事件或重大风险威胁，对网络攻击开展追踪溯源、固证和反制，同步完善安全防护策略，防范再次遭到网络攻击破坏。

3. 利用综合业务平台实施关键信息基础设施安全保护的"挂图作战"

（1）研究网络空间地理学理论。按照"理论支撑技术、技术支撑实战"的理念，将地理学、网络安全学、计算机图形学、大数据技术、人工智能技术等学科和技术有机结合，研究"人—地—网"关系和作用机制，智能认知方法体系，网络空间地理图谱理论，网络空间安全图谱要素分类、代码和图形符号表达等内容，形成交叉学科——网络空间地理学。

（2）在网络空间地理学理论指导下，研究网络空间安全图谱要素生成技术、地理环境要素获取与处理技术、智能认知和挖掘技术、地理空间和网络空间资产测绘技术、画像与定位技术、可视化表达技术、网络空间地理图谱构建技术、网络空间及地理空间现象的时空模拟技术等网络安全重要技术，实现技术突破。

（3）利用核心技术，在全面掌握网络安全保护机构、人员、技术支撑力量等基本情况，以及基础网络、业务专网、核心系统、云计算平台、大数据中心、网络和数据资产等要素的基础上，构建网络环境、地理环境、人和组织环境、业务环境的数学模型，根据网络安全保护实战和业务需求，建设综合业务平台的资产总览、实时监测、态势感知、通报预警、事件处置、等级保护、威胁情报、指挥调度、攻防演习等业务模块，支撑关键信息基础设施安全保护的各项业务活动。

（4）利用人工智能、大数据分析等技术开发支撑各业务的引擎，构成平台的智慧大脑，利用智慧大脑，提升平台的智能化、实战化能力。在此基础上，结合应用资产测绘、可视化表达、图谱构建等新技术，绘制网络空间地理信息图谱，将威胁情报、安全防护、监测预警、应急指挥、事件处置、安全管理等关键信息基础设施安全保护业务上图，利用网络安全保护业务平台，建立常态化、实战化的工作机制，实施"挂图作战"，提升网络安全综合防御能力和技术对抗能力。

3.4.3　关键信息基础设施安全保护的分析识别能力

分析识别是关键信息基础设施安全保护的首要环节。为保障关键信息基础设施的业务持续稳定运行，需要动态掌握关键信息基础设施的资产、业务、威胁风险、问题隐患等情况，做到底数清、情况明。运营者应按照有关法律政策要求，建立关键信息基础设施的分析识别能力，梳理排查关键信息基础设施建设、运行、管理情况及安全保护状况，全面掌握网络基础设施、重要业务和重要数据等资源的底数和网络资产，建立档案并动态更新。

1. 分析识别能力包含的具体要求

分析识别能力包括业务识别、资产识别、风险识别和重大变更后重新识别认定等能力。具体如下：

（1）业务识别，分析出关键业务和业务链。分析识别本单位的关键业务和关键业务所关联的外部业务，以及识别本单位关键业务对外部业务的依赖性；当本单位关键业务为外部业务提供服务时，识别关键业务对外部业务的重要性；从本单位关键业务、与本单位业务有关联的外单位关键业务两个方面，梳理关键业务链和相互依赖性，从而确定支撑关键业务的关键信息基础设施分布情况和运营情况。

（2）资产识别，分析出关键业务依赖的资产情况。在识别关键业务和关键业务链的基础上，分析识别关键业务链所依赖的资产（包括网络、系统、数据、服务等），建立关键业务链相关的网络、系统、数据、服务和其他类资产的资产清单；基于资产类别、资产重要性和支撑业务的重要性，对资产进行优先级排序，确定资产防护的优先级；采用资产探测技术识别资产，采取自动化管理措施对相关资产进行自动化管理；当关键业务链发生变化时，根据关键业务链所依赖资产的实际情况，动态更新资产清单。

（3）风险识别，分析出风险隐患和威胁。采用探测扫描、检测评估、攻防验证、威胁情报、信息共享等方法，一是针对关键业务链开展安全风险分析，识别关键业务链各环节的威胁、脆弱性，确认已有安全控制措施，分析主要安全风险点，确定风险处置的优先级，形成安全风险报告；二是对业务、资产、数据及已有安全措施进行识别和分析，分析威胁利用脆弱性的可能性，确定导致关键业务链发生安全事件的可能性；三是综合安全事件所作用的资产价值及脆弱性的严重程度，分析关键业务链主要安全风险点，确定风险处置的优先级，形成安全风险报告；四是动态持续监测风险变化情况，重点关注残余风险和新风险情况，定期开展风险分析。

（4）重大变更，重新开展分析识别和认定。当关键信息基础设施发生改建、扩建、所有人变更等重大变化，例如网络拓扑重大改变、业务链重大改变等，有可能影响关键信息基础设施认定结果时，应及时将相关情况报告保护工作部门，重新开展分析识别和认定工作，并更新资产清单。

2. 建立有关管理制度

建立与分析识别活动有关的管理制度，指导开展分析识别工作，包括业务识别、资产识别、风险识别和重大变更等相关管理制度。

（1）业务识别制度

建立关键信息基础设施业务识别制度，指导开展业务识别工作。一是确定分析识别业务流程，梳理关键业务类别、内容、范围、影响等信息，分析判断出关键业务和活动的重要性；二是分析关键业务与内外部业务网络系统的相互依赖关系及重要程度，描述关键业务链的组成及相互关系，提供每个业务链的关键信息基础设施或子系统名称、业务范围、重要程度、依赖关系、所处位置等信息，形成关键信息基础设施业务识别相关文档，掌握关键业务的关键信息基础设施分布和运营情况；三是制定培训计划，定期对相关人员进行"分析识别"业务方面的培训，保障其及时了解掌握分析识别的相关要求和关键业务情况。

（2）资产识别制度

建立关键信息基础设施资产识别制度，指导开展资产识别工作。一是识别关键业务资产组成和分布，以及关键业务链相关的网络、系统、数据、服务和其他类资产等，形成内容清晰详细、格式规范、字段统一的资产清单；二是基于资产类别、资产重要性和其所支撑业务的重要性，采用重要性分析和风险评估等方法，按照重要程度对资产进行梳理排序，确定资产的重要等级和资产防护的优先级，形成记录文档。

（3）风险识别制度

建立关键信息基础设施风险识别制度，指导开展风险识别工作。一是建立风险识别动态管控机制，定期开展风险分析、风险识别活动。针对关键业务链的所有环节，分析其主要安全风险点，形成关键信息基础设施业务风险分析报告。业务风险分析包括：识别关键业务链面临的威胁，实施脆弱性扫描，识别分析已采取的安全措施，分析风险等。二是在业务风险分析的基础上，对关键信息基础设施安全整体情况进行风险分析，包括业务风险、系统风险等，形成整体情况安全风险报告。三是建立供应链安全风险识别机制，从软硬件采购、安全服务采购等方面，分析识别关键业务链面临的供应链风险隐患。持续性开展风险识别和管理，动态掌握风险危害程度、分布状况和发展态势，为开展安全防范奠定基础。

（4）重大变更管理制度

建立关键信息基础设施重大变更管理制度，指导开展重大变更工作。一是制定关键信息基础设施重大变更管理办法，明确关键信息基础设施重大变更范围和改建扩建、所有人变更等重大变更的情况；二是确定重大变更的管理流程，以及发生重大变更后的响应程序，发生重大变更时，将相关情况报告保护工作部门，重新开展识别工作，并更新资产清单，形成相关记录文档。

3. 建设分析识别平台，支撑分析识别业务开展

建立分析识别能力，除了建立与分析识别活动有关的管理制度，还要建设分析识别平台，实现分析识别活动的综合性一体化管理，如图 3-4 所示。

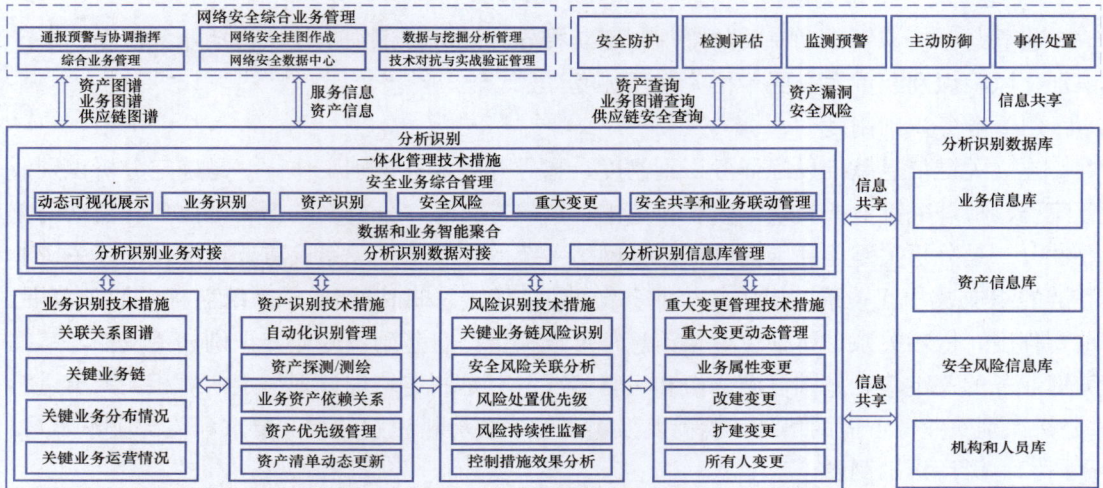

图 3-4　支撑分析识别活动的技术措施

（1）一体化管理技术措施

分析识别业务一体化管理包括安全业务综合管理、数据和业务智能聚合两部分。安全业务综合管理包括动态可视化展示、业务识别、资产识别、安全风险、重大变更、安全共享和业务联动管理六个模块。通过安全共享和业务联动管理模块，与"网络安全综合业务"进行数据交互和业务对接，并与"安全防护、检测评估、监测预警、主动防御、事件处置"进行信息共享和业务联动。数据和业务智能聚合包括分析识别业务对接、分析识别数据对接、分析识别信息库管理等三个模块，其功能是对业务接口、业务数据、资产数据等信息进行统一化处理。

（2）业务识别技术措施

分析识别活动的业务识别包含关联关系图谱、关键业务链、关键业务分布情况、关键业务运营情况等四个模块。业务识别技术措施是在关键信息基础设施的核心交换机上旁路部署流量探针，实现两个目的：一是通过全网流量观测系统对流量探针采集的数据进行分析，绘制关键信息基础设施的数据流量运行全景图，实现对关键网络设备和安全设备的自动发现，识别关键业务链所依赖的资产，建立关键业务链相关的网络、系统、服务和其他资产清单；二是同步采集设备运行信息，并根据设备之间的关联关系生成网络拓扑，便于管理人员全面掌握设备业务状况和运行状态。

（3）资产识别技术措施

分析识别活动的资产识别包括自动化识别管理、资产探测/测绘、业务资产依赖关系、资产优先级管理、资产清单动态更新等五个模块。资产识别技术措施是在关键信息基础设施的核心交换机上旁路部署资产检测探针，在管理系统和办公系统的主机上安装资产分析工具，通过资产识别系统下发指令和资产检测探针、资产分析工具上报数据，分析识别关键业务链所依赖的资产，建立关键业务链的相关网络、系统、服务和其他类资产的资产清单，绘制资产和网络结构图谱，动态掌握计算机终端、服务器、核心网络设备等硬件，操作系统、数据库、网管系统、业务系统等软件，以及云计算服务等资产情况。

（4）风险识别技术措施

分析识别活动的风险识别包括关键业务链风险识别、安全风险关联分析、风险处置优先级、风险持续性监督、控制措施效果分析等五个模块。风险识别技术措施，一是利用风险分析系统，通过网络资产攻击面管理，采集分析端点遥测数据和网络遥测数据，以攻击者视角进行资产威胁建模和收缩暴露面威胁建模，发现攻击路径；二是采用网络遥测采集工具，将其旁路部署在关键信息基础设施核心交换机上，进行流量采集和检测，提取有效数据并上传给风险分析系统。当发现存在异常行为时，会将流量片段在采集的流量数据中进行标记，传给风险分析系统，由风险分析系统进行深度检测分析，挖掘潜在的威胁；三是采用端点遥测采集工具，将其部署在关键信息基础设施主机服务器上，采集主机、用户、文件、进程等行为数据，上传给风险分析系统。开展风险识别活动主要依赖风险分析系统，基于网络真实环境进行上下文关联，结合威胁情报信息，实时进行监控并检测可疑行为，深度挖掘网络安全威胁风险等。

（5）重大变更管理技术措施

分析识别活动的重大变更管理包括重大变更动态管理、业务属性变更、改建变更、扩建变更、所有人变更等五个模块。重大变更管理技术措施是利用重大变更管理系统实现综合性管理。当关键信息基础设施发生改建、扩建、所有人变更等较大变化时，以及网络拓扑发生重大变化、关键业务链或关键属性发生变化、业务服务范围发生重大变化等时，应重新开展分析识别工作，并进行动态更新。

（6）建设分析识别数据库

建设关键信息基础设施分析识别数据库，包括业务信息库、资产信息库、安全风险信息库、机构和人员信息库。在分析识别活动中，需要将采集的有关信息存入分析识别数据库，以全面动态地掌握业务、网络服务、资产、风险、机构和人员信息，并用于日常管理。

3.4.4　关键信息基础设施安全保护的综合防护能力

按照《网络安全法》《关键信息基础设施安全保护条例》等法律法规要求，参照《关键信息基础设施安全保护要求》等国家标准要求，在开展网络安全等级保护的基础上，加强管理体系、技术系统、运营体系和保障体系建设，强化落实安全防护重点措施，构建关键信息基础设施综合防御体系，提升关键信息基础设施的综合防护能力。

1. 落实国家网络安全等级保护制度是开展关键信息基础设施安全防护的基础和前提

落实网络安全等级保护制度，是开展关键信息基础设施安全防护的基础和前提，是法律规定。运营者在开展关键信息基础设施安全保护之前，应首先落实国家网络安全等级保护制度要求，按照网络安全等级保护有关政策、标准，对网络系统开展定级、备案、安全建设整改和等级测评工作，达到安全合规要求，使关键信息基础设施具备基础保护能力。

2. 关键信息基础设施的综合防护能力的总体设计

（1）按照整体性和全局性进行设计。关键信息基础设施安全防护，要从整体性和全局性角度来设计其综合防护能力，在分析识别的基础上，通过实施安全防护、检测评估、监测预警、技术对抗、事件处置、数据安全保护、供应链安全保护等重点措施，提升关键信息基础设施安全防护能力、监测发现能力、态势感知能力、通报预警能力、检测评估能力、应急处置能力、指挥调度能力、技术对抗能力，形成关键信息基础设施的综合防护能力，保障其运行安全和重要数据安全。

（2）强化技术防护。按照关键信息基础设施安全保护要求和行业部门特殊要求，从安全通信网络、安全计算环境、安全管理制度、安全管理机构、安全管理人员、安全建设管理、安全运维管理等方面，采取加强型安全管理措施和技术保护措施，强化整体防护；利用密码技术、可信计算技术、人工智能技术、大数据分析技术等开展技术防护，构建技术防护体系，提升内生安全、主动免疫和主动防御能力。

（3）立足实战化常态化防护。建立网络安全监控指挥中心，健全网络安全实时监测和信息通报预警机制，实施 7×24 小时值班值守制度，研发和利用关键信息基础设施综合业务平台，组织专门队伍和专家，常态化开展网络安全实时监测、威胁情报、通报预警、应急处置、指挥调度等工作，提升网络安全实战能力和应对突发事件能力。

（4）坚持制度有机结合。在建立关键信息基础设施保护制度过程中，应与网络安全等级保护制度、数据安全保护制度密切结合。在关键信息基础设施安全保护规划和实施方案中，体现以开展网络安全等级保护为基础，以加强关键信息基础设施安全保护、数据安全保护为重点，确定安全防护策略，统筹规划，创新安全理念和技术方法，采取加强型、特殊型保护措施，协同开展安全保护工作。

（5）防范重大风险隐患。通过实施等级测评、检测评估、事件分析、实战检验，及时发现安全问题隐患和威胁风险，以防范重大风险为根本，以有效应对大规模网络攻击为目标，制定安全建设整改方案并实施；持续完善和优化网络架构、安全防护机制和策略、管理和技术保护措施、运营和保障措施，测试网络系统承载能力，增强关键信息基础设施的保护弹性；开展安全建设整改后应及时开展复测，检验整改是否到位，确保问题隐患动态清零；加强物理环境和电力电信安全保障，保护物理机房、大数据中心、云计算平台等设备设施安全，防范自然灾害引发的危害；在关键信息基础设施建设、运维、采购产品和服务、招投标等方面加强供应链和保密管理，防范泄密事件发生。

（6）采取多种方式检验保护措施的有效性。一是聘请专门的安全检测机构，对关键信息基础设施开展远程渗透测试和现场检测，实施全流程、全方位安全检测评估，及时发现问题隐患；二是组织开展网络攻防演习，检验关键信息基础设施的综合防御能力，检验安全保护措施的有效性，发现深层次重大安全问题隐患，提升实战对抗能力；三是开展沙盘演练，针对关键信息基础设施所面临的主要攻击威胁和风险，设计相应的业务环境和场景，组织红、蓝军在沙盘上进行攻防对抗，提升应对大规模网络攻击的能力。

（7）加强新技术新应用风险管控。加强对关键信息基础设施建设中采用的云计算平台、移动互联、物联网、大数据、工业控制系统、5G、IPv6、区块链等新技术新应用的有效防护和风险管控，打造自主可控的安全防护体系，提升风险管控能力，

（8）加强重要数据保护。关键信息基础设施中运行着大量重要数据，应对核心业务系统中所承载和处理的数据资产进行全面梳理排查，按照《数据安全法》和有关标准规范对数据进行分级分类。在此基础上，对数据采集、存储、处理、应用、传输、提供和销毁等全生命周期进行风险排查和隐患分析，建立数据安全保护制度，强化重点保护措施的落实，确保重要数据安全。

（9）制定关键信息基础设施安全保护规划。主要包含管理体系、技术体系、运营体系、保障体系等方面，加强机构、编制、人员、经费、装备、科研、工程等资源保障。编制安全保护规划应形成文档，并经审批后发布至相关组织和人员。安全保护规划应至少每年修订一次，发生重大变化时应及时进行修订。

（10）建立关键信息基础设施安全策略。基于关键业务链、供应链等的安全需求，根据安全风险和威胁变化及时调整安全策略。安全策略包括访问控制策略、安全审计策略、身份管理策略、入侵防范策略、数据安全防护策略、自动化机制策略（配置、漏洞、补丁、病毒库等）、供应链安全管理策略、安全运维策略等。在确定安全策略的基础上，细化制定一系列操作规范、流程和工单，以保证规划和策略得到落实。

3. 建立关键信息基础设施安全管理制度体系

建立关键信息基础设施安全管理制度体系，包括风险管理制度、网络安全考核及监督问责制度、教育培训制度、人员管理制度、业务连续性管理及容灾备份制度、三同步制度（安全保护措施同步规划、同步建设和同步使用）、供应链安全管理制度等。

（1）建立关键信息基础设施安全责任制。落实有关法律法规要求和《党委（党组）网络安全工作责任制实施办法》，制定具体责任制管理办法，明确主要领导、分管领导、首席网络安全官的职责任务，设立网络安全专门管理机构，落实保护工作部门的主管责任和运营者的主体责任。

（2）建立安全管理机构和核心岗位人员管理制度。加强对安全管理机构在人力、财力、物力方面的投入和保障，明确专门机构的具体职责任务，即承担安全管理、应急演练、事件处置、教育培训和评价考核等日常工作，设置具体岗位职责，将责任落实到人；强化专门机构的负责人及关键核心岗位人员管理，制定人员管理制度，组织对其进行安全背景审查。

（3）建立网络安全事件报告制度。当发生网络安全事件或重大安全威胁，以及有关网络安全重要事项时，网络安全管理机构应按照有关规定及时向保护工作部门、公安机关报告，按照有关规定和网络安全职能部门、保护工作部门要求，有效处置事件和威胁，确保关键信息基础设施运行安全。

（4）建立关键信息基础设施应急处置制度，按照国家和行业网络安全应急预案，制定关键信息基础设施应急预案，定期开展应急演练，并通过演练，不断健全完善应急预案。当发生网络安全突发事件时，应及时启动应急预案，立即报告有关部门，快速处置，将损失降到最低，并及时恢复网络系统运行；同时向公安机关报告，配合公安机关开展侦查调查。

（5）建立采购管理制度。对关键信息基础设施设计、建设、运营等服务活动实施安全管理，采购安全可信的网络产品和服务，确保供应链安全。采购的产品和服务可能影响国家安全的，应按照国家有关规定通过安全审查。

（6）建立网络安全责任追究制度。出台问责规范，明确违规情形和责任追究事项，确定问责范围，明确约谈、罚款、行政警告、记过、降级、开除等处罚措施，确保问责见效。

4. 设立关键信息基础设施安全管理机构

（1）成立网络安全工作委员会或领导小组，承担关键信息基础设施安全责任，由单位主要负责人担任领导职务，设置安全管理机构负责人。将安全管理机构主要人员纳入单位信息化决策体系，确保关键信息基础设施安全保护与信息化建设同步进行。

（2）认定关键信息基础设施安全关键岗位，包括系统管理员、安全管理员、安全审计员等重要岗位；制定考核规范和考核计划，明确奖励和惩处措施，组织开展关键信息基础设施安全工作考核，并提出奖励和惩处建议，报有关部门和领导审批。

（3）建立人才培养机制。通过组织开展网络安全比武竞赛，建立网络安全人才发现、选拔、使用机制，通过教育训练，提升网络安全人才的实战能力。安全管理机构应对网络安全专门人才给予特殊待遇和专门经费支持。

5. 加强关键信息基础设施关键岗位人员管理

（1）对安全管理机构的负责人和关键岗位人员进行安全背景审查，审查过程中应请公安机关和国家安全机关协助。当安全管理机构的负责人和关键岗位人员的身份、安全背景等发生变化时，应重新进行背景审查。当人员离岗或内部岗位调动时，应及时终止相关人员的所有访问权限。明确岗位人员的安全保密职责和义务，包括安全职责、奖惩机制、离岗后的脱密期限等，并与岗位人员签订安全保密协议。

（2）建立网络安全教育训练制度，对关键岗位人员进行安全技能考核，符合要求的方能上岗。基于岗位网络安全业务需要，定期开展网络安全业务培训和实操训练。培训内容包括网络安全相关法律、政策、制度、标准和规定，以及网络安全保护技术、管理制度、网络安全风险意识等。关键岗位人员应积极参加网络安全大赛、竞赛、研讨会等相关活动，提升网络安全业务能力和水平。

6. 保障关键信息基础设施的网络通信安全

（1）网络架构安全。对网络系统设计不同的安全区域，在内部办公区域、数据共享交换区域与外部接入区域之间进行有效隔离；对核心业务区域设计冗余备份，以保障关键业务系统的持续稳定运行。

（2）互联安全。建立安全互联互通安全策略，强化认证和授权机制。通过引入多种认证技术和方法，如用户名密码、数字证书、生物识别技术等，实现多因素组合的身份验证。在不同局域网之间进行远程通信、数据传输时，采取身份验证、鉴别、加密等安全防护措施。建立统一的密钥管理系统，对不同类型的密码硬件设备进行集中管理，为关键信息基础设施提供标准化、组件化的密码服务。

（3）安全审计。设计全面的安全审计策略，建立审计日志制度，在边界设置网络审计措施，实时监测和记录信息系统运行状态、日常操作、故障维护等，对各种审计信息进行集中收集和分析，以便对非法操作进行溯源和固证，为安全策略的调整提供依据。定期备份并留存相关日志数据。

7. 保障关键信息基础设施的区域边界安全

加强区域边界的安全防护，对信息流向、数据交换、软硬件设备接入和管控等方面实施有效管理，提升区域边界的安全能力，保护关键业务系统的完整性、保密性，以及业务的连续性和稳定性。

（1）边界防护。设置严格的边界防护策略和机制，管理不同安全等级的业务系统、区域之间以及与外部运营者之间的互操作、数据交换、信息流动。

（2）数据交换控制。建立严格的访问控制策略和数据交换机制，对不同类别、不同级别数据的交换进行限制。当数据从高安全等级网络向低安全等级网络流动时，应制定控制机制和策略，实施严格的控制措施；低安全等级网络不能直接访问高安全等级网络。

（3）软硬件设备接入管控。设置严格的设备接入策略和机制，实施动态检测和管理措施，只允许通过运营者自身授权和安全评估的软硬件接入运行，防止未授权设备接入，防范网络入侵攻击。

8. 保障关键信息基础设施计算环境安全

计算环境是网络系统的核心，包括主机、数据库、服务器、重要数据等核心资产。为了保障计算环境安全，运营者应从鉴别与授权、入侵防范和自动化工具等方面实施安全措施。

（1）鉴别与授权。建立动态身份验证机制，确定重要业务操作或异常用户操作行为，并形成清单，只有合法用户才能访问相关业务；构建身份信任体系，采取动态身份鉴别措施或多因子身份鉴别措施，实现对设备、用户、服务或应用、数据的安全管控；针对重要业务数据资源的操作，可基于安全标记和强制访问控制等技术措施实施严格的访问控制；采取终端安全策略，确保只有符合安全要求的终端才能接入网络；通过对用户登录和操作行为的全面审计，提高行为追溯能力。

（2）入侵防范。采用人工智能技术和大数据分析等技术，落实防范新型网络攻击行为的管理和技术措施，及时识别并阻断网络入侵和病毒传播，提高网络系统主动防护能力；建立安全可信的连接机制，按照"先认证再连接"原则，优化网络连接方式，有效隐藏核心业务资源，降低攻击风险；采用先进的加密技术，确保数据传输的完整性和保密性。

（3）自动化工具。收集终端上的各种安全状态信息，包括漏洞修复情况、病毒木马情况、威胁风险情况、安全配置和终端的各种软硬件信息等，将这些信息汇集到自动化管理系统中，通过自动化手段对系统账户、配置、漏洞、补丁等信息进行管理，使运营者全面了解关键信息基础设施所涉及终端的安全情况、硬件状态和软件安装情况等。当进行漏洞修复和打补丁时，应经过验证后实施。

9. 加强关键信息基础设施安全建设管理

（1）在新建或改建、扩建关键信息基础设施时，应依法落实"三同步"要求，即同步规划、同步建设和同步使用安全保护措施。

（2）充分考虑网络安全因素，在规划、设计和建设阶段，应加强全过程的网络安全管理，与规划、设计和建设单位签署安全保密协议，落实相关单位网络安全责任，确保网络和数据安全。

（3）为了保证安全措施的有效性，可采取渗透性攻击测试、评审、源代码检测等方式进行验证。可以建设关键信息基础设施仿真验证环境，对关键业务安全措施进行验证。

10. 加强关键信息基础设施安全运维管理

（1）关键信息基础设施投入运行后，为了保障其安全，应保证关键信息基础设施的运维地点位于中国境内，如确需境外运维，应按照我国相关规定执行，并报有关部门批准。

（2）应与维护人员签订安全保密协议，确保人员安全可控。运维过程中，应优先使用已登记备案的运维工具和装备，如确需使用由维护人员带入关键信息基础设施内部的维护工具装备，应在使用前通过恶意代码检测等测试，确保工具装备安全可控。

11. 加强关键信息基础设施的数据安全管理

建立数据安全管理制度，约定各方权限与责任。梳理掌握关键信息基础设施中数据的底数和安全保护状况，在满足网络安全等级保护通用要求的基础上，按照相关数据安全标准规范进行特殊保护。一是采取容灾备份、国产密码保护、可信计算等关键技术防护措施，切实保护数据在采集、存储、传输、应用、销毁等环节的安全，确保数据全生命周期的安全。二是加强鉴权过程的安全保护、强化数据分类分级安全管理，以及将安全审计贯穿在数据采集、存储、处理等各个环节中。详见 3.4.9 节。

12. 加强关键信息基础设施的供应链安全管理

关键信息基础设施的供应链安全涉及信息化建设、运维，信息技术产品，网络安全产品和各类服务等。加强关键信息基础设施的供应链安全管理包括以下几方面：

（1）定期梳理和更新供应链中的企业、产品和人员信息，绘制供应链安全管理图谱，形成供应链目录。

（2）针对关键业务链，开展供应链安全风险分析，及时发现风险隐患和风险点，确定风险处置的优先级。

（3）强化应用开发供应链的安全管理，采用安全开发工具链实现应用开发过程中的风险识别和管控，包括开源软件成分分析、源代码扫描、漏洞扫描等措施，在开发编码和测试验证阶段发现和解决潜在的安全问题隐患。

（4）优先采购安全可信的网络产品和服务，推进国产化替代，并对关键信息基础设施设计、建设、运行、维护等服务环节加强安全管理。采购网络产品和服务，应当按照有关规定与网络产品和服务提供者签订安全保密协议，并对其责任义务履行情况进行监督。详见 3.4.10 节。

13. 加强关键信息基础设施的新技术新应用的安全管控

在关键信息基础设施建设中，大量应用了云计算、大数据分析、移动互联、物联网、工业控制系统、5G、区块链、IPv6 等新技术，为确保新技术新应用在关键信息基础设施中得到充分保护，需要建设全面系统的安全保护能力，具体要求如下：

（1）云计算平台安全防护。根据《网络安全等级保护基本要求》《网络安全等级保护安全设计技术要求》，在满足网络安全等级保护通用要求的基础上，按照云计算安全扩展要求，对云计算平台实施加强型保护。一是在各云服务客户虚拟网络之间采取有效的隔离措施，并配备通信传输、边界防护和入侵防范等技术措施，保证云服务客户网络区域安全。二是在云计算平台网络边界配置访问控制策略和部署安全设备，监测发现网络攻击活动；允许云服务客户自定义安全策略，支持第三方安全产品或服务接入。三是云服务提供商应建立加固的镜像和完整性校验机制，保证数据迁移时的安全，并定期进行安全检查和数据备份。四是对云计算平台实施集中监测，提升云计算平台的监测预警、态势感知、溯源分析等能力。

（2）物联网安全防护。根据《网络安全等级保护基本要求》《网络安全等级保护安全设计技术要求》，在满足网络安全等级保护通用要求的基础上，按照物联网安全扩展要求，对物联网实施加强型保护。一是加强物理环境和设备设施的安全防护；二是综合采用多种技术措施，及时发现和应对重大安全风险；三是针对智能电网、智能油田、智慧交通、车联网等典型场景，采取用户身份认证、加密保护等有针对性的安全措施，保护物联网的运行安全和数据安全。

（3）移动互联安全防护。根据《网络安全等级保护基本要求》《网络安全等级保护安全设计技术要求》，在满足网络安全等级保护通用要求的基础上，按照移动互联安全扩展要求，对移动互联系统实施加强型保护。一是制定移动互联安全管理制度，加强对移动终端的安全控制；二是建设统一的移动终端管理系统，建立终端设备白名单机制，选择具有终端设备准入控制功能的无线网络设备；三是为了保障移动应用的来源可靠，在移动应用上线前，应委托专业测评机构进行安全性检测。

（4）工业控制系统安全防护。根据《网络安全等级保护基本要求》《网络安全等级保护安全设计技术要求》，在满足网络安全等级保护通用要求的基础上，按照工业控制系统安全扩展要求，对工业控制系统实施加强型保护。一是落实室外控制设备的物理防护措施；二是采取各级网络之间的安全隔离与互联措施；三是采取通信数据的完整性保护措施；四是采取多重防护措施，保障边界安全和信息过滤。

（5）5G 网络技术安全防护。对采用 5G 网络技术的关键信息基础设施实施下列技术防护措施：一是在 5G 网络准入控制、数据传输、监测预警和隐私保护等方面采取措施，实施重点保护；二是采取 5G 专网终端接入的访问控制措施，并加强关键终端保护，避免其暴露在风险环境中。

（6）区块链技术安全防护。对采用区块链技术的关键信息基础设施，实施下列技术防护措施：一是合理构建网络系统的技术架构并进行分层次防护；二是使用符合国家密码管理部门及行业标准规范要求的密码算法和技术产品与服务；三是选择可证明安全的共识机制，加强智能合约的完整性和抗抵赖性保护措施，确保区块链系统的整体安全性与稳定性。

（7）IPv6 技术安全防护。对采用 IPv6 技术的关键信息基础设施，实施下列技术防护措施：在 IPv4 网络防护的基础上采取相应技术措施进行防护，对各层面的隔离及访问控制进行重点加强，防范未知威胁；通过 IPSec 认证和白名单策略等，加强 IPv6 网络路由等协议的安全防护，同步开展已知漏洞的安全检测及修复，确保 IPv6 网络环境的整体安全性与稳定性。

14. 建设安全防护平台，支撑关键信息基础设施安全防护业务开展

建立综合防护能力，除了建立关键信息基础设施综合防护体系，还要建设安全防护平台，包括通信网络安全、区域边界安全、计算环境安全、数据安全、新技术新应用安全等模块，实现综合防护的一体化管理，如图 3-5 所示。

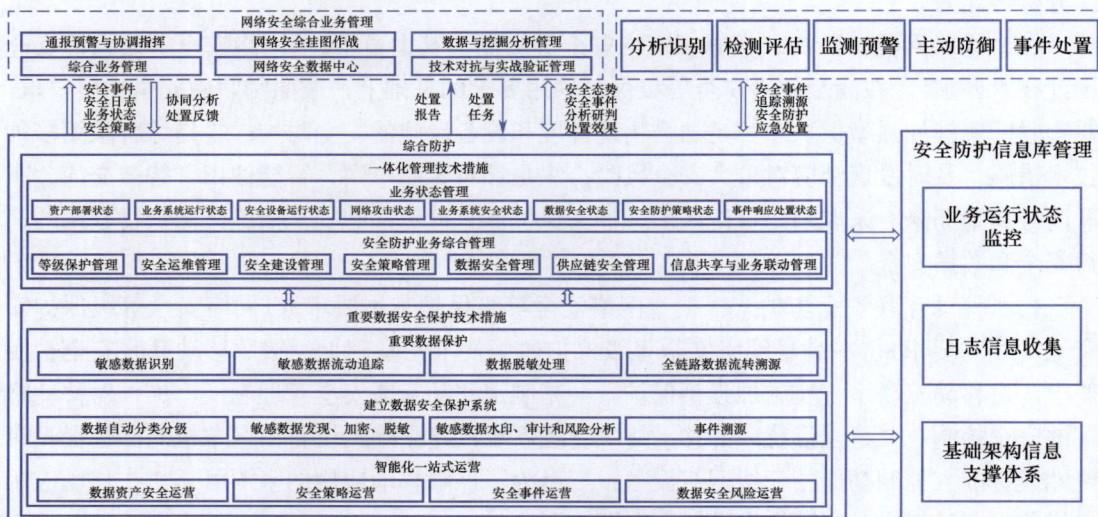

图 3-5　关键信息基础设施综合防护的技术措施

（1）一体化管理技术措施。一是通过业务状态管理模块，直观掌握资产部署状态、业务系统运行状态、安全设备运行状态、网络攻击状态、业务系统安全状态、数据安全状态、安全防护策略状态、事件响应处置状态；二是通过安全防护业务综合管理模块，实施等级保护管理、安全运维管理、安全建设管理、安全策略管理、数据安全管理、供应链安全管理、信息共享与业务联动管理，实现安全管理的集中统一；三是利用信息共享与联动子模块，实现安全防护平台与其他业务平台的信息交互、信息共享、业务协同、联动响应。

（2）重要数据安全保护技术措施。一是采用敏感数据识别、敏感数据流动追踪、数据脱敏处理和全链路数据流转溯源等先进技术对重要数据进行保护，保障数据合规流动；利用这些技术，建立敏感数据流动监测机制，自动检测攻击风险，并对潜在风险进行评估和预警。二是建立数据安全保护系统，利用扫描探针和流量探针发现数据并开展实时监测；结合统一的资产管理、标签管理和计算引擎，对探针和日志采集的数据进行分析和处理；通过与数据安全组件（如数据水印设备、数据加密设备、数据审计系统等）的联动，提升数据自动分类分级，敏感数据发现、加密、脱敏、水印、审计、风险分析，以及事件溯源等核心能力。三是通过对数据安全现状的实时监控和智能分析预测，实现智能化一站式运营，提供包括数据资产安全运营、安全策略运营、安全事件运营和数据安全风险运营在内的数据安全运营能力。

（3）安全防护信息库管理。建设安全防护信息库管理系统架构，为安全防护提供全面支撑，并为分析识别、检测评估、监测预警、主动防御、事件处置及网络安全综合管控与协调指挥等多个安全业务平台提供全面、准确的数据支持。安全防护信息库管理系统主要功能包括：一是建立完善的业务运行状态监控机制，实施业务运行状态监控，确保关键信息基础设施平稳运行；二是建立全面的日志信息收集系统，结合威胁情报分析、大数据处理及关联分析技术，为实时监测攻击行为、深入分析安全事件及事件追踪溯源提供有力支持；三是建立基础架构信息支撑体系，涵盖互联网接入点、内外网连接处，以及安全防护范围内的所有网络架构信息和 IP 地址信息。

3.4.5　关键信息基础设施安全保护的监测预警能力

在关键信息基础设施安全保护工作中，安全防护是核心环节和核心工作，在开展安全防护的基础上，常态化开展监测预警是首要环节。监测预警包括实时监测、信息通报、及时预警等工作环节，以及制度建设、能力建设、技术保障等内容。

1. 实时监测的总体要求

（1）建设网络安全监控指挥中心。建立常态化、实战化的网络安全监测预警机制，制定网络安全监测发现、通报预警、事件处置等的规范流程；调动各方资源力量，配备专门人员和技术力量，利用多种手段、多种渠道，采取多种方式，开展 7×24 小时全方位全链条实时监测、通报预警、应急指挥。

（2）建设关键信息基础设施安全监测系统。一是在互联网出口、内外网连接处、内网重要节点等位置布设监测设备设施，对关键信息基础设施的整个网络、重要业务系统、关键部位、核心资产、重要数据等进行实时监测，对跨网络、跨系统、跨区域的数据流动进行监测。对监测获得的数据进行保护，防止其受到非法访问、攻击、篡改和破坏。二是建立网络通信流量或事态模型、攻击入侵模型、异常行为模型和违规操作模型等，利用自动化工具手段对监测信息进行汇总整合，关联资产、脆弱性和威胁等要素，综合分析研判来自多方渠道的信息和线索，形成有价值的威胁情报，从而全面评估关键信息基础设施的安全态势，支撑安全保护、指挥调度和事件处置等工作。

（3）建立实时监测机制。一是制定安全监测策略，确定监测对象、监测流程、监测方法和监测内容等，主动掌握资产、漏洞、补丁、配置、威胁态势情况；二是建立内部合作机制、外部合作机制，确定合作机制的管理机构、对接人员；三是建立预警信息分级规范和快速响应机制，明确不同级别预警信息的报告、响应和处置流程；四是建立信息综合评估机制，综合评估特定时间段内的监测预警情况。

（4）对关键信息基础设施开展实时监测。从网络边界到核心区域，全面覆盖网络、应用、数据等各个业务应用层面，形成立体化的安全监测预警体系，严密监测网络运行状态、网络攻击、病毒木马传播、漏洞隐患、风险威胁、数据安全等情况，精确识别业务应用中的安全问题隐患。一旦发现网络异常、网络攻击和风险威胁，立即采取处置措施，严密防范网络安全重大事件发生，为安全防护、事件处置提供支撑。

（5）采用自动化的报警手段开展监测。建立重点发现可能危害关键业务的问题隐患的监测机制和技术手段，并能自动化报警和采取应对措施，防止对关键业务造成破坏或将危害性减到最小。例如，对恶意代码防御机制、入侵检测设备或者防火墙等设置弹出框、发出告警，或者向相关人员客户端发送信息进行报警。获取的报警信息应按照规定及时通报相关部门和人员。

2. 通报预警的总体要求

网络运营者开展实时监测时，对发现的网络攻击、病毒木马、漏洞隐患等风险威胁，应及时进行通报预警和应急处置。建立并落实常态化的实时监测、通报预警、快速响应机制。通报预警的总体要求如下：

（1）建立信息通报预警机制。一是落实责任部门和责任人，制定信息通报预警规范，明确预警信息响应处置程序，明确不同级别预警的报告、响应和处置流程；二是与网络安全职能部门、保护工作部门、相关运营者、研究机构、网络安全服务机构建立信息共享机制，畅通通报渠道；三是组织专门队伍，调配技术资源，及时收集、汇总、分析各方网络安全信息，开展网络安全威胁分析和态势研判，及时通报预警；四是按规定及时通报单位内部，并向网络安全职能部门、保护工作部门等报送预警信息。

（2）落实信息通报预警措施。在开展实时监测基础上，一是对关键信息基础设施的安全风险进行全方位监测预警，根据通报预警内容的重要性和敏感程度，采取不同的通报方式和渠道；二是建设通报预警平台，建立通报预警和接收预警信息的渠道，保障通报预警渠道畅通；三是选择可信可靠的企业、研究机构，建立通报预警协作机制，建立和维护外部合作单位联系列表，当合作单位、合作内容、联系人等发生变化时应及时更新。

（3）信息通报预警主要内容。一是及时汇总、分析和研判各渠道获得的信息，对发现的网络攻击、病毒木马、漏洞隐患、风险威胁等情况及时进行通报预警；二是对网络安全职能部门、保护工作部门、网络安全服务机构通报的安全信息及时进行分析和处置；三是关注国内外及行业关键信息基础设施安全事件、安全漏洞、病毒木马、安全事件处置方法和发展态势等，并对本行业、本单位关键信息基础设施安全性进行研判分析，及时发出预警；四是加强信息共享和合作，及时交流漏洞信息、威胁情报信息、工作经验、管理和技术措施等内容。

（4）制定信息通报预警规范。根据《网络安全事件分类分级指南》等标准，制定适合本机构的预警信息分级规范；参考《网络安全预警指南》，建立一套快速响应机制，明确不同级别预警信息的处理流程，确保在发生重大网络安全事件或威胁风险时能够迅速做出反应；建立综合评估机制，定期对监测预警情况进行分析评估，以便及时优化和调整通报预警策略、方法和渠道。

3. 向社会公开发布预警的总体要求

（1）网络安全职能部门应按照有关规定，通过各种渠道及时向社会发布网络安全风险预警，包括发布网络安全预警性、风险性、提示性信息，以便于社会大众、有关机构和组织及时采取措施，应对网络安全威胁风险，消除安全隐患，保护人民群众的合法权益和利益。

（2）向社会发布的预警信息包括：涉及社会公众的网络攻击事件、有害程序传播事件、信息破坏事件、网络产品和服务安全隐患、具有风险提示意义的案件；有利于提高社会公众网络安全防范意识的信息，其他需要向社会发布的网络安全预警信息。

（3）预警等级。参照《国家网络安全事件应急预案》规定，按照影响范围、危害程度和紧急情况，向社会发布的网络安全事件预警信息分为四级，由高到低依次为红色预警、橙色预警、黄色预警和蓝色预警，分别对应发生或可能发生特别重大、重大、较大和一般网络安全事件。

（4）预警信息来源和发布渠道。预警信息来源包括网络安全职能部门、行业主管部门、网络运营者、网络安全企业、研究机构、专家、其他社会资源。发布渠道包括网络媒体、电视台、广播电台、移动端媒体等。

4. 建设监测预警平台，支撑关键信息基础设施监测预警业务开展

建立监测预警能力，除了构建关键信息基础设施监测预警体系，还要建设监测预警平台，包括监测预警一体化管理、安全监测智能化分析、主机监测、网络日志监测、重要业务监测、网络流量监测等模块，支撑监测预警业务开展，并实现监测预警的一体化管理，如图 3-6 所示。

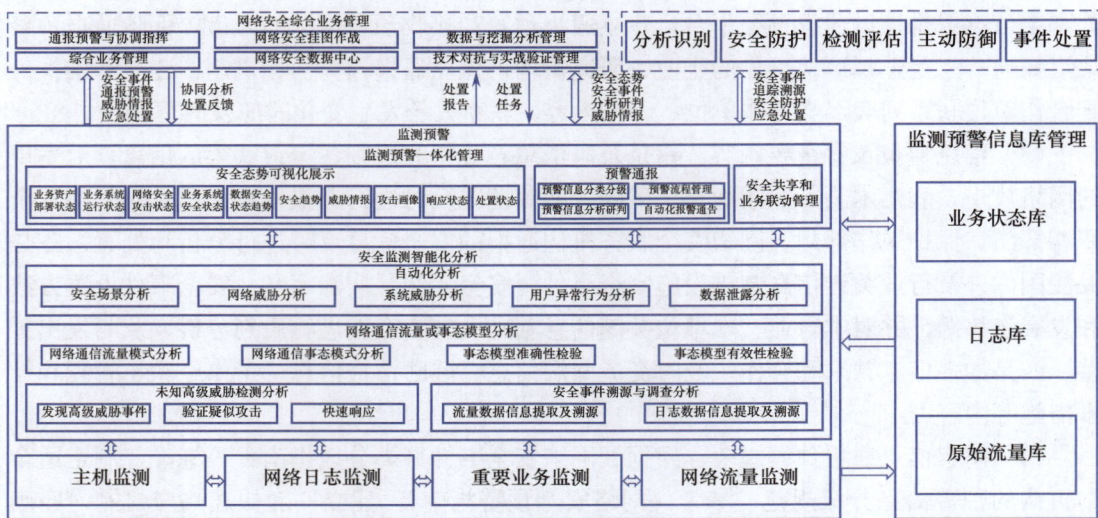

图 3-6 关键信息基础设施监测预警的技术措施

研发应用网络安全监测预警平台，实现下列目标：

（1）对关键信息基础设施开展实时监测，发现网络攻击和安全威胁，并与安全防护、检测评估、主动防御、事件处置等业务密切配合，有效遏制和应对网络安全重大事件。

（2）开展风险威胁建模，实时感知网络安全态势，结合安全事件分析研判、通报预警、应急处置等能力的一体化管理，提升安全事件和风险的预知预判、预警预防能力，提高网络安全态势掌控能力和水平。

（3）利用网络安全监测预警平台，将机构、人员、制度、管理、技术、流程有机结合，从安全事件的事前、事中、事后三个维度综合布局，形成工作闭环，实现网络安全运营的智慧化、自动化，提高安全运营能力、态势感知能力、攻击溯源能力和综合防御能力。

网络安全监测预警平台的主要功能：

（1）实施监测预警一体化管理。监测预警一体化管理模块由安全态势可视化展示、预警通报、安全共享和业务联动管理三部分组成。利用安全态势可视化展示模块，实时呈现业务资产部署状态、业务系统运行状态、网络安全攻击状态、业务系统安全状态、数据安全状态趋势、安全趋势、威胁情报、攻击画像、响应状态和处置状态。预警通报模块包括预警信息分类分级、预警信息分析研判、预警流程管理、自动化报警通告。

（2）开展安全监测智能化分析。安全监测智能化分析模块具有数据全面采集、大数据融合处理、网络攻击深度检测、智能化深度挖掘分析等能力。一是利用自动化技术手段，建立自动化分析机制，汇总整合、关联分析所有监测信息和线索，包括安全场景分析、网络威胁分析、系统威胁分析、用户异常行为分析和数据泄露分析，建设安全监测智能化分析能力，并进行综合研判，形成有价值的威胁情报。二是建立网络通信流量或事态模型，分析网络通信流量或事态模式，检验事态模型的准确性和有效性。三是通过威胁情报库及关联安全事件，对攻击者进行画像，建立对未知威胁的检测能力，及时发现高级威胁事件，验证疑似攻击，辅助安全运营人员进行快速响应；四是提升安全事件溯源与调查分析能力，重大网络安全事件发生后，需要对攻击环节中涉及的流量及日志数据进行信息提取及溯源。

（3）开展监测预警信息库管理。一是对主机监测、网络日志监测、重要业务监测、网络流量监测等产生的数据信息进行统一管理，形成监测预警的业务状态库、日志库、原始流量库等，具备多源异构安全数据统一采集、存储与综合管理的能力，将威胁分析所需的各类安全数据进行统一采集、处理和存储，实现安全大数据的高效处理，形成监测预警信息库管理能力；二是建设业务状态库，实现安全状态、运行状态、数据流动的数据信息采集、存储与使用；三是建设日志库，实现网络设备日志、安全设备日志、网络链路日志等的存储与管理；四是建设原始流量库，全采集互联网出入口、内外网连接处、内网重要节点等位置的流量数据，并进行存储、使用和管理。

3.4.6　关键信息基础设施安全保护的技术对抗能力

网络安全的本质是技术对抗，是攻防双方的谋略斗争、智慧较量和对抗反制过程。国家网络安全提档升级跨进新时代，对网络安全提出新要求。新时代网络安全最显著的特征是技术对抗，应树立新理念、采取新举措，在技术对抗和斗争中赢得主动。因此，要从实战角度建立技术对抗体系，包括收敛暴露面、发现攻击并阻断、开展攻防演练和威胁情报工作等，实施"挂图作战"，提升技术对抗能力和整体防御能力。为提升技术对抗能力，提出如下总体要求：

1. 科学合理设计网络整体架构，解决基础安全问题

采取"分区分域、专网专用、横向隔离、纵向认证"策略。

（1）网络分区。根据业务和安全需要、现有网络或物理地域等因素，将网络划分为不同的安全区域。

（2）域间隔离，根据系统功能和访问控制关系，每一个区域设置独立的隔离控制手段和访问控制策略。

（3）纵向认证。在纵深防护上采用认证、加密、访问控制等技术措施，实现数据的远距离安全传输和纵向边界的安全防护，防止被层层突破。

（4）强化网络边界防护。落实互联网、业务内网等网络的边界监控措施，严防发生违规外联。

（5）落实安全准入管理措施。梳理互联网接入，建立网络交互台账，梳理对外服务接口，对网络应用进行集中化、集约化建设，落实统一防护策略，加强远程办公和移动应用访问控制管理。

（6）缩减和归并互联网出口。在设计互联网出入口时，网络运营者分支机构应向上或就近归集管理，减少互联网出入口数量，在互联网出入口部署安全防护设备。对于采用

VPN 方式归集的，应落实流量控制、身份鉴别等安全措施。

2. 收敛互联网暴露面，有效管控网络攻击点

（1）识别并减少互联网和内网资产的互联网协议地址、端口、应用服务等暴露面，避免在互联网上暴露组织架构、邮箱账号、组织通信录等内部信息，防范社工攻击。

（2）禁止在公共存储空间（例如代码托管平台、文库、网盘等）存储网络拓扑图、源代码、互联网协议地址规划等重要技术文档，防范被攻击者利用。

（3）清除暴露在互联网上的敏感信息，监控特权账户，清理僵尸账户；关停废弃老旧资产，识别未知资产。建立动态资产台账，掌握资产分布与归属情况，下线过期资产，清理无用账户。

（4）压缩网站数量，加强域名管理，梳理互联网网站，排查历史域名，及时清除废弃域名，实现在线应用系统全部可管、可控。

（5）加强终端控制，部署终端统一管控措施，及时修补漏洞。

（6）强化用户管理，集中管控用户操作行为日志，加强特权用户设备及账号的自动发现、申领和保管。

（7）加强 App 管理。根据移动业务需求，梳理现有移动端 App 状况，按照最小化原则，归集建设与压缩，加强 App 和应用后端的安全检测与防护，严格控制信息外泄。

（8）加强安全教育培训，提升全员安全防范意识，提高社工识别能力，防范钓鱼攻击。

3. 及时发现网络攻击，有效实施阻断

（1）部署探针和蜜网，模拟真实业务场景，及时发现、诱捕和阻断攻击，有效反制攻击活动。

（2）全面收集安全日志，智能化构建攻击模型，及时对网络攻击活动开展溯源、勘查取证，对攻击者进行画像，发现攻击路径、攻击目标，为案件侦查、事件调查提供支持。

（3）系统全面地分析网络攻击意图、技术与过程，进行关联分析与还原，并以此优化和改进安全保护策略及措施。

（4）针对监测发现的攻击活动，分析网络攻击的方法、技术和手段，针对各类攻击，采取有针对性的防护策略和技术措施，采取捕获、干扰、阻断、封控、加固等多种技术手段，切断攻击路径，快速处置网络攻击。

（5）采取纵深防御措施，落实区域边界隔离、接入认证、主客体访问控制等措施，建立网络访问规范，设置多道防线。

（6）梳理网络核心资产，采取精准防护措施，对核心系统进行精准防护，对云计算平台、堡垒机、域控服务器等核心系统在主机层部署防护手段，实现主机内核加固、文件保护、登录防护、服务器漏洞修复、系统资源监控等安全防护功能。

（7）开展各类终端系统集中管理，强化堡垒机、运维管理系统、云管平台等集权系统的访问控制措施，落实访问白名单机制、双因素认证等措施。

（8）对网络实施精细化管控，将混杂在一起的流量分成管理、业务、应用等不同维度

进行管理，通过设备指纹、人机识别等技术手段保障业务正常开展，精准拦截各种攻击。

4. 定期组织开展攻防演练和沙盘推演，有力提升技术对抗能力

（1）立足应对大规模网络攻击，平战结合，加强网络备战，围绕关键业务、运行安全和数据安全设定演练场景，定期组织开展实网攻防演练，针对攻防演练中发现的网络安全深层次问题隐患及时进行整改，消除结构性和全局性风险。

（2）演练时以网络运营者为防守方，将关键信息基础设施设为攻击目标，组建安全可靠、技术过硬的攻击队伍、应急处置队伍、技术支持队伍，模拟多种形式的攻击手法进行攻防演练，以攻促防，增强网络攻防技术对抗和谋略斗争能力，检验网络安全防护的有效性和应急处置能力，检验国家网络安全战略、法律、政策落实的有效性，增强保护弹性。

（3）关键信息基础设施跨组织、跨地域运行的，应建立公安机关牵头，保护工作部门、网络运营者、网络安全企业参加的协同演练机制，将关键信息基础设施核心供应链、紧密上下游产业链等业务相关单位纳入演练范畴，强化合成作战。

（4）创新网络攻防演练的内容和方式，形成多层次、体系化、常态化的演习机制，适时开展对抗演习。深入研究并收集网络攻击工具、方法、技术、手段，研究攻击者常用的方法，从攻击者的视角，探索如何将攻防演练的手段方法应用于关键信息基础设施安全防护、安全监测、通报预警，优化完善网络安全防护方法。

（5）在不适合开展实网攻防演练时，采取沙盘推演和专项演习等方式进行攻防演练。

5. 加强网络安全威胁情报工作，提升主动应对威胁的能力

建立网络安全威胁情报体系和情报分析研判机制，组织开展关键信息基础设施威胁情报工作。

（1）建立威胁信息搜集机制和搜集队伍，利用各种渠道和技术手段，发挥技术支撑力量资源优势，密切跟踪行业领域网络安全威胁动向，全面搜集网络攻击动向、高危漏洞、重大威胁隐患等高价值信息。

（2）建立机构内部网络安全威胁信息共享机制，开展威胁信息搜集、加工、处置工作。

（3）与公安机关、保护工作部门、业务指导部门、网络运营商和安全服务商等建立外部威胁信息共享机制，拓宽威胁信息来源。

（4）建立威胁信息分析研判机制，及时整合分析各方威胁信息，挖掘行动性、预警性威胁线索，形成有价值的威胁情报。

（5）以威胁情报为引领，及时预警网络攻击活动，及时追踪溯源并开展反制，查找防护薄弱点，组织实施安全整改加固。

（6）与网络安全职能部门协同联动，实现跨行业领域的联防联控，有效防范大规模网络攻击活动，及时发现苗头动向、及时预警防范。

（7）依托大数据分析技术，实现安全数据、环境数据、情报数据的关联分析，精准发现设备、系统、数据间的内在线索，定位攻击源，溯源事件过程和攻击路径。

6. 加强联防联控机制建设，提升联合应对网络攻击的能力

（1）建立协同联动、信息共享与会商决策机制，充分发挥行业技术支持力量、科研机构、网络安全企业等各方的积极性、主动性和创新性，调动内部和外部力量，落实协同联动措施，提升联合应对重大威胁的能力。

（2）建立联防联控机制，机构内部网络安全职能部门牵头，建立包括网络规划建设、业务应用、技术实施、运营运维、综合管理等部门的内部联防联控机制；与行业内上下级单位、直属机构建立纵向联防联控机制；与公安机关等网络安全职能部门、横向合作单位、技术支撑单位建立横向联防联控机制；将内部、纵向、横向三方面机制有机结合，形成一体化联防联控机制。

（3）联合科研院所、网络安全企业等多方资源力量，开展技术攻关、技术监测、技术检测和应急演练等活动，提升监测发现、分析研判、应急响应、追踪溯源等能力。

7. 建设技术对抗平台，支撑关键信息基础设施技术对抗业务开展

建立技术对抗能力，除了落实上述技术对抗的总体要求，还要建设技术对抗平台，支撑技术对抗业务开展，并实现技术对抗的一体化管理，如图 3-7 所示。

（1）技术对抗一体化管理。包括技术对抗可视化展示、安全业务综合管理、数据和业务智能聚合三个模块。一是对业务资产部署状态、业务系统运行状态、网络安全攻击状态、业务系统安全状态、数据安全保护状态、攻击路径图谱测绘、响应状态、处置状态等进行可视化展示；二是通过技术对抗管理、攻防演练任务管理、威胁情报共享、安全信息共享和业务联动管理实现安全业务综合管理；三是利用数据和业务智能聚合模块，实现技术对抗业务对接、技术对抗数据对接、技术对抗信息库管理，并与分析识别、安全防护、检测评估、事件处置等业务实现数据交互和业务对接。

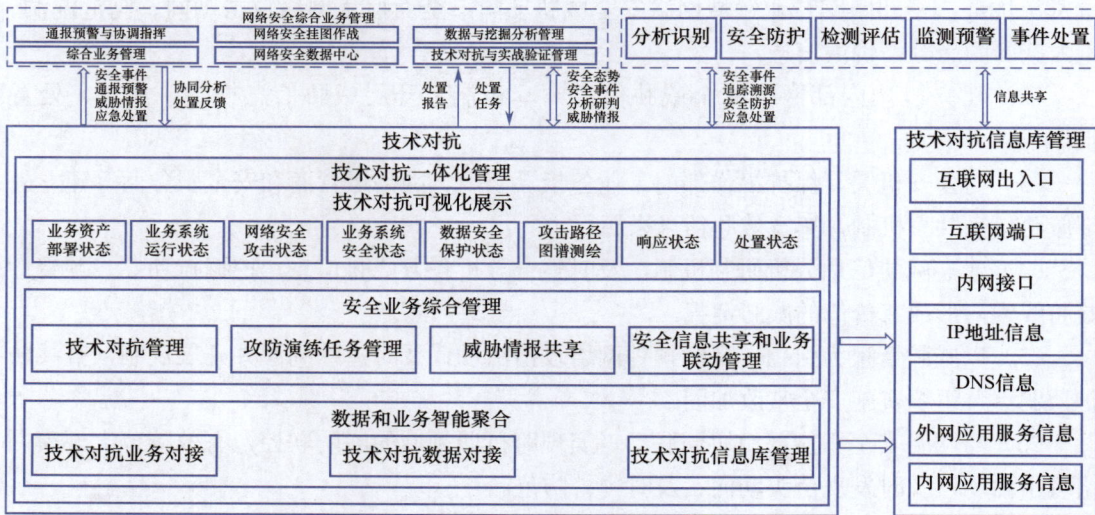

图 3-7　关键信息基础设施技术对抗的技术措施

（2）技术对抗信息库管理。建立技术对抗综合信息库，覆盖互联网出入口、端口、内网接口，以及 IP 地址信息、DNS 信息、外网和内网应用服务信息等关键要素。利用技术对抗综合信息库，有效支持关键信息基础设施安全保护，优化互联网出入口，强化域名和终端控制，加强数据防泄密措施，淘汰过时资产，降低网络攻击风险。利用靶场演练中产生的技术对抗数据和网络攻击诱捕所收集的攻击方法与手段等信息，验证当前防护策略和技术措施的有效性，优化和完善网络安全防护体系，提升应对网络安全突发事件的能力。将攻防演练、沙盘推演等获取的数据、经验，作为关键信息基础设施安全岗位人员的培训内容，提升其应急响应能力和实战能力。

3.4.7　关键信息基础设施安全保护的事件处置能力

事件处置是保护关键信息基础设施运行安全、数据安全的关键环节，包括制度建设、总体要求、技术保障等内容。

1. 建立关键信息基础设施安全事件处置相关管理制度

（1）网络安全事件管理制度。一是明确网络安全事件管理的组织架构，不同网络安全事件的分类分级，不同类别、级别及特殊时期事件处置的指挥流程、处置要求和响应流程等；制定应急处置预案，建立网络安全事件管理文档。事件处置和管理制度应符合国家联防联控相关要求，及时通报和报告，按照要求将信息共享给相关方。二是网络安全事件管理制度应明确为事件处置提供相应资源，包括组建专门事件应急处置队伍、技术支撑队伍、专家队伍，为事件处置提供有关装备、工具、经费等保障。三是网络安全事件管理制度应明确按照有关规定，参加相关部门组织开展的网络安全应急演练、应急处置活动，配合公安机关开展案件侦办，提升网络安全事件处置能力。

（2）网络安全事件分类分级管理制度。按照《网络安全事件分类分级指南》等国家有关标准规范，建立网络安全事件分类分级管理制度。一是综合考虑网络安全事件的起因、威胁、攻击方式、损害后果等因素，将网络安全事件分为 10 类，包括恶意程序事件、网络攻击事件、数据安全事件、信息内容安全事件、设备设施故障事件、违规操作事件、安全隐患事件、异常行为事件、不可抗力事件和其他事件等。二是按照事件影响对象的重要程度、业务损失的严重程度和社会危害的严重程度三个要素，将网络安全事件分为 4 个级别，包括特别重大事件、重大事件、较大事件和一般事件，由高到低分别为一级、二级、三级和四级。事件影响对象主要包括网络系统、通信网络设施和数据等。

（3）网络安全事件报告制度。按照国家有关网络安全事件处置要求，建立网络安全事件报告制度。一是关键信息基础设施一旦发生重大和特别重大网络安全事（案）件或者发现重大网络安全威胁，运营者应及时向保护工作部门、网信部门和公安机关报告，及时组织研判，形成事件报告并上报；二是保护现场和证据，开展应急处置，协助配合公安机关开展调查处置和侦查打击；三是按照有关要求和规定，及时将安全事件通报给内部有关部门和人员，以及供应链涉及的与事件相关的其他组织。特别重大网络安全事件或者特别重大网络安全威胁包括：关键信息基础设施整体中断运行或者主要功能发生故障，人口、医疗、教育、自然资源、经济等国家基础信息及其他重要数据泄露，较大规模公民个人信息遭泄露，违法信息较大范围传播影响国家安全和社会稳定，给国家、单位或人民群众带来较大经济损失的事件等。

2. 关键信息基础设施安全事件处置的总体要求

（1）制定网络安全应急预案并定期演练。一是立足于主动预防，加强网络安全应急处置体系建设和应急力量建设，储备应急资源，提升网络安全预知预判、预警预防和应急指挥能力。二是在国家网络安全事件应急预案的框架下，针对关键信息基础设施可能遭受的网络攻击、数据泄露等突出情况，制定关键信息基础设施安全事件应急预案，完善应急处置机制。应急预案内容包括：一旦网络系统中断、受到损害或者发生故障，需要维护的关键业务功能，并明确遭受破坏时恢复关键业务和恢复全部业务的时间；本机构应急事件的处理，以及多个运营者间的应急事件的处理；与内部相关计划和外部服务提供者的应急计划进行协调的事项；非常规时期或遭受大规模网络攻击时的处置流程。三是按照应急预案定期开展应急演练，熟练掌握处置规程和方法；跨组织、跨地域运行的关键信息基础设施，应定期组织或参加跨组织、跨地域的应急演练。四是根据演练情况，适时对应急预案进行评估、修订和完善，并持续改进。

（2）事件处理和恢复要求。当发生网络安全事件时，一是及时启动应急预案，按照事件处置流程、方法和要求开展事件处理，恢复关键业务和网络系统正常运行。二是按照先应急处置、后调查评估的原则，在事件发生后及时收集和固定证据，按要求进行取证分析。三是在恢复关键业务和网络系统后，应对恢复情况进行评估，运营者应与公安机关、专家、技术支持单位共同查找分析事件原因、安全保护方面的差距和不足，优化完善安全策略和措施，防止事件再次发生。四是在开展事件处理时，应协调组织内部多个部门和外部相关机构，以便快速进行事件处理，并将事件处理活动的经验教训纳入事件响应规程、培训及测试内容，并对相应保护措施、事件处置流程等进行调整和完善。五是当发生网络攻击事件时，应及时开展应急处置，按照有关操作规程保护现场、留存相关记录线索，并向公安机关报案，配合公安机关开展固证溯源、调查处置和侦查打击。六是事件处理完后，应及时形成完整的事件处理报告，报告公安机关、保护工作部门等有关部门，并将事件处置情况和处置结果通报有关部门和人员、供应链涉及的其他组织等。事件处理报告主要包括：事件发生原因、处置过程、处置结果、事件处理记录、与取证相关的其他信息、评估事件细节和趋势等。

（3）重新开展分析识别工作，完善安全措施。应根据检测评估、监测预警、应急演练等活动中发现的安全问题隐患，以及发生的安全事件和处置结果，结合安全威胁和风险变化情况开展关键信息基础设施安全评估。根据需要，重新组织开展业务、资产和风险识别工作，并调整安全保护策略，完善安全措施，提升安全措施的有效性和针对性。

3. 建设事件处置平台，支撑关键信息基础设施事件处置业务开展

建立事件处置能力，除了落实上述事件处置的制度建设和总体要求，还要建设事件处

置平台，采取相关技术措施，支撑事件处置业务开展，并实现事件处置的一体化管理，如图 3-8 所示。

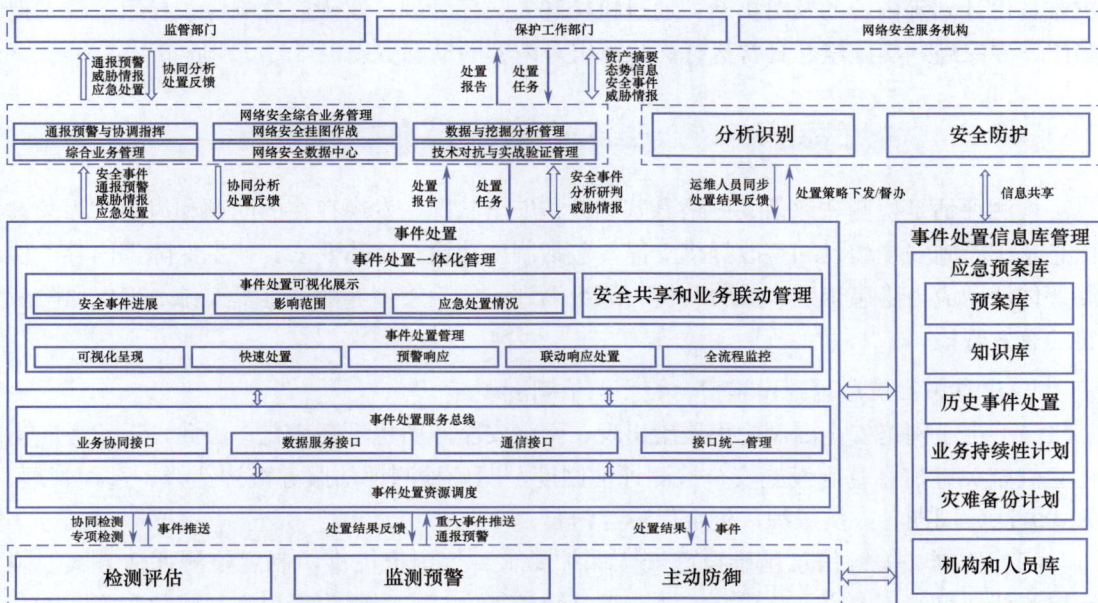

图 3-8 关键信息基础设施事件处置的技术措施

（1）事件处置能力设计框架。一是建立跨部门、跨地区、跨层级的网络安全事件处置指挥体系，整合机构内各单位和人员、装备和手段等资源。二是通过装备和手段，及时快速调动技术支撑单位、网络安全厂商及网络安全专家，对事件进行分析研判，支撑应急响应。三是通过事件处置服务总线，打通事件处置与检测评估、监测预警、技术对抗的业务协同接口、数据服务接口、通信接口，并实现接口的统一管理。四是采取自动化事件报告技术措施、分析研判技术措施、自动化编排响应技术措施，协助生成事件报告、支撑决策人员开展事件研判等活动和应急响应，实现对各类资源的统筹调度、情报共享、协同联动。五是采用邮件、平台、专用 App 等技术手段，及时调度资源和力量处置安全事件并通报。

（2）事件处置一体化管理。一是利用可视化方式，实时呈现网络安全监测情况、网络安全事件情况，呈现内容包括安全事件进展、影响范围、应急处置情况等。二是利用事件处置管理模块，实现事件处置可视化呈现、快速处置、预警响应、联动响应处置、全流程监控。三是利用安全共享和业务联动管理模块，与分析识别和安全防护活动进行业务交互，共享事件处置结果数据。四是利用安全共享和业务联动管理模块，实现与分析识别、安全防护、检测评估、监测预警、技术对抗等活动的数据交互与业务对接。五是利用事件处置服务总线，实现事件处置一体化管理，从常态化安全运营需求出发，整合技术、工具、服务、流程等要素，打通网络安全预防、保障、监控、应急等流程，实现主动、动态、整体的一体化管理。

（3）事件处置资源调度。利用事件处置资源调度模块，实现事件处置信息库动态更新与管理；通过应急预案库管理，实现预案库、知识库、历史事件处置、业务持续性计划、灾难备份计划等内容的及时更新；通过机构和人员库管理，实现应急响应领导组、技术保障组、专家组、实施组、日常运行、联络组等内容的动态更新。

3.4.8 关键信息基础设施安全保护的检测评估能力

检测评估是检测和评估关键信息基础设施安全状况、发现存在的问题和风险，为关键信息基础设施安全建设和整改提供支撑，包括制度建设、总体要求、技术保障等内容。检测评估活动应与隐患识别、威胁分析、等级测评、风险管理等活动统筹安排，确保风险威胁的有效管控。

1. 建立关键信息基础设施安全检测评估制度

（1）由于网络安全漏洞隐患屡屡出现、网络安全威胁也不断变化，因此，运营者应当建立健全关键信息基础设施安全检测评估制度，明确检测评估服务机构选择、过程管理、方式方法、周期、人员组织、资金保障等内容。

（2）依据《关键信息基础设施安全保护要求》等国家标准，制定检测评估方案，确定检测评估目的、内容、流程、方法、工具装备等内容，明确隐患识别、威胁和脆弱性分析、风险评估、风险管理的要求。组织技术力量或委托安全检测评估机构，每年至少开展一次关键信息基础设施安全检测和风险评估。

2. 关键信息基础设施安全检测评估的总体要求

（1）在每年开展一次网络安全等级保护测评的基础上，运营者应自行或者委托网络安全检测评估机构，每年对关键信息基础设施安全性和可能存在的风险进行一次检测评估。也可将等级测评与安全检测评估结合起来进行。当涉及多个运营者时，应共同研究制定检测评估方案，定期组织或参加跨运营者的关键信息基础设施安全检测评估。

（2）检测评估内容包括网络安全法律法规、政策、制度的落实情况，组织机构建设情况、人员和经费投入情况、教育培训情况，网络安全等级保护制度落实情况、密码应用安全性评估情况、管理措施落实情况、技术防护情况，应急演练和攻防演练情况等。对于跨系统、跨区域、跨部门的关键信息基础设施，还应重点检测数据传输流动、网络边界保护，及其关键业务流动过程中所经资产的安全防护情况。

（3）针对检测评估发现的问题隐患和风险，结合等级测评、自查自检、案（事）件分析、攻防演练等活动发现的问题和风险隐患，以及获得的威胁情报，综合考虑制定安全整改方案，实施整改加固，及时消除和化解威胁关键信息基础设施安全的重大风险；不能立即整改到位的，要采取有效措施管控安全风险，着力防范各类风险隐患联动交汇、累积叠加，守住安全底线。

（4）对于新建关键信息基础设施，应在上线先开展检测评估，通过后再上线运行。对于关键信息基础设施的改建、扩建，及其系统架构、关键业务、范围等发生重大变化时，应委托网络安全检测评估机构进行检测评估，分析评估关键业务链、关键资产等方面的变更情况，以及由此带来的风险隐患变化情况，并依据风险变化和发现的安全问题开展整改，整改合格后方可上线运行。

（5）经有关部门批准或保护工作部门委托，检测评估机构可以针对特定的业务系统或系统资产，采取不事先告知的方式，在确保安全的前提下，对关键信息基础设施进行渗透攻击测试，以检验其在面对实际网络攻击时的防护能力和响应处置能力。

（6）网络安全职能部门或保护工作部门对关键信息基础设施开展检查、技术检测时，运营者应密切配合和支持，系统地汇报关键信息基础设施保护工作情况，提供相关材料。针对检查、技术检测中发现的安全问题和风险隐患，及时开展整改，消除安全风险隐患。

（7）加强对检测评估过程的管理，与检测评估机构签署保密协议，检测评估机构提交安全承诺书，对检测过程、检测人员实施监督，确保检测过程安全可控、检测结果客观公正。

3. 关键信息基础设施安全检测评估的具体流程和方法

关键信息基础设施安全检测评估活动包括单元测评、关联测评、整体评估和测评结论四个环节，如图 3-9 所示。由于关键信息基础设施通常由一个或多个等级保护对象构成，因此，关键信息基础设施安全检测评估应在其包含的所有等级保护对象开展等级测评之后进行，以便复用等级测评结果。

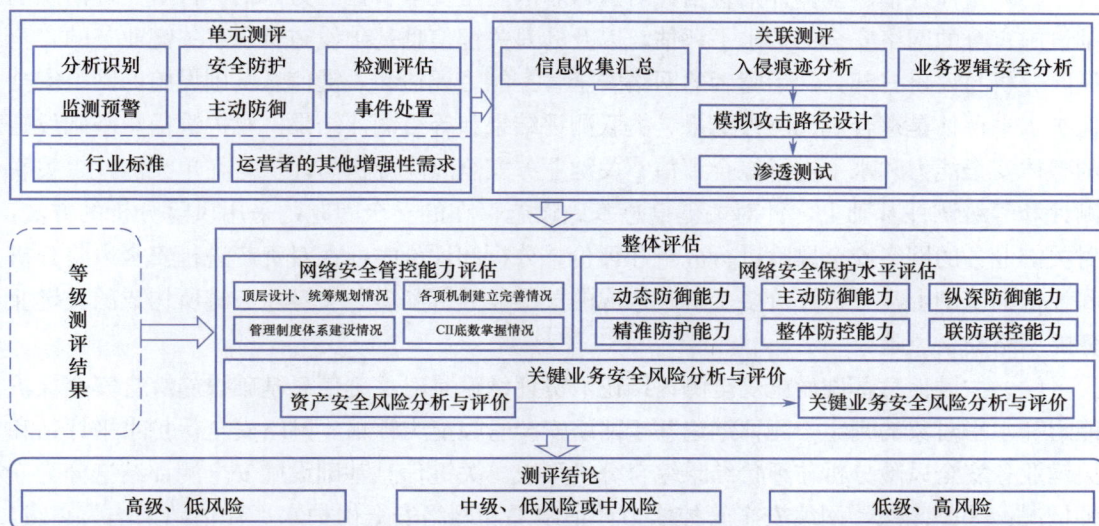

图 3-9　关键信息基础设施安全检测评估流程

关键信息基础设施安全检测评估是针对关键信息基础设施及其运营者开展的，以发现其现存的或潜在的影响国家网络安全的风险为目的的网络安全风险和能力判定。而网络安全等级测评则是针对等级保护对象开展的，以确定其是否满足相应安全保护等级要求为目的的合规测评。二者在测评目的、测评依据、测评范围、测评性质、测评内容、测评结果等方面均存在差异。

（1）单元测评。针对《关键信息基础设施安全保护要求》（GB/T 39204—2022）中各安全子类（包括分析识别、安全防护、检测评估、监测预警、主动防御、事件处置）和运营者自定义的特殊安全子类的测评称为单元测评。单元测评是关键信息基础设施安全检测评估的基础活动，包括测评指标、测评实施和结果分析三部分。通过单元测评可以识别出关键信息基础设施针对《关键信息基础设施安全保护要求》提出的要求，在单点上已采取的安全措施的有效性和存在的安全问题。单元测评结果分析，一方面可以输出安全问题，作为关联测评中模拟攻击路径设计及渗透测试、整体评估中资产安全风险分析与评价的基础；另一方面可以输出已采取的安全措施，作为整体评估中运营者的网络安全管控能力评估和关键信息基础设施的网络安全保护水平评估的基础。

（2）关联测评。关联测评是在单元测评结果的基础上，结合已知的和潜在的风险集、关键信息基础设施的业务场景、所属领域已知安全事件、可能面临的威胁等，对关键信息基础设施实施的综合性安全检测评估，包括信息收集汇总、入侵痕迹分析、业务逻辑安全分析、设计模拟攻击路径及测试用例、开展渗透测试等。通过关联测评可以发现关键信息基础设施整体性的安全问题和隐患。关联测评需要与关键信息基础设施的实际业务及信息化情况相结合，测评人员应根据被测关键信息基础设施的实际情况，按照相关标准要求，多角度多层面实施关联测评。

（3）整体评估。整体评估包括针对运营者的网络安全管控能力评估、针对关键信息基础设施自身的网络安全保护水平评估，以及针对关键信息基础设施所承载关键业务的安全风险分析与评价三部分。运营者的网络安全管控能力评估和关键信息基础设施的网络安全保护水平评估是综合单元测评结果、关联测评结果和等级测评结果，对关键信息基础设施的整体安全能力和水平进行综合评估。关键业务安全风险分析与评价是在单元测评、关联测评和等级测评基础上，针对关键信息基础设施存在的安全问题，采用风险分析的方法，对关键业务的网络安全风险进行分析和评价。分析和评价时，在对资产进行安全风险分析和评价的基础上，分析评价多个资产构成的关键业务链和多条关键业务链所构成的关键业务的网络安全风险。

（4）关键信息基础设施安全测评结论。测评结论是对关键信息基础设施综合安全保护能力和水平对象的判定。测评结论基于网络安全管控能力评估、网络安全保护水平评估和关键业务安全风险分析与评价结果综合分析形成。关键信息基础设施安全测评结论分为三种情况：一是高级，网络安全管控能力评估结果和网络安全保护水平评估结果均为高级，且关键业务安全风险分析与评价结果为低风险；二是中级，网络安全保护水平评估结果为高或较高，且关键业务安全风险分析与评价结果为低风险或中风险；三是低级，网络安全保护水平评估结果为一般，或者关键业务安全风险分析与评价结果为高风险。

4. 建设检测评估平台，支撑关键信息基础设施安全检测评估业务开展

建立检测评估能力，除了落实上述制度建设、总体要求、具体流程和方法，还要建设

检测评估平台，支撑检测评估业务开展，并实现检测评估的一体化管理，如图 3-10 所示。

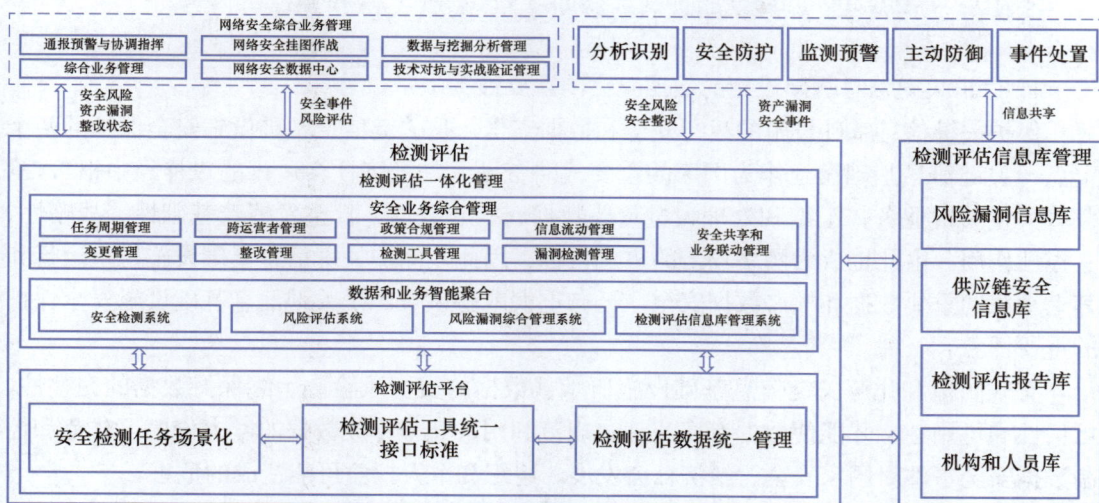

图 3-10 关键信息基础设施安全检测评估的技术措施

（1）建立检测评估一体化管理能力。通过优化整合现有的检测评估相关技术措施和新技术新应用检测评估技术手段，对检测评估业务开展一体化管理。一是实施安全业务综合管理，对检测评估的任务周期、跨运营者、政策合规、信息流动、变更、整改、检测工具、漏洞检测、安全共享和业务联动等进行综合管理。二是实施安全共享和业务联动管理，与网络安全综合业务管理进行数据交互和业务对接，并与分析识别、安全防护、监测预警、主动防御、事件处置等活动进行信息共享和业务联动。三是利用数据和业务智能聚合模块，与安全检测系统、风险评估系统、风险漏洞综合管理系统、检测评估信息库管理系统进行数据交互和业务对接。

（2）配备检测评估相关工具装备，采用流程化管理技术手段，提升检测评估管理能力。一是根据检测评估业务需求，按场景分类，将需求转化为实际使用场景化的检测任务，对任务执行情况进行全程跟踪，清晰了解检测评估任务执行情况和检测评估效果，收集和保存最终检测评估结果，持续跟进检测评估中发现的网络安全问题隐患的整改情况。二是实现各类检测评估工具的对接，形成标准对接接口，便于各类检测评估工具生成的检测评估数据的传输与同步。三是采取检测评估数据管理技术措施，以结构化数据对检测评估活动实施统一管理，包括检测评估活动的人员信息，发现的漏洞、脆弱性和安全风险，以及最终形成的检测报告。四是采取检测评估审计技术措施，对检测评估前、中、后全生命周期的人员及行为进行全程审计。

（3）建设检测评估信息库。利用检测评估信息库，对安全检测、风险评估、漏洞扫描与挖掘等活动产生的安全风险信息和漏洞数据进行统一管理，形成检测评估相关的风险漏洞信息库、供应链安全信息库、检测评估报告库、机构和人员库，并对这些信息库进行综合管理和使用。

3.4.9 关键信息基础设施安全保护的数据安全保护能力

1. 保护关键信息基础设施的数据安全的重要性

保护关键信息基础设施的运行安全和数据安全，是关键信息基础设施安全保护的两个重点。关键信息基础设施作为国家的重要战略资源，是经济社会运行的"神经中枢"，承载着大量关键业务，汇聚和处理大量重要数据、核心数据，日益发挥着基础性、战略性、支撑性作用，由此也成为网络攻击的重点目标。因此，保护关键信息基础设施稳定运行和其上承载的重要数据和核心数据安全，抵御重大威胁风险，是关键信息基础设施安全保护的重要任务。

有效防范和化解关键信息基础设施所承载数据的安全风险，始终保持数据的完整性、可信性和可用性，才能使数据有序流动、规范利用，充分释放数据的巨大价值，防范和控制数据安全事件对国家安全、经济社会发展、组织和个人权益可能造成的危害。

2. 保护关键信息基础设施的数据安全的总体要求

（1）依法落实数据安全法律法规要求。运营者和保护工作部门应按照有关数据安全法律法规和政策要求，开展关键信息基础设施的数据安全保护工作；将数据安全保护制度与网络安全等级保护制度、关键信息基础设施安全保护制度有效衔接，准确把握关键信息基础设施安全和重要数据安全的相互关系，提高关键信息基础设施的数据安全保护工作的针对性、有效性和科学性。

（2）强化风险管控，有效化解数据安全风险。一是从风险管控出发，以问题为导向，将风险意识贯穿于关键信息基础设施的数据保护全流程、各环节。全面梳理关键信息基础设施的数据资产，准确识别数据资产面临的风险，合理确定风险等级，建立基于数据分类分级的数据安全保护策略，明确重要数据和个人信息保护的相应措施。针对资产重要程度和不同等级风险，采取有效的技术保护措施和管理措施。二是建立数据安全管理责任制和评价考核制度，制定数据安全保护计划，实施数据安全技术防护，开展数据安全检测评估，制定数据安全事件应急预案，及时处置安全事件，组织开展数据安全教育和培训。

（3）实施数据全生命周期安全保护。在梳理关键信息基础设施的数据资产基础上，一是将数据流转控制与安全防护相结合，针对数据收集、存储、使用、加工、传输、提供、公开、销毁等各个环节，实施全生命周期安全保护，防止出现保护短板和遗漏。二是明确重要数据、核心数据，在对数据资产实施普适性保护基础上，对重要数据、核心数据采取加强型、特殊型保护措施，严格控制重要数据的使用、加工、传输、提供等关键环节，并采取加密、脱敏、去标识化等技术手段保护敏感数据安全，严格管控其安全风险。三是建立业务连续性管理及容灾备份机制，重要系统和数据库实现异地备份；数据可用性要求高的，应采取数据库异地实时备份措施；业务连续性要求高的，应采取系统异地实时备份措施。四是在关键信息基础设施退役废弃时，按照数据安全保护策略对存储的数据进行处理。五是在我国境内运营中收集和产生的个人信息和重要数据应存储在我国境内，因业务需要确需向境外提供的，按照国家相关规定和标准进行安全评估。

有关数据安全保护制度和有关要求详见第 4 章。

3.4.10 关键信息基础设施安全保护的供应链安全保护能力

供应链安全是网络安全面临的重大风险挑战，应健全完善关键信息基础设施的供应链安全管理制度，落实供应链安全管控措施，提升防范供应链风险的能力，有效防范和控制针对供应链的重大网络安全威胁。

1. 保护关键信息基础设施的供应链安全的重要性

网络攻击依赖于对攻击目标漏洞数量的掌握和对漏洞进行利用的技术和工具，利用供应链实施网络攻击，是网络攻击的重要途径和方法之一。攻击者通过攻击一个机构供应链上的薄弱环节，来攻击这个机构，这一做法被广泛地应用于 APT（高级持续性威胁）攻击。

近年来，运营者大量使用开源软件，而这些开源软件组件往往存在安全漏洞，攻击者只要能够发现开源软件的漏洞，就能发现和利用运营者网络系统中的漏洞，从而实施网络攻击。由于开源软件应用不断增加，软件供应链攻击呈现出不同特点，攻击成本和难度显著降低，攻击范围显著扩大，检测难度高，攻击数量呈持续上升趋势。供应链安全已经成为网络空间攻防对抗的重要方面，直接威胁关键信息基础设施和重要数据安全，因此，保护关键信息基础设施的供应链安全极为重要。

2. 保护关键信息基础设施的供应链安全的总体要求

在关键信息基础设施的规划设计、建设、运维等各环节中，加强对服务商和产品供应商的安全管理，防范供应链安全风险。

（1）制定供应链安全管理策略，在关键信息基础设施全链条和数据全生命周期开展供应链安全风险识别分析，针对威胁风险，制定安全建设策略、风险管理策略、供应商选择和管理策略、产品开发采购策略、安全维护策略等一系列策略，并采取相应措施确保策略落实到位。

（2）建立供应链安全管理制度，落实供应链安全管理部门和安全责任人，加强供应链安全管理的资金、人员和权限等资源保障。加强关键信息基础设施相关产品在设计、研发、交付、使用、废弃等各阶段，以及制造设备、工艺等方面的供应链安全风险排除，加强全链条安全管理，确保产品安全可控。加强互联网远程运维安全评估论证，并采取相应的管控措施。

（3）建立供应链企业安全准入机制，制定供应链企业规范要求，对供应链关键岗位人员进行背景审查，对设计、建设、开发、运维、服务人员制定安全监管措施，明确安全责任和义务。选择有实力、有能力、保障有力的供应商，防止政治、外交、贸易、经济等非技术因素导致产品和服务供应中断。同时要在能提供相同产品的多个不同供应商中选择，以防范供应商锁定风险。采购和使用的网络关键设备、网络安全专用产品和服务，应通过国家规定的检测认证。可能影响国家安全的，应通过国家网络安全审查。

（4）采购网络产品和服务时，应与供应商签订安全保密协议等有关协议，协议内容应包括安全职责、保密内容、奖惩机制、有效期等。或要求供应商签署承诺书，明确供应商的安全责任和义务，承诺不非法获取用户数据、控制和操纵用户系统和设备，或利用用户对产品的依赖性谋取不正当利益，以及迫使用户更新换代。发现使用的网络产品、服务存在安全缺陷、漏洞等风险时，应及时采取措施消除风险隐患，涉及重大风险的，应当按规定向网络安全职能部门等有关部门报告。

（5）定期梳理、更新供应链企业、产品、人员清单，掌握供应链底数，做到底数清、情况明。定期对供应链企业和产品开展安全检查和技术检测，开展源代码安全审计及开源代码和第三方组件安全检测，及时发现和处置重大问题隐患。对于定制开发的软件，应自行或委托第三方网络安全服务机构进行源代码安全检测，或由供应方提供第三方检测机构出具的代码安全检测报告。

3.4.11 关键信息基础设施安全保护的综合保障能力

加强统筹领导和保障，研究解决关键信息基础设施安全机构编制、人员、经费、科研、工程建设等各项保障，特别是设备设施改造升级经费保障。

1. 建立关键信息基础设施安全实战化人才选拔机制，提升网络安全人才队伍实战能力

（1）根据关键信息基础设施安全保护需求，建立网络安全实战化人才发现、选拔、任用、训练机制，坚持培养和引进并举，加强高端人才培养，建设攻防兼备的专门队伍，选好用好特殊人才。突出实战实训，建立"教学练战"一体化的网络安全教育训练体系。组织行业专业力量，参加网络安全大赛，并组织开展行业内部网络安全比武竞赛，不断发现、选拔、培养行业网络安全专业人才，壮大人才队伍，大力提升网络安全人才队伍实战能力。

（2）创新网络安全实战化人才培养模式，加强网络安全实战化人才培养。加强实战型教育训练体系规划，按照教、训、战一体化原则，将教育、实训、实战等环节结合起来，组织制定规划，设立"课程体系建设、师资队伍建设、系列教材建设、实训环境建设、实战能力提升、教育训练模式创新"等重点任务。组织专家力量，加强指导；网络安全职能部门对各项任务落实情况加强检查和督办，确保各项任务落到实处。

（3）加强实战型实训环境建设。实训环境建设是培养实战化人才的重要保障。高等院校和重要网络运营者、公安机关、企业、研究机构等开展实训环境建设，按照"战训结合"原则，共建共享网络攻防实验室、网络靶场、模拟仿真实验室、训练平台等。实训环境应满足实施网络对抗的措施、方法、技术、手段和战术需要，以及检验、验证、展示等重要内容需要。

2. 实施自主可控和创新工程，提高自主可控能力

实施安全可信工程，有效防范和化解供应链带来的网络安全风险。

（1）梳理排查关键信息基础设施中使用的国外网络产品和服务情况，形成资产清单；加强风险管控，从芯片、操作系统、数据库等基础软硬件及防火墙、入侵检测设备等网络安全专用产品方面，逐步实现国产化替代。

（2）优先采购安全可信的网络产品和服务，可能影响国家安全的，应通过国家网络安全审查。

（3）联合科研机构、互联网企业、网络安全企业，组织技术力量，自主研发核心产品和设备，解决关键信息基础设施安全隐患。

（4）利用大数据、人工智能、区块链、可信计算等新技术，在安全防护、监测预警、技术对抗、检测评估、威胁情报、事件处置等方面实现技术突破。

3. 加强网络安全经费保障和信息化手段建设，提升网络安全技术保护能力

加强关键信息基础设施安全保护工作经费保障，通过现有经费渠道，保障关键信息基础设施开展等级测评、风险评估、密码应用安全性检测、演练竞赛、安全建设整改、安全保护平台建设、运行维护、监督检查、教育培训等活动的经费投入。加强数字化、信息化手段建设，提升关键信息基础设施安全智慧化管理能力和水平。支持网络安全技术研究开发和创新应用，推动网络安全产业健康发展。

3.4.12　建设网络安全基地，提升关键信息基础设施安全保护实战化能力

按照"平战结合、战训结合"的原则，在重要领域和重要地区建设网络安全基地，这是国家网络安全重大战略举措。网络安全基地是网络安全领域大科学装置，是保护国家关键信息基础设施安全、国家数字化生态建设最重要的手段，是国之重器，标志着国家网络安全基础设施建设提档升级，为重要行业、领域提供网络安全技术服务、安全管理、技术研究、风险评估、人才培养等全方位服务，打造具有中国特色的关键信息基础设施综合防控体系，提升国家网络安全整体防御能力和水平。

1. 建设网络安全基地的目的

（1）打造新时期国家网络安全领域国之重器和大科学装置，服务于国家安全，提升国家在网络安全领域的整体实战能力。

（2）支撑重要行业部门、重要领域和地区开展网络安全实战行动，提升网络安全综合防御能力和技术对抗能力。

（3）保护数字化生态安全，促进国家数字经济发展、数字政府和数字中国建设、企业数字化转型。

（4）支撑网络安全新技术研发和创新，提升国家网络和数据安全技术创新能力。

（5）支撑网络和数据安全产品研发、网络安全产业孵化，促进网络和数据安全产业发展。

2. 网络安全基地建设内容及内在关系

网络安全基地建设内容包括：网络安全攻防靶场，网络安全模拟仿真实验室，网络安全技术检测鉴定中心，网络安全技术研发中心，网络安全培训交流与展示中心，网络安全产业孵化平台、基地基础设施和安全保护设施。网络安全基地的各部分建设内容紧密衔接、相辅相成，共同构成一个系统高效、密切关联的有机整体。

建设网络安全基地，支撑国家建设网络安全综合防御体系，推动网络安全从防控向主动防御、技术对抗、协同联动方向发展，提升国家网络安全综合防御能力和技术对抗能力，有效应对网络战威胁。同时，构建"产学研用"一体化的创新体系，培养网络安全高层次人才和实战型人才，为国家现代化建设提供坚强有力的网络安全保障。

（1）网络安全攻防靶场。网络安全攻防靶场是基地的首要设施，主要功能包括：一是支撑开展实战演练、沙盘推演、专项演习等实战行动；二是支撑开展攻防对抗演练，提升攻防双方技术对抗能力；三是验证有关攻防技术、产品、武器、战法、战术，为研发提供支撑；四是设置众多场景，建设资源库，为培养各类人才提供环境支撑；五是为技术检测、交流展示、产业孵化、模拟仿真提供支持。

（2）网络安全模拟仿真实验室。主要功能包括：一是将重要行业的网络、重要信息系统、云计算平台、物联网、工业控制系统、移动互联网、大数据中心等关键信息基础设施进行模拟仿真建设，直观表达重要设备设施，支撑基地有关业务活动；二是进行装备验证，验证关键信息基础设施安全保护措施的有效性；三是为攻防靶场实施网络攻防提供贴近真实环境的模拟仿真环境，真实展示攻击对抗效果；四是为技术检测、交流展示、人才培养提供支持。

（3）网络安全技术检测鉴定中心。主要功能包括：一是为有关行业、部门、企业、高校等开展等级测评、风险评估、数据安全检测、密码安全检测、安全认证等服务；二是在技术服务过程中获得第一手网络安全数据、资料和情况，及时发现网络安全问题、隐患、威胁和风险，为技术研发、技术创新、产品研发、产业孵化等提供最直接的数据支撑；三是研发的工具和装备等可以通过技术检测鉴定中心及时进行试用，促进技术迭代升级，提升工具和装备的技术水平。

（4）网络安全技术研发中心。建设网络安全大数据研发平台、网络安全（公共安全）大模型研发平台、人工智能安全研发平台、网络攻防技术研发平台、数据安全技术研发平台等。主要功能包括：一是根据网络安全发展需要，在技术检测数据的支持下，研发有关新产品、新技术、新工具、新装备等；二是利用网络安全攻防靶场和模拟仿真实验室进行验证和检验，提升其技术水平；三是利用网络安全技术检测鉴定中心的业务活动，在技术检测过程中试用新产品、新技术、新工具、新装备；四是将有关新产品、新技术、新工具、新装备通过产业孵化平台进行产业化，推动网络安全产业发展。

（5）网络安全培训交流与展示中心。主要功能包括：一是为重要行业部门、企事业单位、高等院校、科研机构培训各类人才，满足各类人才培训、实操训练需要；二是开展大规模展览展示，为各行各业和社会大众提供平台和场所，进行网络安全意识教育、警示教育和实际指导；三是对网络攻防演练、模拟仿真、技术研发、技术检测等活动进行展示，给参观交流者以全新的引导和指导。

（6）网络安全产业孵化平台。主要功能包括：一是为新技术研发、新产品开发提供成果转化途径，通过技术转化为小微企业提供发展支持；二是推动网络安全技术进步和迭代升级，促进产业发展；三是为国家经济发展注入新动力，产生新活力。

（7）基地基础设施。根据网络安全攻防靶场、网络安全模拟仿真实验室、网络安全技术检测鉴定中心、网络安全技术研发中心、网络安全培训交流与展示中心、网络安全产业孵化平台开展业务的需要，基地建设的基础设施包括算力中心、云计算平台、数据中心基础设施、融合网络、网络安全综合防护体系。

习　题

1. 如何制定关键信息基础设施的认定规则？
2. 如何认定关键信息基础设施？
3. 关键信息基础设施安全保护的总体要求是什么？
4. 简述保护关键信息基础设施的重要方法。
5. 简述关键信息基础设施安全保护的六大环节、四大体系和八大能力。
6. 如何利用综合业务平台支撑关键信息基础设施安全保护？
7. 简要叙述关键信息基础设施安全保护的分析识别能力。
8. 简要叙述关键信息基础设施安全保护的综合防护能力。
9. 简要叙述关键信息基础设施安全保护的监测预警能力。
10. 简要叙述关键信息基础设施安全保护的技术对抗能力。
11. 简要叙述关键信息基础设施安全保护的事件处置能力。
12. 简要叙述关键信息基础设施安全保护的检测评估能力。
13. 简要叙述关键信息基础设施安全检测评估的具体流程和方法。
14. 简要叙述关键信息基础设施安全保护的数据安全保护能力。
15. 简要叙述关键信息基础设施安全保护的供应链安全保护能力。
16. 简要叙述关键信息基础设施安全保护的综合保障能力。
17. 网络安全基地建设的意义和内容是什么？

第 4 章
数据安全保护制度与实施

数据安全是网络安全保护的重要方面，数据安全保护制度与网络安全等级保护制度、关键信息基础设施安全保护制度密切相关。本章介绍数据安全保护制度的主要内容，有关法律、政策、标准，以及相关安全保护措施，使读者全面了解和掌握国家数据安全保护制度。

4.1 法律法规确立数据安全保护制度

1.《数据安全法》确定了数据安全保护制度

2021 年 6 月 10 日，第十三届全国人大常委会第二十九次会议通过《数据安全法》，自 2021 年 9 月 1 日起施行。该法的出台，标志着我国将数据安全保护的政策要求利用法律进行了明确和固化，以法律形式确立了数据安全保护制度，为各地区、各部门加强数据安全保护提供了法律保障。

数据作为关键要素和国家重要战略资源，在国家经济发展和社会进步中越来越发挥着基础性和全局性作用，谁掌握了数据，谁就掌握了未来。随着数字产业化、产业数字化加快建设，数据已经成为政府和企业最核心的资产。数字化是信息技术发展应用的高级阶段，数字经济、数字社会、数字政府、数字中国是数字化发展的重要组成部分，人类社会已进入以数字化生产力为主要标志的全新阶段。《数据安全法》是数据领域的基础性法律，也是国家安全领域的一部重要法律，旨在提升国家数据安全的保障能力和数字经济的治理能力，规范数据处理活动，保障数据安全，促进数据开发利用，保护个人和组织的合法权益，维护国家主权、安全和发展利益。

2.《数据安全法》的主要内容

（1）开展数据领域国际交流与合作，参与数据安全相关国际规则和标准的制定，促进数据跨境安全、自由流动。

（2）全面加强数据开放利用，推进技术和标准体系建设，建立健全数据交易管理制度。

（3）建立数据分类分级保护制度，形成集中、统一、权威的数据安全机制；建立数据安全应急处理机制、数据安全审查制度、数据安全出口管制，根据实际情况采取数据投资贸易反制措施等；健全数据安全基础制度，以数据安全保障数字中国建设、推动数字经济高质量发展。

（4）明确数据安全保护义务，落实数据保护责任，加强数据安全风险监测和评估。

（5）对于国家机关政务数据，建立健全数据安全管理制度，落实数据安全保护责任，及时、准确公开政府数据，构建统一、规范、互联互通、安全可控的政务数据开放平台，推动政府数据开放利用。

3. 数据安全保护与网络安全等级保护的关系

（1）《数据安全法》第二十七条规定，利用互联网等信息网络开展数据处理活动，应当在网络安全等级保护制度的基础上，履行数据安全保护义务。法律将网络安全等级保护制度延伸到数据安全保护领域，表明了网络安全等级保护制度与数据安全保护制度的密切关系，进一步确立了网络安全等级保护制度的基础性作用和地位。

（2）数据安全保护是网络安全等级保护和关键信息基础设施保护的重要内容。《网络安全法》及网络安全等级保护制度、关键信息基础设施安全保护制度，均对数据安全保护提出了明确要求。数据通常存储并运行在网络系统中，是网络系统和关键信息基础设施不可分割的重要组成部分，同时，关键信息基础设施中存储和处理着大量国家重要数据和核心数据。按照《数据安全法》和有关政策要求，数据分为一般数据、重要数据和核心数据，其中，重要数据应落实第三级等级保护要求，核心数据应落实第四级等级保护要求和关键信息基础设施安全保护要求。

（3）数据安全的特殊性。存储和运行在网络系统中的数据，其安全保护和管理与网络安全保护是一个整体，密不可分。在保护措施、保护手段、管理措施、保卫措施等方面，网络和数据安全通常按照整体布局和统筹安排。但数据安全具有特殊性，体现在数据可以交易、买卖、销毁、出境、跨平台跨系统跨境传输等，需要在这些环节和活动中，对数据安全的特殊性予以高度重视，制定相关政策、标准规范，采取相应的管理和技术手段、措施，解决数据全生命周期的安全问题。

4.2　数据安全面临的威胁和挑战

在信息化和数字化时代，数据是国家的基础性、战略性资源，数据安全事关国家政治安全和社会稳定。大数据的双刃剑作用凸显，如何管控好大数据给国家安全带来的风险与挑战，如何科学平衡数据安全与数据流通应用之间的关系，如何构建数据安全综合治理体系，确保重要数据和公民个人信息安全，是必须解决的重要问题。

1. 数据安全所面临的威胁风险

（1）数字化建设所面临的最大威胁是网络攻击。数据安全建设是一个复杂的系统工程，国家加快推进数字经济发展，加快建设数字政府和数字中国。数字化建设面临的最大威胁是网络攻击，数字化在促进我国经济发展的同时，给国家经济安全、社会运行和治理带来了风险与挑战，因此，要高度重视数据安全工作。

（2）数字化时代的网络安全呈现出风险普遍化、集聚化等特征，风险防控难度加大。数字安全风险遍及所有场景，网络安全边界发生重大变化，网络世界和物理世界相融合，万物均可互联，每个设备都可成为攻击点，任何对网络设施的攻击都可以变成对物理世界的危害。

（3）关键数据资源成为网络攻击的重点。数字化时代，数据成为重要生产要素，数字化发展带来大量数据安全问题。产业数字化、公共服务数字化、社会治理数字化使得政务、商务数据和个人信息数据爆发增长、海量汇聚，数据资源量大、多源、跨平台流动和开放共享，成为网络入侵攻击和窃密的重点目标，关键数据资源、商业秘密和个人隐私泄露风险突出。

（4）网络攻击专业化、智能化程度提高。数字化时代，新形态网络广泛应用，网络安全边界逐渐模糊，网络接入设备多样化，除了手机、电脑、可穿戴设备，还有车联网、智能制造、智能家居等，各种网络安全漏洞、后门层出不穷，网络攻击切入点更加多样，攻击的专业化、智能化、自动化水平更高，常规的网络安全管理、监测、防护措施和设备设施面临挑战。

（5）数据安全保障不足。数据安全保护任务繁重，但政府有关部门、重要行业、央企、互联网企业的数据安全专门机构和专业人员明显不足，大多数单位负责数据安全工作的是兼职人员。一些数字化建设项目没有配套的数据安全建设经费，数据安全保护经费难以得到保障。

2. 数据安全存在的问题隐患

（1）数据大集中、大流动、大应用，客观上造成数据保护困难、网络攻击容易。我国数据安全问题隐患突出，数据遭攻击、窃取、破坏等案（事）件高发，一些单位发生数据安全案（事）件后隐瞒不报。

（2）数据安全意识差，数据重应用轻安全的老问题依然突出，数据安全保护仍然滞后于数字化建设与应用。缺乏创新性措施，主管责任、主体责任、监管责任、第三方服务责任等四方责任落实不到位。

（3）数据安全综合防御体系和治理体系尚未建立。数据安全防护缺乏整体性、综合性措施，整体合力未形成。数字化时代的网络攻击、数据窃取更加精准，隐秘性、破坏性强，在应对智能化、专业化网络攻击和数据窃取等方面，传统的防护手段和措施难以适应数字化时代要求。

4.3 数据分类分级方法

《数据安全法》规定，国家建立数据分类分级保护制度，根据数据在经济社会发展中的重要程度，以及一旦遭到篡改、破坏、泄露或者非法获取、非法利用，对国家安全、公共利益或者个人、组织合法权益造成的危害程度，对数据实行分类分级保护。

1. 数据分类分级的目的

数据分类分级是数据安全保护中的首要环节和重要基础，类似于网络安全等级保护制度的网络分级，其目的在于依法对数据资源实施精细化管理和控制，在数据保护和数据应用之间寻找平衡点，即加强对重要数据、核心数据的安全保护，同时对一般数据加大应用力度，发挥数据最大价值，支持数字经济发展和数字中国建设。数据分类分级之后，根据不同级别采取不同的防护措施，从而实现对数据的充分保护和应用。

2. 数据分类分级流程

数据处理者应按照国家和行业领域数据分类分级规范要求，参考以下步骤对数据进行分类分级：

（1）梳理数据资产。对数据资产和数据应用情况进行全面梳理，明确所属行业领域，确定待分类分级的数据资产的范围和对象。

（2）制定分类分级规范。按照国家和行业领域数据分类分级标准规范，结合数据处理者自身数据特点，制定数据分类分级规范，确定具体的数据分类分级方法。

（3）对数据进行分类。根据数据分类分级规范和方法，对所有数据进行分类，并对公共数据、个人信息等特殊类别数据进行识别和分类。

（4）对数据进行分级。根据数据分类分级规范和方法，对所有数据进行分级，识别确定核心数据、重要数据和一般数据，形成数据分类分级清单、重要数据和核心数据目录。

（5）审核并上报目录。对数据分类分级结果进行审核，并对数据进行分类分级标识，按有关规定和程序报送重要数据和核心数据目录。

（6）动态更新管理。当数据重要程度和可能造成的危害程度发生变化时，应对数据重新进行分类分级，形成新的重要数据和核心数据目录，并重新上报。

3. 数据分类原则

数据按照先按行业领域分类、再按业务属性分类的原则进行分类。

（1）按照行业领域分类，数据分为能源数据、电信数据、金融数据、工业数据、交通运输数据、自然资源数据、水利数据、农业数据、环境保护数据、卫生健康数据、教育数据、科学数据、公共安全数据等。

（2）各行业各领域根据本行业本领域业务属性，可以从下列不同角度对数据进行细化分类。一是业务领域，按照业务范围、业务种类或业务功能进行分类；二是责任部门，按照数据管理部门或职责分工进行分类；三是描述对象，按照数据描述的对象进行分类；四是流程环节，按照业务流程、产业链环节进行分类；五是数据主体，按照数据主体或属主进行分类；六是内容主题，按照数据描述的内容主题进行分类；七是数据用途，按照数据处理目的、用途进行分类；八是数据处理，按照数据处理活动或数据加工程度进行分类；九是数据来源，按照数据来源、收集方式进行分类。

4. 数据分类步骤

数据处理者主要依据其业务活动、数据管理和使用需求，选择适当的业务属性对数据进行分类。数据分类步骤如下：

（1）按照机构的法定职责，确定本机构管理的数据范围。

（2）根据机构的业务范围、运营模式、业务流程等，确定机构的业务类别。

（3）根据机构业务类别，制定数据分类规则，例如可采取"业务条线—关键业务—业务属性分类"方式确定数据分类规则。

（3）按照数据分类规则和业务属性对数据进行分类。

5. 数据分级原则和流程

（1）数据分级原则。根据数据在经济社会发展中的重要程度，以及一旦遭到泄露、篡改、损毁或者非法获取、非法使用、非法共享，对国家安全、经济运行、社会秩序、公共利益、组织权益、个人权益造成的危害程度，将数据从高到低分为核心数据、重要数据、一般数据三个级别。

（2）数据分级流程。一是确定待分级的数据对象，如数据项、数据集、跨行业领域数据等；二是识别影响数据分级的要素；三是分析数据可能影响的对象和影响程度；四是综合确定数据级别。

6. 影响数据分级的要素

影响数据分级的要素包括数据的领域、群体、区域、精度、规模、覆盖度、重要性、风险性等，其中领域、群体、区域、重要性、风险性属于定性描述的分级要素，精度、规模、覆盖度属于定量描述的分级要素。

7. 数据影响的对象和影响程度

（1）影响对象。是指数据遭到泄露、篡改、损毁或者非法获取、非法使用、非法共享等安全风险时可能影响的对象，通常包括国家安全、经济运行、社会秩序、公共利益、组织权益、个人权益。

（2）影响程度。是指数据一旦遭到泄露、篡改、损毁或者非法获取、非法使用、非法共享可能造成的危害程度，从高到低分为特别严重危害、严重危害、一般危害。

8. 综合确定数据级别

根据数据的影响对象、影响程度，确定数据的级别，包括核心数据、重要数据、一般数据。数据级别与影响对象、影响程度的对应关系如表4-1所示。

表4-1　数据级别确定规则

影响对象	影响程度		
	特别严重危害	严重危害	一般危害
国家安全	核心数据	核心数据	重要数据
经济运行	核心数据	重要数据	一般数据
社会秩序	核心数据	重要数据	一般数据
公共利益	核心数据	重要数据	一般数据
组织权益、个人权益	一般数据	一般数据	一般数据

（1）核心数据：一旦遭到泄露、篡改、损毁或者非法获取、非法使用、非法共享，直接对国家安全造成特别严重危害或严重危害，或者直接对经济运行造成特别严重危害，或者直接对社会秩序造成特别严重危害，或者直接对公共利益造成特别严重危害的数据；对领域、群体、区域具有较高覆盖度，直接影响政治安全的数据；达到较高精度、较大规模、较高重要性或深度，直接影响政治安全的数据；有关部门评估确定的核心数据。

（2）重要数据：一旦遭到泄露、篡改、损毁或者非法获取、非法使用、非法共享，直接对国家安全造成一般危害，或者直接对经济运行造成严重危害，或者直接对社会秩序造成严重危害，或者直接对公共利益造成严重危害的数据；直接关系国家安全、经济运行、社会稳定、公共健康和安全的特定领域、特定群体或特定区域的数据；达到一定精度、规模、深度或重要性，直接影响国家安全、经济运行、社会稳定、公共健康和安全的数据；有关部门评估确定的重要数据。

（3）一般数据：一旦遭到泄露、篡改、损毁或者非法获取、非法使用、非法共享，对经济运行、社会秩序或公共利益仅造成一般危害的数据，或仅对组织自身权益、个人权益造成危害的数据；未确定为核心数据、重要数据的其他数据。

4.4　落实数据安全保护制度的主要措施

保护核心数据、重要数据安全是数据安全保护工作的重点。应依据《网络安全法》《数据安全法》等有关法律法规和政策要求，落实如下数据安全保护措施，对重要数据、核心数据进行重点保护。

1. 加强顶层设计和谋划，依法落实数据安全保护责任

（1）依法保护，落实责任。网络安全职能部门、行业主管部门、数据处理者和安全服务机构应按照有关法律法规和政策要求，依法履行数据安全保护义务，依法分别履行监管责任、主管责任、主体责任和服务责任，从数据安全保卫、保护和保障工作三方面入手，建立健全数据安全的政策体系、标准体系、技术体系、服务体系、人才体系和经费保障体系，强化人才、经费、技术、产品等多方面保障，建立数据安全综合防御体系和综合治理体系，依法打击危害数据安全的违法犯罪活动。

（2）制度有机衔接，协调推进。一是在数据安全规划设计、工作部署、保护措施、保护要求、风险管控、安全建设和检测评估等方面，将数据安全保护制度、网络安全等级保护制度和关键信息基础设施安全保护制度有机衔接。二是以开展网络安全等级保护工作为基础，以加强数据安全保护和关键信息基础设施安全保护为重点，统筹协调落实网络系统和数据安全保护措施。三是处理重要数据的信息系统的安全保护等级不低于第三级，处理核心数据的信息系统的安全保护等级应为第四级，处理大规模重要数据的数据中心应确定为国家关键信息基础设施。四是在开展网络安全等级测评时，同步规划、同步开展数据安

全检测评估。五是根据网络的安全保护等级、数据分类分级情况，结合确定的关键信息基础设施，设计并落实相应等级的安全保护管理和技术措施，保护数据在收集、存储、传输、提供、使用、销毁等处理活动中的全生命周期安全。

（3）坚持问题导向，体系化防御。针对数据安全的突出问题和薄弱环节，加强战略谋划和战术设计，突出重点，严密防范和化解重要数据安全风险。科学制定数据安全防护策略，实施整体防控、重点保护，强化数据安全实时监测、风险评估、通报预警、攻防演练、应急处置、技术对抗、威胁情报等重要措施，重点保护涉及国家安全、国计民生的重要数据和核心数据安全。

2. 建立数据安全相关制度，明确数据安全保护重点任务

（1）建立全流程数据安全保护制度。制定数据安全保护规划，明确保护目标、任务、具体措施，建立数据分类分级保护制度、风险管控制度、数据流转交易管理制度、第三方合作管理制度，以及事件应急处置机制、通报预警机制、检测评估机制、安全审查机制、出境评估机制等一系列制度和机制。按照法定职责，落实数据安全责任部门和人员，从数据采集、存储、传输、处理、应用、提供和销毁等各个环节，明确任务分工，加强数据全生命周期、全流程安全保护。

（2）开展数据资产和数据应用排查。对本机构产生、汇总、存储、加工、使用、提供的数据、数字基础设施和数据应用情况进行全面梳理排查，掌握数据基本情况、责任部门和责任人、数据使用和处理情况、数据安全保护情况、责任制落实情况等，形成数据资产清单、数据应用清单，做到底数清、情况明，为后续数据安全保护工作的开展奠定坚实基础。

（3）建立数据分类分级制度。制定数据分类分级指南和数据认定规则，开展数据识别认定工作，识别出核心数据、重要数据、一般数据，形成本机构数据资产清单和重要数据目录，数据根据业务情况进行分类，按照重要性等要素分级。按照有关规定，将数据分类分级指南和数据认定规则、数据认定结果、数据目录清单等向有关部门备案。数据目录清单实行动态管理，相关类别或数据等级等重要信息发生较大变化的，应及时修订并重新报送。

（4）建立重要数据安全管理制度。依据有关法律法规和标准要求，与网络安全等级保护管理要求密切结合，建立完善重要数据处理活动中的岗位设置、授权审批、资产、介质、安全建设、变更、应急预案、供应链和人员管理等重要数据安全保护制度，加强从数据采集到数据销毁全流程、全生命周期的数据活动管理规范化建设，提升数据安全管理能力和水平。严格管控核心数据、重要数据在存储、使用、加工、传输、提供和公开等环节的安全风险，可以采取加密、脱敏、去标识化等手段保护核心数据、重要数据、敏感数据安全。建立并实施评价考核及监督问责机制，落实保护责任。严格管控重要数据、核心数据出境。

（5）加强数据安全技术保护体系建设。一是在落实网络安全等级保护基本要求的基础上，落实访问控制、身份鉴别、安全审计、入侵防范、数据溯源、数据完整性和保密性、数据加密与脱敏、备份恢复、监测与审计，以及工具账户认证审计、批量操作动态授权、数据源头追踪溯源、实时检测预警可疑行为、保护标记数据、集中监测和管控数据获取或使用行为等技术措施。二是加强数据安全保护能力建设，提升数据分析识别能力、体系化安全管理能力、增强型技术保护能力、监测预警能力、技术对抗能力、检测评估能力、应急处置能力等一系列能力。三是组织开展数据安全教育培训，提升数据安全岗位人员的安全意识、能力和水平。

（6）采取特殊型、加强型保护措施。一是确定网络之间数据的传输规则，采用相应等级的隔离装置联通网络，采取量子技术、密码技术、IPv6 等核心技术保障数据传输安全。二是采用多方计算、区块链、人工智能、可信计算等技术，按照"数据不出门、可用不可见"原则，采取建桥、建模、加密传输等措施，实现"数据积极应用与确保安全"。三是提供大数据、云计算、数据中心服务的机构，应当具有与其所处理的数据安全等级相应的安全保护能力和网络安全等级保护能力。四是向第三方提供数据的，应当确保第三方具有符合法律和标准规定的安全保护措施。

（7）建立重要数据容灾备份机制。按照业务连续性管理需求，建立重要数据和数据库容灾备份机制，重要数据和数据库采取异地备份措施。业务安全性要求高的可采取数据异地实时备份措施，业务连续性要求高的可采取重要系统异地实时备份措施，保障业务的异地实时切换，确保数据资源一旦被攻击破坏，可及时进行恢复和补救。

（8）建立数据安全保障机制。数据处理者应建立数据安全保障机制，设置数据安全管理机构，配置专门人员，落实经费、装备等保障措施。加强数据安全人才培养，通过培训、比武演练等方式，提升岗位人员的数据安全保护能力。加强数据安全技术领域科技攻关和技术创新，推动数据安全产业发展，打造世界一流的数据安全企业，为数据安全保护工作提供坚强保障。

（9）建立责任追究制度。制定数据安全责任制管理办法，健全完善数据安全考核评价和责任追究制度，针对本单位发生的数据安全案（事）件性质、严重性和危害性，确定问责范围，明确约谈、罚款、行政警告、记过、降级、开除等处罚措施，确保数据安全责任落到实处。

（10）建立数据审查和认证制度。根据数据安全法律法规、政策和数据安全审查制度要求，数据处理者应建立数据审查和认证制度，加强数据审查和认证管理，对数据及其相关安全管理负责人、关键岗位人员，以及数据处理活动全流程开展审查，保障涉及重要数据安全保护的关键岗位人员可信、可靠，数据处理活动合规有序；配合相关部门开展数据安全审查工作。

3. 建立数据安全综合防御体系，提升数据安全综合防护能力

立足应对大规模网络攻击威胁，落实"实战化、体系化、常态化"和"动态防御、主动防御、纵深防御、精准防护、整体防控、联防联控"的"三化六防"措施，建立"打防

管控"一体化的数据安全综合防御体系，提升综合防御能力和水平。

（1）加强数据安全风险预知预判、预警预防。开展数据安全风险分析、隐患识别、威胁研判和风险管理，排查化解数据安全风险。一是分析外部网络攻击窃密风险，分析研判攻击源、攻击对象、攻击手段等。二是分析内部数据泄露风险，分析研判是否存在管理和技术措施不到位等问题。三是从数据采集、存储、传输、处理、交换、使用、共享、销毁等各环节分析风险，分析岗位人员、设备、网络、信息系统、技术外包、技术服务、云服务等方面的风险。四是管控应用大数据技术、人工智能技术、区块链技术等给重要数据带来的新风险。

（2）开展重要数据安全检测评估。对重要数据、核心数据应当每年至少开展一次安全检测评估，及时发现重要数据在收集、存储、加工、使用、提供过程中的安全问题隐患和威胁风险，检测网络系统是否存在业务逻辑缺陷，防范重大数据泄露事件发生。可委托等级测评机构，将数据安全检测评估与网络安全等级测评、密码安全性评估或关键信息基础设施安全检测评估同步开展。根据安全检测评估、风险分析、事件分析、实战检验等发现的问题隐患，以应对大规模网络攻击为目标，制定数据安全建设整改方案并实施，持续完善和调整数据安全防护机制、安全策略、安全管理措施和技术保护措施。

（3）加强供应链安全管控。一是掌握涉重要数据安全的供应链情况，包括网络系统建设、运维、托管、外包和安全服务的机构、人员、网络系统、工具装备等情况。二是在重要数据采集、存储、传输、使用、共享、销毁等各环节中，加强对服务商和产品供应商的安全管理和准入管理，签订安全保密协议，明确供应链的安全责任和义务，严密防范和消除化解供应链可能给数据安全带来的重大风险威胁。

（4）采取技术应对措施。一是减少互联网暴露点，清除互联网上的敏感信息。二是加强精准防护，对重要数据及数据库、云上重要数据等进行安全加固，落实加密、访问控制、双因素认证等措施。三是采取纵深防御措施，落实区域边界隔离、违规外联监测、接入认证、主客体访问控制等措施，为重要数据层层设防。四是加强威胁情报工作，及时发现、捕获和阻断网络攻击。五是构建以密码、可信计算、人工智能等为核心的数据安全技术保护体系，提升技术对抗能力。

（5）落实个人信息安全保护措施。按照《个人信息安全规范》《个人信息去标识化指南》等标准要求，加强对个人信息的重点保护，落实个人信息在收集、存储、使用、委托处理、共享、转让、公开披露、删除等活动中的安全保护措施，加强个人信息收集环节的风险管控；落实个人信息存储、使用和流转活动中的去标识化要求。

4. 加强监测预警和事件处置，严防重大数据安全事件发生

（1）采取安全监测和通报预警措施。建立数据安全监测预警体系，一是将重要数据和第三级以上信息系统、关键信息基础设施纳入安全监测范围，开展实时监测，及时发现针对重点保护对象的网络攻击、重大网络安全事件和重大风险威胁，提升监测发现能力。二是建立数据安全监测预警机制，在网络和信息安全信息通报机制内，将重要数据处理者纳入网络安全信息通报预警重点对象，及时收集、汇总、分析各方威胁信息，开展态势研判，及时通报预警。三是建立数据安全信息共享机制，网络安全职能部门、数据管理部门、数据处理者、网络安全企业等共享数据安全威胁情报和信息，充分发挥威胁情报和信息的最大价值。

（2）采取重大事件处置措施。建立数据安全应急处置机制，一是制定数据安全应急预案，落实数据脱敏、溯源、访问控制、加密与完整性保护、备份恢复和数据监测与审计等风险管控措施。二是按照数据安全事件应急处置机制和应急预案要求，针对不同种类、级别的数据安全事件和威胁，采取相应的应急处置措施，做好随时处置重大数据安全事件的准备。三是当发生重大数据安全事件时，及时有效处置并恢复，将损失降到最低。四是定期组织开展应急演练，加强应急力量建设和应急资源储备。五是针对应急演练中发现的突出问题和漏洞隐患，及时进行整改加固，优化安全保护策略，完善保护措施，提升应对突发事件的能力。

（3）采取协同联动响应措施。针对数据安全事件，一是建立机构内部多部门参加的内部联合响应机制，二是建立与行业主管部门、上下级单位的纵向响应机制，三是建立与公安机关、横向合作单位、技术支撑机构的横向机制。三个机制共同构成条块结合、纵横联通的数据安全协同联动机制，加强信息共享和会商研判，提升联合应对重大数据安全事件和威胁的能力。

（4）建立数据安全事件及威胁报告制度。制定数据安全事件报告规范，发现网络攻击、重大数据安全事件及重大威胁时，在确保案（事）件证据不被损毁的情况下开展应急处置，并及时向公安机关报告，配合公安机关开展案（事）件侦查调查和处置工作。认真履行报告责任和义务，对因迟报、漏报、瞒报造成案（事）件证据损毁、灭失的单位和个人，网络安全职能部门将依法追究有关单位和个人责任。

5. 加强数据安全监管和保卫，提升数据安全综合防控能力

（1）开展数据安全检查。数据处理者应定期开展数据安全检查，检查内容主要包括：数据安全责任制落实情况，数据安全保护制度建设情况，数据分类分级情况，数据安全保护工作开展情况，数据安全管理制度和技术保护措施落实情况，数据安全事件应急处置、演习演练、事件报告情况，安全风险监测预警情况，数据安全保障情况，供应链安全保障情况，重要数据跨境流动情况，数据安全审查和出境评估情况等。针对检查出的问题隐患，应及时组织开展整改。

（2）数据安全职能部门和行业主管部门开展监督检查。数据安全职能部门和行业主管部门对数据处理者的数据安全保护工作依法开展监督检查，加强对数据确权、数据交易、数据出境、出口管制、域外管辖、境内外对等措施、数据大集中等方面的安全监管，确保数据全链条、全生命周期安全；监督落实"谁管业务，谁管业务数据，谁管数据安全"要求，对责任不明确、工作不落实、措施不到位的进行重点督导。对发生重要数据安全案（事）件的，要查清案（事）件情况和发生原因，对不落实数据安全保护法律责任和义务

的，依法进行行政处罚。

（3）依法打击危害重要数据安全的违法犯罪活动。公安机关依法严厉打击网络入侵攻击、窃取重要数据，非法采集、获取、使用、提供、交易重要数据和公民个人信息，或者为违法犯罪分子提供帮助的违法犯罪活动，同时打击整治过度采集、滥用、肆意买卖个人信息数据等违法犯罪活动，确保核心数据、重要数据安全和数据主权安全，维护国家安全、社会公共安全和人民群众合法权益。数据处理者应配合公安机关开展执法办案，如实提供有关数据文件资料、技术支持和协助。

（4）加强数据安全威胁情报工作。充分发挥威胁情报的引领性、先导性和基础性作用，对于针对重要数据、核心数据的网络攻击、渗透破坏、控制窃密等违法犯罪活动，数据处理者与网络安全职能部门、网络安全服务机构密切合作，利用工具手段，及时搜集、汇总、分析数据安全威胁信息，及时通报预警，有效防范化解数据安全威胁风险。

4.5 支撑数据安全保护能力的技术措施

建立数据安全保护能力，除了落实数据安全保护制度的主要措施，还要建立数据安全保护平台，提升全环节数据识别能力、体系化数据安全管理能力、增强型访问控制能力和适应性措施保障能力，支撑数据安全保护的制度建设、安全防护、安全监测、通报预警、应急处置、技术对抗、检测评估、威胁情报等业务开展，提升数据安全综合防御能力，如图 4-1 所示。

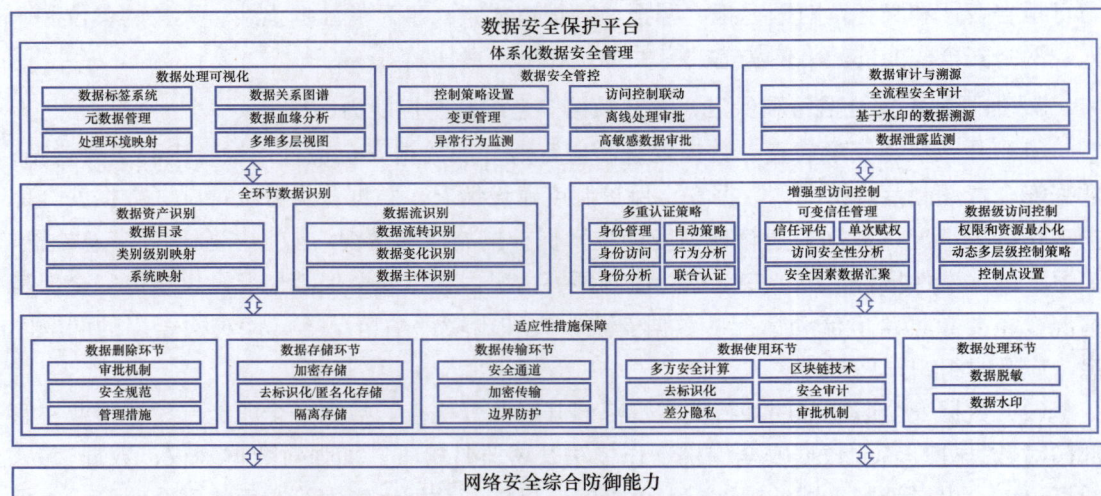

图 4-1　数据安全保护平台

1. 建设全环节数据识别模块，提升全环节数据识别能力

保护数据安全，首先需对数据资产进行精准识别，从而区分出支撑核心业务的数据资

产与其他信息。数据资产包括内部生成的数据，也包括通过合法途径获取的外部数据。识别这些数据资产，需要从数据的流通和流向角度进行数据流识别，涉及对数据的主体、流经的系统、数据的变换过程等关键要素的识别。数据流识别有助于掌握数字基础设施或业务系统中数据的活动动态，包括数据的收集、存储、处理、传输等各个环节。在数据安全保护平台中建设并应用全环节数据识别模块，可以从数据操作的起点出发，正向分析数据的流转路径，还可通过分析现有数据来逆向追溯数据流。通过绘制数据导图，直观展示和理解数据的流动情况，为保护数据安全提供支持。

2. 建设体系化数据安全管理模块，提升体系化数据安全管理能力

在数据安全保护平台中建设和应用体系化数据安全管理模块，实现如下三个目的：

（1）数据处理过程的动态记录和可视化。建立统一的数据标签系统，利用数据标签技术，将标签嵌入数据生命周期，实现数据流动清晰可见。围绕数据的收集、使用和加工等环节，利用数据流识别技术，建立数据项和数据集之间的关联图谱，形成数据在内部流转的完整路径。利用数据标签技术和数据流识别技术，生成不同层级和维度的数据图谱，如数据资产地图、数据流动态图和血缘关系图等，来分析和展示潜在的威胁风险和异常操作。

（2）建立数据安全管控业务流程。由于不同业务场景中数据处理活动差异较大，所以数据安全管理功能也有较大区别。因此，应制定在线业务的数据安全管理规则，将政策要求转化为可执行的策略和规则，以支持业务的常态化安全运行。对于有一定时延要求的业务场景，可采用增强型的动态访问控制技术来设置精细化的控制措施，对于离线数据处理等时延要求不高的场景，可结合访问控制和审计机制建立审批流程。

（3）建立场景化的数据审计和溯源能力。将安全审计措施应用到数据处理的每一个环节，保留详尽的日志记录，确保在需要时能够重现数据处理过程。可以采用数据水印技术来实现对数据接收方的监管，提升对数据安全事件的溯源能力。采用水印技术与数据标签系统相结合的方式，为数据全生命周期管理提供有力保障。

3. 建设增强型访问控制模块，提升增强型访问控制能力

（1）采取多重认证策略。在复杂网络环境中，数据访问认证不应仅限于单一的账号或设备认证，应通过多重身份认证和多重数据访问认证的方式来实现增强型访问控制能力。多重身份认证旨在解决访问主体可信度的问题，需要对参与访问控制的主体（包括用户、设备、应用和接口等）进行全面的身份化，并为其分配所需的最小权限。多重数据访问认证旨在提升访问行为可靠性，在多重认证的基础上，通过近实时的分析方法来确定授权的身份权限和访问行为的可靠性。

（2）采取动态访问分析与可变信任管理策略

在多重认证的基础上，采取面向数据访问的身份画像技术，通过动态访问分析方法来确定授权的身份权限和访问行为的可靠性。应用身份画像技术，需要收集安全设备信息，并考虑多个安全数据维度，如关联账号、常用设备、常用登录 IP 等。通过信息汇总分析，可以多维度展示用户特征，为制定访问安全策略和审计溯源提供依据。可变信任管理是一种结合动态访问控制的细粒度信任度量机制，其实现方法之一是采用定量方式划分信任级别，并根据量化指标单次赋予访问权限。

（3）采取增强型数据资源访问控制策略

增强型数据资源访问控制是以最小粒度为原则，根据数据分类分级机制和数据安全管理机制建设要求，结合预配置规则和动态多层级访问策略，来确保访问主体只能获取最小授权范围的数据资源。数据库、大数据平台和安全设备均提供一定的数据资源访问控制策略和能力，但要实现更细粒度的数据内容级访问控制，还需要结合应用场景对数据资源访问控制策略进行适应性改造，包括 API 级甚至字段级的访问控制改造，将粗粒度访问控制改为细粒度访问控制。

4. 建设适应性措施保障模块，提升适应性措施保障能力

（1）数据处理活动中，由于其处理目的、方式、范围存在较大差异，因此，对重要数据需要采取有针对性、特殊性的保护措施。采取管理和技术措施，建立数据预处理、转化、加载等的安全规范，对数据和收集设备实施安全监控，保证数据质量和一致性。对于数据删除和销毁环节，应明确删除和销毁的审批机制。

（2）数据存储和传输环节。存储数据时，采取加密、去标识化等技术手段保护数据安全，确保存储位置和方式的合规性，并将相关数据进行隔离存储。传输数据时，应建立安全通道，采用加密等措施加强传输通道技术防护，保证数据的保密性、完整性和不可否认性。

（3）数据使用和加工环节。对数据的操作应合理规范，将鉴权过程安全保护、不同级别数据使用和加工的安全保护、安全审计贯穿数据使用和加工环节。同时，可以应用区块链、多方安全计算、差分隐私等技术保护数据使用和加工环节安全。

（4）采用数据脱敏和数据水印技术。数据脱敏和数据水印技术是保护数据在处理过程中安全的重要保护技术。利用数据脱敏技术可以消除原始数据的敏感性，保留业务所需的数据特性或内容。数据水印技术可用于数据的追踪溯源和防护。

4.6 大力加强数字化生态安全保护

我国加快推进数字经济、数字政府、数字中国建设和数字化转型，本质是打造数字化生态，建设数字社会。然而，随着数字化建设的深入推进，网络攻击等安全威胁也日益凸显，同时，数字化生态建设是一个复杂的系统工程，具有很强的"脆弱性、风险性、长期性和复杂性"。因此，为全面建成科学、健康、高质量的数字化生态，保障国家安全和经济社会高质量发展，加快实现中国式现代化，必须大力加强数字化生态安全保护，重点保护好数字化基础要素安全、数据流通安全以及数据应用安全。

1. 我国密集出台数字化建设政策文件，有力推动各领域数字化建设

（1）数字经济建设政策。2021 年 12 月，国务院发布《"十四五"数字经济发展规划》，明确指出数字经济是以数据资源为关键要素，以现代信息网络为主要载体，以信息通信技术融合应用、全要素数字化转型为重要推动力的新经济形态。数字经济的核心内容是数字基础设施、数据要素作用、产业数字化、数字产业化、公共服务数字化、数字经济治理，其特征是数据大集中大流通大应用，数据流打通相关领域和行业，形成数字化经济新生态。

（2）数字政府建设政策。2022 年 6 月，国务院发布《关于加强数字政府建设的指导意见》，明确指出，加强数字政府建设是引领驱动数字经济发展和数字社会建设、营造良好数字生态、加快数字化发展的必然要求。数字政府建设的核心内容是，全面推进政府履职和政务运行数字化转型，推进政务应用系统集约建设、互联互通、协同联动，提升政府决策科学化、社会治理精准化、公共服务高效化水平，数字基础设施支撑，数据流横向纵向打通政府各部门，形成数字化政府新生态。

（3）数字中国建设政策。2023 年 2 月，中共中央、国务院印发《数字中国建设整体布局规划》，明确指出，建设数字中国是数字时代推进中国式现代化的重要引擎，是构筑国家竞争新优势的有力支撑。数字中国建设的核心内容是，打通数字基础设施大动脉，畅通数据资源大循环，推动公共数据汇聚利用，建立横向打通、纵向贯通、协调有力的一体化格局，推进数字技术与经济、政治、文化、社会、生态文明建设"五位一体"深度融合，形成数字化中国新生态。

（4）数字化转型及数字化企业新业态新生态建设政策。近年来，中央及有关部门发布了一系列数字化转型及建设数字化企业新业态新生态的政策文件。数字化转型不仅是深入企业核心业务，更是打通数据流，实现企业人、财、物、产、供、销等业务环节的深度融合，构建数字化产业链，打造新型企业商业模式，构建数字化企业，为企业高质量可持续发展注入强大动力。数字化企业建设的核心内容包括三个方面：一是管理变革，构建企业新模式，形成"数字化"管理思维和规章制度体系；二是创新发展，构建企业新业态，围绕全业务链形成"数字化"商业模式；三是数字赋能，构建企业新产业，将数字技术贯穿企业全生产链，打造数字企业和智慧企业。

（5）构建数字治理体系政策。2022 年 12 月，《中共中央 国务院关于构建数据基础制度更好发挥数据要素作用的意见》出台，为数字生态建设和治理进一步指明了方向。数据基础制度建设事关国家发展和安全大局，应充分发挥我国海量数据规模和丰富应用场景优势，激活数据要素潜能，做强做优做大数字经济，增强经济发展新动能，构筑国家竞争新优势。构建数字治理体系，就是要创新数据保护和治理机制，建立安全可控、弹性包容的数字治理体系，为数字政府、数字中国、数字生态建设和数据经济发展提供保障。

上述政策的陆续出台，为加快推进我国数字经济、数字政府、数字中国建设和数字化转型，打造数字化生态、建设数字社会提供了强大支撑和动力。

2. 我国数字化生态建设面临的最大威胁是网络攻击，应高度重视数字化生态安全保护

数字化生态由基础要素（网络、系统、平台、数据、技术等）支撑，数据流打通相关领域和行业，数据资源得到有效利用，构成数字化生态。数字化生态建设与自然界生态建设类似，是一个复杂的系统工程，具有"脆弱性、风险性、长期性和复杂性"等特性。我国数字化生态建设面临的最大威胁和风险是网络攻击，因此，开展数字化生态建设，将给我国的经济发展和国家安全带来新的风险和挑战。

（1）数据大集中大流动大应用，客观上造成重要数据保护困难、网络攻击容易。随着数字基础设施建设的加速推进，我国各地区和各重点单位的数据从分散到大集中、从有限流动到大范围流动、从简单应用到广泛应用，这一转变有力地促进了我国数字经济、数字政府、数字中国建设和数字化转型。但在此过程中，重要数据的保护变得越来越困难，成本也在不断增加，而网络攻击窃取数据却变得容易、快捷，导致我国涉数据违法犯罪活动和数据安全事件明显增加，给国家安全、经济社会发展和人民群众合法权益带来严重危害。

（2）外部网络攻击入侵活动明显上升，给我国国家安全和数字化生态建设带来严重威胁。一是某些国家将我国作为主要战略对手，不断加速网络空间军事化进程，从法律政策规划、机构设置、行动部署、关键信息基础设施保护、前沿技术创新等多个方面，加快推进重大变革和网络作战现代化。这些国家还开展了一系列攻防演习，研发突破性网络武器，严重威胁我国的国家安全。二是一些具有国家背景的黑客组织，长期对我国重要行业部门实施网络攻击，窃取情报和重要数据。国家级有组织的网络攻击、高级持续性威胁攻击、漏洞利用攻击、供应链攻击、勒索病毒攻击等活动日益猖獗，我国网络空间安全面临的外部威胁挑战显著增大。

（3）国家加快建设数字化新生态，网络和数据安全面临新挑战。一是随着国家对信息基础设施、融合基础设施、创新基础设施建设的加快推进，新型基础设施已成为敌对国家和不法分子的重点攻击目标。二是国家加快推进数字经济发展，加快建设数字政府、数字中国，打造数字化生态，构建一个数字化、网络化、智能化的全新社会；然而，数字化建设面临的最大威胁是网络攻击，国家经济安全的脆弱性及风险显著上升。三是《网络安全法》《数据安全法》等一系列法律法规的密集出台，标志着国家网络安全提档升级跨进新时代。新时代网络安全最显著的特征是技术对抗，因此我们需要树立新理念，采取新举措，大力提升防御能力和技术对抗能力，从而在技术对抗中赢得胜利。四是人工智能技术的"双刃剑"作用凸显。不法分子利用人工智能技术实施网络犯罪，而人工智能技术的滥用也会给网络安全、数据安全、社会公共安全和人民财产安全带来重大威胁。

3. 保护数字化生态安全应坚持的原则

为了有效预防和化解数字化建设给我国经济发展、国家安全带来的新风险和挑战，我们需要树立新理念、采取新举措，共同保护好国家数字化生态安全，重点关注"数字化基础要素安全、数据流通安全以及数据应用安全"，全方位保障数字经济生态安全、数字中国生态安全、数字政府生态安全、数字化转型及数字化企业新业态新生态安全。保护数字化生态安全应坚持加强战略谋划和战术设计，坚持以下三项原则：

（1）坚持问题导向、实战引领、体系化作战。树立新理念，聚焦突出问题和薄弱环节，从网络安全、数据安全、人工智能安全等方面，构建制度、管理和技术有机衔接的综合防控和安全治理体系。

（2）坚持底线思维和极限思维，树立一盘棋思想。实时审视国际国内大局，立足有效应对大规模网络攻击，加强技术攻关和自主可控，采取超常规举措，大力提升技术对抗能力，守住关键，保住要害。

（3）坚持数字化发展和安全并重，促进数字文明进步。安全的目的是保障发展，而非制约和限制发展，寻找数据安全和数字化发展的平衡点，建立可信可控的数据安全屏障，促进数字化生态发展和数字文明进步。

4. 保护数字化生态安全应坚持的主要措施

建设数字化生态安全屏障是一个复杂的系统工程，应加强战略谋划和战术设计，从数据安全保卫、保护、保障三个方面采取以下二十项重要措施，保护数字化生态安全：

（1）强化领导。加强领导、强力组织、督办落实是关键，应完善数字化生态安全保护领导体系和工作体系，制定规划和年度计划，并加强组织、指导和检查落实。

（2）体系设计。从战略规划和布局出发，突出网络安全、数据安全和人工智能安全，健全完善保护数字化生态安全的法律、政策、标准体系。

（3）战略谋划。立足应对大规模网络攻击威胁，加强数据安全保卫、保护和保障，按照"打造一支攻防兼备的队伍，开展一组实战行动，建设一批网络与数据安全基地"这条主线，加强战略谋划和战术设计。

（4）制度结合。将数据安全保护制度与网络安全等级保护制度、关键信息基础设施保护制度有机结合，确保在安全保护、检测评估等方面实现协调统一的行动。

（5）"三化六防"。落实"实战化、体系化、常态化"和"动态防御、主动防御、纵深防御、精准防护、整体防控、联防联控"的"三化六防"措施，建立数据安全综合防御体系。

（6）检测评估。开展安全检测和风险评估，针对发现的安全隐患和外部风险威胁，制定切实可行的建设整改方案并进行整改；采取多种方式检验保护措施的有效性，不断提升检测评估能力。

（7）监测预警。落实实时监测措施，健全完善数据安全监测预警机制、信息通报机制和信息共享机制，提升发现攻击和监测预警的能力。

（8）事件处置。建立数据安全重大事件和威胁报告制度，落实重大事件处置措施，制定应急预案并演练，落实协同联动措施，提升事件处置能力。

（9）技术对抗。以监测发现为基础，采取收敛暴露面、捕获、溯源、干扰和阻断等技术应对措施，落实识别分析网络威胁与攻击行为的措施，提升技术对抗能力。

（10）挂图作战。建设网络安全监控指挥中心和网络安全综合保护平台，研发网络与数据安全大模型，实施"挂图作战"，提升整体实战能力。

（11）供应链安全。在数字基础设施的规划设计、建设、运维等各环节中，加强对服务商和产品供应商的安全管理，落实供应链安全管控措施，提升防范化解供应链风险的能力。

（12）技术创新。从创新角度出发，按照"理论支撑技术、技术支撑实战"理念，研究网络空间地理学理论，突破网络空间资产测绘、可视化表达、图谱构建、行为认知等核心技术，提升技术支撑能力。

（13）威胁情报。建立社会化的数据安全威胁情报支撑体系，利用大数据分析挖掘技术、人工智能技术等，开展威胁信息搜集、分析、挖掘等工作，提升威胁情报能力。

（14）行政执法：加强监督检查，对不落实数据安全制度的单位、机构和个人，开展行政执法和挂牌督办，提升行政执法能力。

（15）侦查打击：严厉打击涉数据安全违法犯罪活动。建立侦查打击的社会力量技术支撑体系，利用多种渠道和方法，及时搜集违法犯罪线索，并迅速开展立案侦查打击行动。

（16）责任制落实。建立完善的数据安全责任制和问责制度，明确行业主管部门、监管部门、数据处理者、服务提供者的四方责任，确保国家有关法律法规、政策文件、标准要求落实到位。

（17）基地建设。按照"战训结合、平战结合"的原则，建设一批网络与数据安全基地，打造大科学装置，提升实战支撑能力。

（18）队伍建设。创新高等院校与企业差异化数据安全人才培养的思路和方法，建立实战型人才教育训练体系，打造攻防兼备的人才队伍。

（19）能力提升。从提升实战能力出发，组织开展一系列实战行动，包括演习、沙盘推演、比武竞赛等活动。

（20）综合保障。加强机构、编制、人员、经费、科研、工程建设等各项保障，实施自主可控和创新工程，推动数据安全产业发展，加强人才培养，提升综合保障能力。

习 题

1. 数据安全保护与网络安全等级保护的关系是什么？
2. 数据分类分级的目的是什么？
3. 数据分类分级的流程是什么？
4. 简述数据分类原则和步骤。
5. 简述数据分级原则和流程。
6. 什么是核心数据、重要数据、一般数据？
7. 简述落实数据安全保护制度的主要措施。
8. 什么是数字化生态安全？
9. 保护数字化生态安全有哪些主要措施？

第 5 章

网络安全法律体系

本章主要介绍国家网络安全法律体系的构成，《网络安全法》《关键信息基础设施安全保护条例》《数据安全法》《密码法》《个人信息保护法》的框架和重点内容，以及其他与网络安全有关的法律法规，使读者对国家网络安全法律法规有清晰的了解和掌握，便于读者依法开展网络安全工作。

5.1　网络安全法律法规体系的建立

1. 我国网络安全法律法规的发展过程

我国自 1994 年接入国际互联网以来，坚持依法治网，大力推进网络空间法治化建设，加强网络安全工作。进入新时代，我国将依法治网作为全面依法治国和网络强国建设的重要内容，努力构建完备的网络安全法律法规体系，为全社会开展网络和数据安全工作提供了坚强保障。

1994 年，国务院发布《中华人民共和国计算机信息系统安全保护条例》，标志着我国网络安全进入法治轨道。

2012 年，全国人大常委会通过《关于加强网络信息保护的决定》，对收集、使用公民个人电子信息的行为进行了明确规定。

2016 年，我国网络安全的基本法——《网络安全法》出台，《网络安全法》是我国网络安全法治建设的重要里程碑，标志着我国网络安全工作进入新时代。

2019 年，《密码法》出台，使得密码应用和管理有法可依，密码工作得到法律充分保障。

2021 年，《数据安全法》出台，标志着我国具有了数据安全监督管理的基础性法律。

2021 年，《个人信息保护法》出台，使得保护个人信息、维护公民合法权益有法可依。

2021 年，国务院发布《关键信息基础设施安全保护条例》，标志着我国网络安全保护的重中之重——关键信息基础设施有了明确的保护要求。

上述法律法规，是我国网络安全法律法规体系的主要内容。由于网络安全极端重要，深刻影响国家安全、经济社会发展和人民群众的合法权益，因此，其他有关法律法规也对网络安全提出了明确要求，主要有：

2015 年出台的《中华人民共和国国家安全法》（以下简称《国家安全法》），1995 年出台的《人民警察法》以及后续的修正，1979 年出台的《中华人民共和国刑法》（以下简称《刑法》）以及一系列修正案，2005 年出台的《中华人民共和国治安管理处罚法》（以下简称《治安管理处罚法》）以及后续的修正，为强化网络安全工作、维护国家安全提供了有力支撑。

2. 我国网络安全法律法规体系架构

我国网络安全法律法规体系架构如图 5-1 所示。

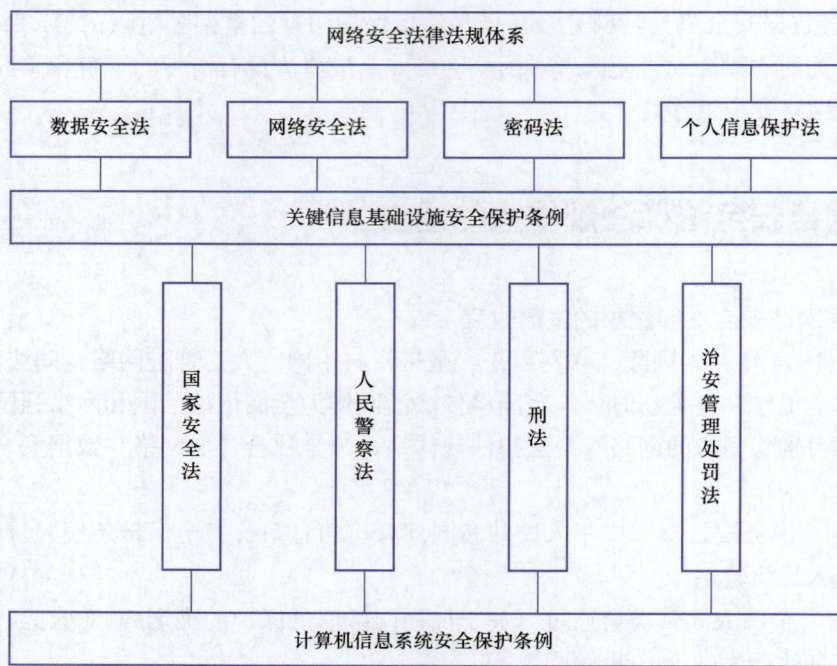

图 5-1 我国网络安全法律法规体系架构

网络安全是国家安全的新课题和新内容，是关乎全局的重大问题。我国通过制定《国家安全法》《网络安全法》《数据安全法》等法律，系统构建网络安全法律体系，增强网络安全防御能力，有效应对网络安全风险。

（1）确立网络安全规则。1994 年出台的《计算机信息系统安全保护条例》，确立了计算机信息系统安全保护制度和安全监督制度。2000 年出台的《全国人民代表大会常务委员会关于维护互联网安全的决定》，将互联网安全划分为互联网运行安全和互联网信息安全，确立民事责任、行政责任和刑事责任三位一体的网络安全责任体系框架。《网络安全法》明确了维护网络运行安全、网络产品和服务安全、网络数据安全、网络信息安全等方面的制度。《网络安全审查办法》《网络产品安全漏洞管理规定》等进一步细化了《网络安全法》的相关制度。通过多年努力，初步形成了一套系统全面的网络安全规则，以制度建设提高国家网络安全保障能力。

（2）建立网络安全等级保护制度，确立网络安全合规要求，打牢网络安全根基，构建网络安全良好生态。

（3）建立关键信息基础设施安全保护制度，突出保护重点。关键信息基础设施是经济社会运行的神经中枢，是网络安全的重中之重。保障关键信息基础设施安全，对于维护国家网络主权和国家安全、保障经济社会健康发展、维护公共利益和公民合法权益具有重大意义。2021 年制定出台的《关键信息基础设施安全保护条例》，明确了关键信息基础设施的范围和保护工作原则目标，完善了关键信息基础设施认定机制，对关键信息基础设施运营者落实网络安全责任、建立健全网络安全保护制度、设置专门安全管理机构、开展安全监测和风险评估、规范网络产品和服务采购活动等作出了具体规定，为加快提升关键信息基础设施安全保护能力提供了法律依据。

（4）建立数据安全保护制度，突出解决难点问题。建立法律制度，保障数据安全，是网络安全的深化和延续。应立足数据安全工作实际，着眼数据安全领域突出问题，通过立法加强数据安全保护，提升国家数据安全保障能力。数据安全法明确建立健全数据分类分级保护、风险监测预警和应急处置、数据安全审查等制度，对支持促进数据安全与发展的措施、推进政务数据安全与开放等作出规定，以安全保发展、以发展促安全。

（5）建立个人信息保护制度，保障人民群众合法权益。

5.2　《网络安全法》框架和重点内容

《网络安全法》是为保障网络安全，维护网络空间主权和国家安全、社会公共利益，保护公民、法人和其他组织的合法权益，促进经济社会信息化健康发展而制定的基础性法律，是我国网络空间法治建设的重要里程碑，是依法治网、化解网络风险的法律重器。《网络安全法》提出了网络空间主权原则、网络安全与信息化发展并重原则、网络空间共同治理原则，进一步明确了政府各部门的职责权限，完善了网络安全监管的体制机制，强化了网络运行安全，重点保护关键信息基础设施，明确了网络安全义务和责任，将监测预警与应急处置措施制度化、法治化。

5.2.1　《网络安全法》框架和范围

1.《网络安全法》框架

《网络安全法》共七章七十九条。第一章为总则，明确了立法目的，以及调整范围、规范对象，主要任务等内容；第二章为网络安全支持与促进；第三章为网络运行安全，包括一般规定和关键信息基础设施的运行安全；第四章为网络信息安全；第五章为监测预警与应急处置，主要规定了网络运营者、有关职能部门的责任义务；第六章为法律责任；第七章为附则。

2.《网络安全法》规范的对象

在中华人民共和国境内建设、运营、维护和使用网络，以及网络安全的监督管理活动。

3.《网络安全法》调整的范围

将网络安全的范围确定为网络运行安全和网络数据（含信息）安全，调整的范围主要包括：

（1）网络空间主权，包括国内管辖权、独立权、自卫权、依赖性主权；对境外攻击破坏行为的管辖权，包括防御防范网络攻击、惩治打击网络犯罪、外交制裁、冻结财产等手段。

（2）确立了国家网络安全等级保护制度。

（3）明确了关键信息基础设施保护，以及关键信息基础设施重要数据跨境传输要求。

（4）明确了网络运营者、网络产品和服务提供者的责任义务。

（5）保障网络信息安全和个人信息保护。

（6）采取监测预警与应急处置等重要措施。

《网络安全法》的实施，有力保障了网络安全，将进一步维护网络空间主权和国家安全、社会公共利益，保护公民、法人和其他组织的合法权益，促进经济社会信息化健康发展。

4. 网络安全的性质

网络安全属于国家安全的范畴，是基础性、全局性的安全。网络安全与政治安全、经济安全、国土安全、社会安全并列为国家安全工作的 5 个重点领域。国家安全最现实的、日常大量发生的威胁不是来自海上、陆地、领空、太空，而是来自被称为第五疆域的网络空间。因此，举国家之力，强化网络空间安全保护、保卫、保障，打合成仗、整体仗，维护国家网络空间主权，提升我国网络空间的综合防控能力。

5. 网络空间主权

主要包括：国家对其领土范围内的网络设备设施、网络活动、数据和信息的管辖权；对跨界网络活动的管理权，这需依赖国家间的合作配合；独立制定政策、自主处理国内外网络事物、不受他国干涉的权力；对他国的网络攻击采取自卫措施的权力。

5.2.2 国家在网络安全方面承担的主要责任义务和任务

《网络安全法》规定了国家在网络安全方面应承担的责任义务和主要任务，包括十四条，简要分析如下。

1. 坚持网络安全与信息化发展并重

《网络安全法》第三条规定，国家坚持网络安全与信息化发展并重，遵循积极利用、科学发展、依法管理、确保安全的方针，推进网络基础设施建设和互联互通，鼓励网络技术创新和应用，支持培养网络安全人才，建立健全网络安全保障体系，提高网络安全保护能力。

本条明确了我国网络安全与信息化发展并重的原则和方针。要正确处理安全和发展的关系，以安全保发展、以发展促安全；网络安全和信息化发展是一体之两翼、驱动之双轮，必须统一谋划、统一部署、统一推进、统一实施；网络安全是整体的而不是割裂的，是动态的而不是静态的，是开放的而不是封闭的，是相对的而不是绝对的，是共同的而不是孤立的。因此，要深刻理解网络安全的本质，统筹协调好安全和发展的关系，科学谋划网络安全和信息化发展工作，加快推进网络基础设施建设和互联互通，加强网络技术创新、应用和人才培养，建立健全网络安全保障体系，提高网络安全保护能力。

2. 制定网络安全战略

《网络安全法》第四条规定，国家制定并不断完善网络安全战略，明确保障网络安全的基本要求和主要目标，提出重点领域的网络安全政策、工作任务和措施。

本条明确了国家要制定出台并不断完善网络安全战略，加强国家网络安全顶层设计。网络安全战略是国家网络安全的纲领，具有综合性、长远性、全局性特点，法律要求国家制定完善网络安全战略，以便指导和统领全国网络安全各项工作和各项重点任务的落实。美国先后出台了网络空间国家战略、网络空间国际战略、网络空间行动战略。我国先后出台了信息安全战略、国家网络空间安全战略，结合国家出台的一系列网络安全政策，形成了具有中国特色的网络安全战略布局，为我国开展网络安全工作确定了大方向、总体目标和重大举措。

3. 国家力量抵御化解网络安全威胁风险

《网络安全法》第五条规定，国家采取措施，监测、防御、处置来源于中华人民共和国境内外的网络安全风险和威胁，保护关键信息基础设施免受攻击、侵入、干扰和破坏，依法惩治网络违法犯罪活动，维护网络空间安全和秩序。

本条明确了国家应组织军队、公安机关等力量和有关部门，充分发挥职能作用，利用技术手段和强大能力，开展实时监测、态势感知、通报预警、应急处置、追踪溯源、侦查打击、威胁情报、等级保护、关键信息基础设施保护、数据安全保护、指挥调度等重要工作，建设网络安全综合防控平台，研发先进技术手段，建立"打防管控"一体化的网络安全综合防御体系，处置来自境内外的网络安全威胁和风险，依法打击网络入侵攻击破坏、网络窃密等网络违法犯罪活动，维护网络空间秩序，保护网络空间安全和关键信息基础设施安全。

4. 倡导诚实守信健康文明的网络行为

《网络安全法》第六条规定，国家倡导诚实守信、健康文明的网络行为，推动传播社会主义核心价值观，采取措施提高全社会的网络安全意识和水平，形成全社会共同参与促进网络安全的良好环境。

本条明确了国家采取措施，调动各方积极性和主动性，推动全社会建立诚实守信、健康文明的良好网络环境。网络空间天朗气清、生态良好，符合人民利益；网络空间乌烟瘴气、生态恶化，不符合人民利益；坚持"网络安全为人民、网络安全靠人民"，必须坚定不移依靠群众力量。党委政府、企事业单位、社会组织和公民个人，都要参与到国家网络安全行动中，推动传播社会主义核心价值观，形成良好的网络安全局面和环境。

5. 建立网络空间治理体系

《网络安全法》第七条规定，国家积极开展网络空间治理、网络技术研发和标准制定、打击网络违法犯罪等方面的国际交流与合作，推动构建和平、安全、开放、合作的网络空间，建立多边、民主、透明的网络治理体系。

本条表明了我国在网络空间方面的国际合作态度和构建什么样的网络空间的主张。具体是，共同构建和平、安全、开放、合作的网络空间，建立多边、民主、透明的网络治理体系，打造网络空间命运共同体。网络空间治理坚持"尊重网络主权、维护和平安全、促进开放合作、构建良好秩序"四项原则和"加快全球网络基础设施建设、打造网上文化交流共享平台、推进网络经济创新、保障网络安全、构建互联网治理体系"五点主张。全社会应共同推动，依法在网络空间治理、网络技术研发和标准制定、打击网络违法犯罪等方面积极开展国际交流与合作，构建和平、安全、开放、合作的网络空间，建立多边、民主、透明的网络治理体系。

6. 保护人民依法使用网络的权利

（1）《网络安全法》第十二条第一款规定，国家保护公民、法人和其他组织依法使用网络的权利，促进网络接入普及，提升网络服务水平，为社会提供安全、便利的网络服务，保障网络信息依法有序自由流动。

该款明确了国家应采取提高网络普及率、提升网络服务质量和水平、提供安全和便利的网络环境等措施，保护公民、法人和其他组织依法用网的权利，保障网络信息依法有序自由流动。

（2）《网络安全法》第十二条第二款规定，任何个人和组织使用网络应当遵守宪法法律，遵守公共秩序，尊重社会公德，不得危害网络安全，不得利用网络从事危害国家安全、荣誉和利益，煽动颠覆国家政权、推翻社会主义制度，煽动分裂国家、破坏国家统一，宣扬恐怖主义、极端主义，宣扬民族仇恨、民族歧视，传播暴力、淫秽色情信息，编造、传播虚假信息扰乱经济秩序和社会秩序，以及侵害他人名誉、隐私、知识产权和其他合法权益等活动。

该款明确了任何个人和组织在使用网络过程中，应当遵守宪法法律，履行法律责任和义务，严禁从事违法犯罪活动。网络空间是法治空间，不是法外之地，任何个人和组织在网络空间违法，必然会受到法律追究。

7. 保护未成年人网上活动

《网络安全法》第十三条规定，国家支持研究开发有利于未成年人健康成长的网络产品和服务，依法惩治利用网络从事危害未成年人身心健康的活动，为未成年人提供安全、健康的网络环境。

本条明确了国家应采取措施，保护未成年人的网上活动。随着互联网的快速发展，网络赌博、网络淫秽色情、网络攻击等违法犯罪活动猖獗，网络谣言、网络游戏等问题突出，严重影响未成年人身心健康，诱发新型犯罪。如果不认真解决这个问题，互联网发展对未成年人的健康成长将带来致命的影响和危害。因此，企业要研发和提供有利于未成年人健康成长的网络产品和服务，公安机关要严厉打击利用网络从事危害未成年人身心健康的活动，全社会要共同努力，为未成年人提供安全、健康的网络环境。

8. 建立网络安全标准体系

《网络安全法》第十五条规定，国家建立和完善网络安全标准体系。国务院标准化行政主管部门和国务院其他有关部门根据各自的职责，组织制定并适时修订有关网络安全管理以及网络产品、服务和运行安全的国家标准、行业标准。国家支持企业、研究机构、高等学校、网络相关行业组织参与网络安全国家标准、行业标准的制定。

本条明确了国家应强化网络安全标准体系建设，国务院标准化行政主管部门和其他有关部门应组织企业、研究机构、高等学校、网络相关行业组织等力量，加快制定、修订国家标准和行业标准，适应网络安全发展需要，为全国开展网络安全工作提供保障。全国网络安全标准化技术委员会会同有关部门，在有关企业、研究机构、专家的大力支持下，牵头制定了一系列网络安全标准，初步建立了国家网络安全标准体系，为全社会开展网络安全工作提供了重要保障。

9. 加强网络安全保障

《网络安全法》第十六条规定，国务院和省、自治区、直辖市人民政府应当统筹规划，加大投入，扶持重点网络安全技术产业和项目，支持网络安全技术的研究开发和应用，推广安全可信的网络产品和服务，保护网络技术知识产权，支持企业、研究机构和高等学校等参与国家网络安全技术创新项目。

本条明确了国家应统筹规划，加大投入，支持网络安全技术和产业发展，解决投入不足问题。各级人民政府，特别是财政、发改、科技、编制等部门，在经费、机构、人员、装备、科研、工程等方面，应该加大投入，支持网络安全产业发展和技术研究，加强技术创新，推广安全可信的网络产品和服务，保护网络技术知识产权，为网络安全提供重要的基础保障。

10. 建设网络安全社会化服务体系

《网络安全法》第十七条规定，国家推进网络安全社会化服务体系建设，鼓励有关企业、机构开展网络安全认证、检测和风险评估等安全服务。

（1）本条明确了国家应加强网络安全社会化服务体系建设，出台有关政策，支持和扶持有关企业、机构开展网络安全认证、等级测评、关键信息基础设施安全检测评估、数据安全检测评估、风险评估、密码安全检测评估、产品检测等第三方安全服务，形成社会广泛参与的良好局面。第三方服务机构应提高技术检测能力和水平，加强规范化建设，为网络运营者提供安全、客观、公正的安全检测评估服务。

（2）第三方服务机构应当与网络运营者签署安全服务协议，不得泄露在安全服务中知悉的国家秘密、商业秘密、重要敏感信息和个人信息；不得擅自发布、披露在安全服务中收集掌握的网络信息和系统漏洞、恶意代码、网络侵入等网络安全信息，防范安全服务风险；对服务人员进行安全保密教育，与其签订安全保密责任书，明确服务人员的安全保密义务和法律责任；组织服务人员参加专业培训，提高安全服务能力和水平。

11. 鼓励开发数据安全保护和利用技术

《网络安全法》第十八条规定，国家鼓励开发网络数据安全保护和利用技术，促进公共数据资源开放，推动技术创新和经济社会发展。国家支持创新网络安全管理方式，运用网络新技术，提升网络安全保护水平。

本条明确了国家鼓励和支持网络数据利用、网络数据安全保护技术创新和网络安全管理方式创新。全球数字化时代已经来临，全球化动力已从贸易投资增长转向数据流动增长，数字化改变了传统贸易方式，数字平台"大可敌国"。卫星互联网发展步伐加快，大数据中心建设蓬勃发展，大数据带动传统专业发展和新兴产业发展。近年来，国家加快信息基础设施、融合基础设施、创新基础设施建设，包括5G网络和基站、特高压、大数据中心、算力网络、人工智能、工业互联网等，为经济社会发展注入了强大动力。网络运营者可采用主动防御、可信计算、云计算、大数据、人工智能等技术，创新网络安全技术保护措施，提升网络安全保护能力。

12. 加强网络安全宣传教育

《网络安全法》第十九条规定，各级人民政府及其有关部门应当组织开展经常性的网络安全宣传教育，并指导、督促有关单位做好网络安全宣传教育工作。大众传播媒介应当有针对性地面向社会进行网络安全宣传教育。

本条明确了各级人民政府以及有关部门应当利用多种方式和渠道，组织有关单位、部门和群众，开展多种形式的网络安全教育，提高全社会网络安全意识，掌握网络安全基础知识、基本技能，提高网络安全业务能力和水平。多年来，有关部门大力开展教育训练体系建设，建设网络安全教育基地，组织开展网络安全宣传周，组织企业、研究机构研发培训教育平台，组织师资队伍开展网上在线培训、网下集中培训考试，网上网下集中训练、演练、演习，取得了显著成效。

13. 加快培养网络安全人才

《网络安全法》第二十条规定，国家支持企业和高等学校、职业学校等教育培训机构开展网络安全相关教育与培训，采取多种方式培养网络安全人才，促进网络安全人才交流。

（1）本条明确了国家应加强保障，加快教育训练，解决人才不足问题。国家采取多种方式、多项措施，加快培养网络空间安全人才。国家支持企业和高等学校、职业学校等教育培训机构，开展网络安全教育、培训，建立培训基地，建设网络靶场和网络攻防实验室，开展攻防对抗，全面提升网上行动能力，主要包括威胁情报能力、进攻能力、实时监测能力、技术检测能力、通报预警能力、应急处置能力、追踪溯源能力、综合防御能力、态势感知能力、侦查打击能力、技术反制能力、数据获取能力等。

（2）网络空间的竞争归根结底是人才竞争，建设网络强国，就要把人才资源汇聚起来，建成一支政治强、业务精、作风硬的强大网军。2015 年，教育部将网络空间安全设为一级学科，许多高校开设博士点、硕士点，培养专门人才。近年来，国家在 90 多所重点高等院校创建网络空间安全学院，评选一流网络安全学院建设示范项目，为培养网络安全人才创造了有利条件。

14. 加强信息共享和合作

《网络安全法》第二十九条规定，国家支持网络运营者之间在网络安全信息收集、分析、通报和应急处置等方面进行合作，提高网络运营者的安全保障能力。有关行业组织建立健全本行业的网络安全保护规范和协作机制，加强对网络安全风险的分析评估，定期向会员进行风险警示，支持、协助会员应对网络安全风险。

本条明确了国家支持网络运营者在网络安全方面开展合作，支持行业组织在网络安全方面开展协作。网络的所有者、管理者和网络服务提供者之间，包括行业组织，可以在管理措施、技术措施、技术力量、数据信息等方面加强合作，充分发挥各自优势，在网络安全防护、安全监测、技术检测、通报预警、应急处置、态势感知、威胁情报等方面进行合作，共同防范和处置网络攻击、网络威胁风险。

5.2.3　网络安全职责分工和责任义务

《网络安全法》规定了国家网信部门、国务院电信主管部门、公安部门等部门在网络安全中的职责，对其他有关机关概括性地提出要求；对网络安全行业、有关组织和个人提出了在网络安全保护工作中的支持、配合和协助义务。

1. 有关部门职责分工

《网络安全法》第八条规定，国家网信部门负责统筹协调网络安全工作和相关监督管理工作。国务院电信主管部门、公安部门和其他有关机关依照本法和有关法律、行政法规的规定，在各自职责范围内负责网络安全保护和监督管理工作。县级以上地方人民政府有关部门的网络安全保护和监督管理职责，按照国家有关规定确定。

本条明确了国家有关部门的网络安全职责分工，以及本法与其他法律法规的关系。《网络安全法》原则上对有关部门的职责进行了分工，实际上，有关部门的职责分工，应按照国务院有关文件规定和中央编制部门下发的"三定"方案执行。原则上，中央网络安全与信息化委员会办公室负责网络安全工作的统筹协调，国家互联网信息办公室负责互联网信息内容管理工作以及监督管理执法；公安部负责网络安全保卫，监督、检查、指导网络安全保护工作，防范打击网络违法犯罪活动；工业和信息化部作为电信行业主管部门，负责电信行业网络安全管理、互联网行业管理、通信保障、应急管理和处置等工作。

2. 加强行业自律

《网络安全法》第十一条规定，网络相关行业组织按照章程，加强行业自律，制定网络安全行为规范，指导会员加强网络安全保护，提高网络安全保护水平，促进行业健康发展。

本条明确了网络安全行业要加强自律。网络安全学会、协会、联盟和其他有关行业组织，要制定出台行业管理规范和行为准则，加强对企业、机构、人员的日常规范管理，清理违规企业和机构；组织培训，提高相关企业、机构、人员的业务能力和水平。同时，要加强行业自身的网络安全防范工作，排查消除网络系统和人员安全风险。有关网络安全学会、协会、联盟的指导单位，要对其加强指导、规范管理，促进网络安全行业的健康发展。

3. 举报与受理

《网络安全法》第十四条规定，任何个人和组织有权对危害网络安全的行为向网信、电信、公安等部门举报。收到举报的部门应当及时依法作出处理；不属于本部门职责的，应当及时移送有权处理的部门。有关部门应当对举报人的相关信息予以保密，保护举报人的合法权益。

本条明确了任何组织和个人都对危害网络安全的行为具有举报义务。当发现有危害网络安全的违法犯罪活动时，公民、法人和其他组织有义务向公安机关、网信部门、电信管理部门举报；有关部门依据法定职责进行处理，及时向举报人反馈处理结果，并对举报人、举报内容严格保密，保护举报人的合法权益。

5.2.4 网络安全等级保护制度

《网络安全法》将信息安全等级保护制度上升为法律，并根据《网络安全法》统一用语，调整为网络安全等级保护制度。同时，《网络安全法》规定了国家关键信息基础设施安全保护与网络安全等级保护制度的关系。

1. 国家实行网络安全等级保护制度

《网络安全法》第二十一条规定，国家实行网络安全等级保护制度。网络运营者应当按照网络安全等级保护制度的要求，履行安全保护义务。

本条明确了国家实行网络安全等级保护制度，标志着该制度从国务院条例（147 号令）上升到国家法律；标志着国家实施多年的信息安全等级保护制度进入 2.0 阶段；标志着以保护国家关键信息基础设施安全为重点的网络安全等级保护制度依法全面实施。党政机关、企事业单位、其他组织等网络运营者，必须依法落实网络安全等级保护制度，履行网络安全保护责任和义务，公安机关、保密行政管理部门、密码管理部门依法实施监管。

2. 关键信息基础设施安全保护与网络安全等级保护制度的关系

《网络安全法》第三十一条规定，国家对公共通信和信息服务、能源、交通、水利、金融、公共服务、电子政务等重要行业和领域，以及其他一旦遭到破坏、丧失功能或者数据泄露，可能严重危害国家安全、国计民生、公共利益的关键信息基础设施，在网络安全等级保护制度的基础上，实行重点保护。

本条明确了什么是关键信息基础设施，以及其安全保护与网络安全等级保护制度的关系。关系国家重大利益、人民群众生命财产安全和社会生产生活秩序，一旦遭到破坏、丧失功能或者数据泄露，可能严重危害国家安全、国计民生、公共利益的网络设施、信息系统和数据资源，属于关键信息基础设施。关键信息基础设施安全保护应以网络安全等级保护制度为基础，关键信息基础设施运营者首先应落实网络安全等级保护制度，开展网络定级备案、安全建设整改、等级测评、安全自查等工作，在此基础上采取加强型和特殊型保护措施，建设关键信息基础设施综合防御体系，实施重点保护，确保关键信息基础设施安全。

5.2.5　网络运营者的基本责任义务

《网络安全法》重点规定了网络运营者的责任义务，包括七条。网络运营者是指网络的所有者、管理者和网络服务提供者。

1. 网络运营者守法经营和服务

《网络安全法》第九条规定，网络运营者开展经营和服务活动，必须遵守法律、行政法规，尊重社会公德，遵守商业道德，诚实信用，履行网络安全保护义务，接受政府和社会的监督，承担社会责任。

本条明确了网络运营者在经营和服务活动中，一是要守法，二是要遵守道德底线，诚实守信，三是要履行保护义务，四是要接受监督，五是要承担社会责任。网络运营者包括党政机关、企事业单位、民营企业、机构、行业组织、法人、公民个人等。

2. 网络运营者应采取措施保护网络和数据安全

《网络安全法》第十条规定，建设、运营网络或者通过网络提供服务，应当依照法律、行政法规的规定和国家标准的强制性要求，采取技术措施和其他必要措施，保障网络安全、稳定运行，有效应对网络安全事件，防范网络违法犯罪活动，维护网络数据的完整性、保密性和可用性。

本条明确了网络运营者的保护重点，一是网络和信息系统的运行安全，二是数据和信息安全，特别是公民个人信息安全，三是采取管理和技术措施，防范网络攻击、网络窃密等危害国家安全、社会公共安全和公民合法权益的网络违法犯罪活动，有效应对网络安全事件。

3. 网络运营者应按照网络安全等级保护制度要求落实具体保护措施

《网络安全法》第二十一条规定，国家实行网络安全等级保护制度。网络运营者应当按照网络安全等级保护制度的要求，履行下列安全保护义务，保障网络免受干扰、破坏或者未经授权的访问，防止网络数据泄露或者被窃取、篡改：一是制定内部安全管理制度和操作规程，确定网络安全负责人，落实网络安全保护责任；二是采取防范计算机病毒和网络攻击、网络侵入等危害网络安全行为的技术措施；三是采取监测、记录网络运行状态、网络安全事件的技术措施，并按照规定留存相关的网络日志不少于六个月；四是采取数据分类、重要数据备份和加密等措施；五是法律、行政法规规定的其他义务。

本条明确了国家实行网络安全等级保护制度，网络运营者按照网络安全等级保护制度要求，依照网络安全等级保护定级指南、基本要求、安全设计技术要求、测评要求、实施指南等一系列国家标准和行业标准，依法开展网络的定级、备案、安全建设整改、等级测评、安全检查等强制性工作，从管理和技术两方面，采取防护措施，根据网络的安全保护等级，开展网络安全保护工作。为了突出重点，本条还专门提出了网络运营者应落实的几项关键措施。

4. 网络运营者应落实网络实名制要求

《网络安全法》第二十四条规定，网络运营者为用户办理网络接入、域名注册服务，办理固定电话、移动电话等入网手续，或者为用户提供信息发布、即时通讯等服务，在与用户签订协议或者确认提供服务时，应当要求用户提供真实身份信息。用户不提供真实身份信息的，网络运营者不得为其提供相关服务。国家实施网络可信身份战略，支持研究开发安全、方便的电子身份认证技术，推动不同电子身份认证之间的互认。

（1）本条明确了网络运营者要落实网络实名制要求。网络实名制主要包括网络接入、域名注册、电话入网、信息服务提供、手机认证等的网络用户身份管理要求，是维护国家网络空间安全的重要基础，如果不落实网络实名制，不法分子将利用网络的虚拟性、隐匿性，登记虚假信息，实施网络攻击、网络窃密、网络诈骗、网络盗窃、网络贩枪、网络贩毒、网络恐怖等非法活动，导致违法犯罪成本低，取证查处难，给国家有关部门实施网络安全监管和打击犯罪、维护国家安全和社会公共安全带来困难。

（2）国家支持网络可信身份认证技术和网络身份标识技术，建立网络可信身份管理服务体系和监管体系，提高网络身份认证能力和水平，保护国家数字基础设施运营安全和数据安全。2012年全国人大常委会通过的《关于加强网络信息保护的决定》，确立了网络身份管理制度。2015年出台的《中华人民共和国反恐怖主义法》对电信部门、互联网业务经营者、服务提供者落实网络实名制要求作出了明确规定。实施网络可信身份战略，是构建安全、可信网络环境的重要基础，企业和研究机构要加大力度，研究开发安全可靠的电子身份认证技术以及不同电子身份认证之间的互认技术，提高网络身份认证的能力和水平。

5. 网络运营者应采取措施处置网络安全事件

《网络安全法》第二十五条规定，网络运营者应当制定网络安全事件应急预案，及时处置系统漏洞、计算机病毒、网络攻击、网络侵入等安全风险；在发生危害网络安全的事件时，立即启动应急预案，采取相应的补救措施，并按照规定向有关主管部门报告。

（1）本条明确了对网络运营者防范和应对网络安全事件的要求。网络运营者应采取措施，防范网络入侵攻击、计算机病毒爆发、系统漏洞隐患等网络安全事件；针对各种网络安全事件制定应急预案，建立应急处置机制，组织应急处置队伍；当发生网络安全事件时，及时启动预案，果断进行应急处置，使危害降到最低；应当保护现场和证据，并向公安机关、行业主管部门和有关部门报告。

（2）发生重大网络安全事件时，有关部门应按照国家网络安全事件应急预案要求，开展应急处置。公安机关应当根据有关规定处置网络安全事件，开展事件调查，认定事件责任，查处危害网络安全的违法犯罪活动。电信业务经营者、互联网服务提供者应当为重大网络安全事件处置和恢复提供支持和协助。

6. 第三方检测认证机构开展网络安全服务的要求

《网络安全法》第二十六条规定，开展网络安全认证、检测、风险评估等活动，向社会发布系统漏洞、计算机病毒、网络攻击、网络侵入等网络安全信息，应当遵守国家有关规定。

本条明确了第三方检测认证机构开展网络安全服务要守法。网络安全保护工作，需要系统集成商、互联网企业、网络安全企业、检测机构等企业支持。第三方检测认证机构在开展产品研发、销售，系统设计、建设、运维，安全认证、安全监测、现场检测、远程渗透、技术支持，等级测评、风险评估，云服务，向社会发布信息等活动时，一定要遵守国家有关规定。同时，第三方检测认证机构要提高业务能力和技术水平，提高服务质量。

7. 网络运营者为公安机关、国家安全机关提供技术支持和协助义务

《网络安全法》第二十八条规定，网络运营者应当为公安机关、国家安全机关依法维护国家安全和侦查犯罪的活动提供技术支持和协助。

本条明确了网络运营者为公安机关、国家安全机关提供技术支持和协助的义务。国家安全法、反恐怖主义法、反间谍法、刑事诉讼法也规定，任何组织和公民个人对公安机关、国家安全机关维护国家安全和侦查犯罪的活动，都有义务提供支持和协助。当公安机关、国家安全机关依法维护国家安全，开展侦察、打击犯罪活动时，电信业务经营者，网络所有者、管理者和网络服务提供者都要依法提供技术支持和协助，保护犯罪现场和犯罪证据，提供技术接口和解密等技术支持，提供数据支持。

5.2.6　关键信息基础设施运行安全

关键信息基础设施运行安全，包括关键信息基础设施的范围，关键信息基础设施安全保护的主要内容，与网络安全等级保护制度的关系，以及国家安全审查等。

1. 关键信息基础设施在网络安全等级保护制度基础上实行重点保护

《网络安全法》第三十一条规定，国家对公共通信和信息服务、能源、交通、水利、

金融、公共服务、电子政务等重要行业和领域，以及其他一旦遭到破坏、丧失功能或者数据泄露，可能严重危害国家安全、国计民生、公共利益的关键信息基础设施，在网络安全等级保护制度的基础上，实行重点保护。关键信息基础设施的具体范围和安全保护办法由国务院制定。国家鼓励关键信息基础设施以外的网络运营者自愿参与关键信息基础设施保护体系。

本条明确了关键信息基础设施的定义和保护要求，以及其安全保护与网络安全等级保护制度的关系。公安机关在国家关键信息基础设施安全保护中的职责任务主要有：一是保卫关键信息基础设施安全，二是监督、检查、指导关键信息基础设施安全保护工作，三是防范打击危害关键信息基础设施安全的违法犯罪活动。有关关键信息基础设施安全保护的详细介绍见第 3 章。

2. 保护工作部门承担本行业、本领域的关键信息基础设施安全主管责任

《网络安全法》第三十二条规定，按照国务院规定的职责分工，负责关键信息基础设施安全保护工作的部门分别编制并组织实施本行业、本领域的关键信息基础设施安全规划，指导和监督关键信息基础设施运行安全保护工作。

本条明确了负责关键信息基础设施安全保护工作的行业主管部门（即关键信息基础设施保护工作部门）组织开展关键信息基础设施安全保护、监督和指导等工作。保护工作部门要组织制定并实施本行业、本领域关键信息基础设施安全规划，制定关键信息基础设施识别认定指南，组织开展关键信息基础设施认定，监督和指导本行业、本领域关键信息基础设施安全保护工作，落实主管责任。

3. 关键信息基础设施与安全技术措施建设应落实"三同步"原则

《网络安全法》第三十三条规定，建设关键信息基础设施应当确保其具有支持业务稳定、持续运行的性能，并保证安全技术措施同步规划、同步建设、同步使用。

（1）本条明确了关键信息基础设施的功能、性能要求和"三同步"要求。关键信息基础设施运营者建设关键信息基础设施时，应着重考虑两个要素，一个是功能、性能要求，另一个是安全要求。建设关键信息基础设施投资较大，在规划设计阶段，要充分论证，以满足业务需求，保证业务的连续性和稳定性。同时，关键信息基础设施规划设计阶段，一定要同步规划、同步设计安全保护措施，安全保护设施与信息化设施同步建设、同步使用，确保关键信息基础设施的功能、性能能正常发挥。

（2）为了保证该项规定的落实，业务部门和信息化部门在制定关键信息基础设施建设方案时，一定要按照国家标准和行业标准同步制定安全建设方案，聘请专家进行评审，方案通过后方可进行建设、运行。关键信息基础设施上线之前，还要进行源代码检测、等级测评、安全检测评估，确保其运行安全和数据安全。

4. 关键信息基础设施运营者的安全保护义务

《网络安全法》第三十四条规定，除本法第二十一条的规定外，关键信息基础设施的运营者还应当履行下列安全保护义务：一是设置专门安全管理机构和安全管理负责人，并

对该负责人和关键岗位的人员进行安全背景审查；二是定期对从业人员进行网络安全教育、技术培训和技能考核；三是对重要系统和数据库进行容灾备份；四是制定网络安全事件应急预案，并定期进行演练；五是法律、行政法规规定的其他义务。

本条明确了关键信息基础设施运营者应落实的重点安全保护措施，即除落实《网络安全法》第二十一条规定的措施外，还要落实以下几项重点措施。

（1）建立完善领导体系，成立专门的网络安全管理机构，明确专门负责网络安全的领导，确保政令畅通。

（2）对负责人、管理员、运维人员等关键岗位人员进行背景审查，确保关键岗位、部门的人员可靠。

（3）建设或利用合作单位培训、训练环境，采取网上网下等多种形式，对关键岗位人员、从业人员进行网络安全意识教育、网络安全技术培训、攻防对抗演练，提高网络安全业务能力和实战能力。

（4）对有关岗位人员进行分类分级管理，分类考核，将考核成绩纳入年终考评。

（5）对重要系统和数据库进行容灾备份，包括同城、异地方式，冷备、热备方式，保证信息系统运行安全和数据安全。

（6）制定网络安全事件应急预案，备建队伍、装备，建立与有关部门、企业的配合机制，并定期进行演练，以检验预案的有效性和针对性。

（7）落实国家安全法、反恐法、国务院 147 号令等法律、行政法规规定的其他义务。

5. 关键信息基础设施运营者采购网络产品和服务应通过国家安全审查

《网络安全法》第三十五条规定，关键信息基础设施的运营者采购网络产品和服务，可能影响国家安全的，应当通过国家网信部门会同国务院有关部门组织的国家安全审查。

本条明确了网络产品和服务的国家安全审查机制。2015 年国家出台的《国家安全法》确立了国家安全审查制度。关键信息基础设施运营者在采购网络产品和服务时，如果影响国家安全，按照世界贸易组织规则，可以按照国家安全例外原则，对采购的产品和服务进行限制。由于关键信息基础设施安全涉及国家安全，因此，关键信息基础设施运营者在采购网络产品和服务时，对可能影响国家安全的，应当由国家网信部门会同国务院有关部门组织开展国家安全审查，审查通过的，方可采购。

6. 关键信息基础设施运营者采购网络产品和服务应当签订安全保密协议，明确安全和保密义务与责任

《网络安全法》第三十六条规定，关键信息基础设施的运营者采购网络产品和服务，应当按照规定与提供者签订安全保密协议，明确安全和保密义务与责任。

本条明确了关键信息基础设施运营者、服务商在采购网络产品和服务时的安全责任和义务，保障外包服务安全，关注供应链安全。产品和服务是关键信息基础设施建设、运营中的重要内容，是供应链安全的核心，而供应链安全又是容易被用户疏忽的网络安全的重要内容。因此，关键信息基础设施运营者在采购网络产品和服务时，一是要采购符合国家

有关规定的网络产品和服务，慎重选择提供者；二是要与网络产品和服务提供者签订安全保密协议，明确其安全保密义务和责任；三是要采取有效措施，监督网络产品和服务提供者落实安全保密义务和责任。

7. 个人信息和重要数据的存储及出境要求

《网络安全法》第三十七条规定，关键信息基础设施的运营者在中华人民共和国境内运营中收集和产生的个人信息和重要数据应当在境内存储。因业务需要，确需向境外提供的，应当按照国家网信部门会同国务院有关部门制定的办法进行安全评估；法律、行政法规另有规定的，依照其规定。

（1）本条明确了关键信息基础设施运营者的数据留存和提供的要求。数据安全关系到国家安全，其广泛应用带来的安全挑战日渐凸显，应切实采取措施，加强数据出境的安全监管。2022年，国家互联网信息办公室发布了《数据出境安全评估办法》，旨在落实《网络安全法》《数据安全法》《个人信息保护法》的规定，规范数据出境活动，保护个人信息。

（2）在我国境内运营中收集和产生的个人信息和重要数据，应当在境内存储。因业务需要，确需向境外提供的，应当按照《数据出境安全评估办法》进行安全评估。网络安全监管部门和行业主管部门对关键信息基础设施运营者的数据留存、提供和出境等情况进行监督、检查，以确保数据出境符合国家法律规范和有关标准要求。

8. 关键信息基础设施安全检测评估

《网络安全法》第三十八条规定，关键信息基础设施的运营者应当自行或者委托网络安全服务机构对其网络的安全性和可能存在的风险每年至少进行一次检测评估，并将检测评估情况和改进措施报送相关负责关键信息基础设施安全保护工作的部门。

本条明确了关键信息基础设施运营者开展安全检测评估的规定。安全检测评估活动是依据《关键信息基础设施安全保护要求》，按照有关关键信息基础设施安全检测评估要求，由第三方安全检测评估机构对关键信息基础设施整体安全状况进行检测评估。关键信息基础设施安全检测评估应与网络安全等级保护测评活动相结合，等级测评是基础和前提。详见3.4.8节"关键信息基础设施安全保护的检测评估能力"。

9. 关键信息基础设施安全保护应采取的重点措施

《网络安全法》第三十九条规定，国家网信部门应当统筹协调有关部门对关键信息基础设施的安全保护采取下列措施：一是对关键信息基础设施的安全风险进行抽查检测，提出改进措施，必要时可以委托网络安全服务机构对网络存在的安全风险进行检测评估；二是定期组织关键信息基础设施的运营者进行网络安全应急演练，提高应对网络安全事件的水平和协同配合能力；三是促进有关部门、关键信息基础设施的运营者以及有关研究机构、网络安全服务机构等之间的网络安全信息共享；四是对网络安全事件的应急处置与网络功能的恢复等，提供技术支持和协助。

本条明确了关键信息基础设施安全保护中应采取的重点措施。国家网信部门应当统筹协调有关部门积极支持，网络安全职能部门、行业主管部门、网络安全企业等充分发挥作用，形成合力，支持关键信息基础设施运营者对关键信息基础设施的安全保护采取安全监测、通报预警、态势感知、风险评估、应急演练、信息共享、应急处置等措施，建立关键信息基础设施综合防御体系，提高综合防御能力。

5.2.7　网络数据和信息安全

网络数据和信息安全是网络运营者应该保护的重点之一。《网络安全法》规定了个人信息的含义、权利、匿名化处理，个人信息保护专门立法，网络实名制，网络运营者处置违法信息的义务，电子信息发送服务提供者和应用软件下载服务提供者处置违法信息的义务，主管部门处置违法信息的权力，网络运营者的技术支持、配合、协助义务。

1. 网络运营者收集使用用户信息和个人信息的规范要求

《网络安全法》第四十条规定，网络运营者应当对其收集的用户信息严格保密，并建立健全用户信息保护制度。第四十一条规定，网络运营者收集、使用个人信息，应当遵循合法、正当、必要的原则，公开收集、使用规则，明示收集、使用信息的目的、方式和范围，并经被收集者同意。网络运营者不得收集与其提供的服务无关的个人信息，不得违反法律、行政法规的规定和双方的约定收集、使用个人信息，并应当依照法律、行政法规的规定和与用户的约定，处理其保存的个人信息。

第四十条和第四十一条明确了网络运营者收集使用用户信息和个人信息的要求。网络运营者应建立用户信息保护制度，在用户信息、数据的采集、存储、处理、使用、传输、提供和销毁过程中，采取管理和技术措施，对用户信息、数据进行保护和保密。用户信息包括公民个人、法人和其他组织的信息、数据。网络运营者在收集、使用、处理个人信息时，应遵循以下原则：

（1）合法原则，即有法可依、有合法依据，且方法符合法律规定，禁止通过非法手段获取、使用个人信息。

（2）正当性原则，即应当有明确目的、特定要求，而不能超范围收集使用个人信息，也不能将个人信息用于特定目的之外的活动。

（3）必要原则，按照最低限度要求收集、使用、处理个人信息。

（4）公开透明原则，向个人信息主体公开收集、使用、处理个人信息的目的、范围、方式等，保障信息主体的知情权。

（5）个人信息是指以电子或者其他方式记录的能够单独或者与其他信息结合识别自然人个人身份的各种信息，包括但不限于自然人的姓名、出生日期、身份证件号码、个人生物识别信息、住址、电话号码等。

2. 网络运营者保护个人信息的规范要求

《网络安全法》第四十二条规定，网络运营者不得泄露、篡改、毁损其收集的个人信息；未经被收集者同意，不得向他人提供个人信息。但是，经过处理无法识别特定个人且不能复原的除外。网络运营者应当采取技术措施和其他必要措施，确保其收集的个人信息安全，防止信息泄露、毁损、丢失。在发生或者可能发生个人信息泄露、毁损、丢失的情况时，应当立即采取补救措施，按照规定及时告知用户并向有关主管部门报告。

本条明确了网络运营者对个人信息保护的责任和义务：

（1）不得泄露、篡改、毁损其收集的个人信息。

（2）未经被收集者同意，不得向他人提供。

（3）应当采取管理和技术措施，保护个人信息安全，防止未经授权的获取、使用、修改、提供、处置，防止信息泄露、毁损、丢失。

（4）当发生信息泄露、毁损、丢失等情况时，应当立即采取应急补救措施，及时告知用户并向有关主管部门报告。

（5）经过处理无法识别特定个人且不能复原的信息称为匿名化信息，匿名化信息不属于本条第一款约束的范围。

3. 组织和个人对个人信息保护的权力义务

《网络安全法》第四十三条规定，个人发现网络运营者违反法律、行政法规的规定或者双方的约定收集、使用其个人信息的，有权要求网络运营者删除其个人信息；发现网络运营者收集、存储的其个人信息有错误的，有权要求网络运营者予以更正。网络运营者应当采取措施予以删除或者更正。第四十四条规定，任何个人和组织不得窃取或者以其他非法方式获取个人信息，不得非法出售或者非法向他人提供个人信息。

（1）第四十三条明确了个人发现网络运营者违反法律、行政法规的规定或者双方的约定，收集、存储、使用、传输其个人信息时，有权要求网络运营者删除；发现网络运营者收集、存储、使用、传输的其个人信息有错误的，有权要求网络运营者予以更正。对信息主体的上述要求，网络运营者应当采取措施予以删除或者更正。

（2）第四十四条明确了禁止任何个人和组织对个人信息的非法行为，包括实施网络入侵攻击，窃取、非法获取个人信息，非法出售、非法提供个人信息等违法活动。

4. 监管部门及其工作人员对个人信息的保密义务

《网络安全法》第四十五条规定，依法负有网络安全监督管理职责的部门及其工作人员，必须对在履行职责中知悉的个人信息、隐私和商业秘密严格保密，不得泄露、出售或者非法向他人提供。

本条明确了网络安全监管部门及其工作人员对个人信息的保密义务。国家机关及其工作人员在履行职责中，能够接触许多个人信息、隐私和商业秘密，应依据本法和有关法律法规的规定，在收集、存储、使用中采取必要的措施对其予以保密，不得泄露、出售或者非法向他人提供。

5. 任何组织和个人不得设立实施违法犯罪活动的网站、通讯群组以及发布违法信息

《网络安全法》第四十六条规定，任何个人和组织应当对其使用网络的行为负责，不得设立用于实施诈骗，传授犯罪方法，制作或者销售违禁物品、管制物品等违法犯罪活动

的网站、通讯群组，不得利用网络发布涉及实施诈骗，制作或者销售违禁物品、管制物品以及其他违法犯罪活动的信息。

网站，QQ 群、微信群等通讯群组，是人们获取、交流、发布信息的重要手段，不法分子利用这些手段实施的网络诈骗、网络贩枪、网络贩毒、网络赌博、网络色情等违法犯罪活动越来越猖獗。因此，本条明确了任何个人和组织不得建立用于实施违法犯罪活动的网站、通讯群组以及发布违法信息的规定。

6. 网络运营者对违法信息应落实阻断传播和报告义务

《网络安全法》第四十七条规定，网络运营者应当加强对其用户发布的信息的管理，发现法律、行政法规禁止发布或者传输的信息的，应当立即停止传输该信息，采取消除等处置措施，防止信息扩散，保存有关记录，并向有关主管部门报告。

本条明确了网络运营者对违法信息传播的阻断和报告义务。2000 年全国人大通过的《全国人民代表大会常务委员会关于维护互联网安全的决定》、2012 年全国人大通过的《全国人民代表大会常务委员会关于加强网络信息保护的决定》、2000 年国务院发布的《互联网信息服务管理办法》都对网络运营者的责任义务作了明确规定。网络运营者为用户发布信息提供网络平台，应履行法律法规规定的义务，建立用户发布信息管理制度；当发现用户发布或者传输法律、行政法规禁止的信息时，应当立即阻断发布或传输，采取消除等处置措施，防止信息扩散，保存有关记录，并向有关主管部门报告。

7. 禁止任何个人和组织设置恶意程序和传播违法信息

《网络安全法》第四十八条规定，任何个人和组织发送的电子信息、提供的应用软件，不得设置恶意程序，不得含有法律、行政法规禁止发布或者传输的信息。电子信息发送服务提供者和应用软件下载服务提供者，应当履行安全管理义务，知道其用户有前款规定行为的，应当停止提供服务，采取消除等处置措施，保存有关记录，并向有关主管部门报告。

（1）本条明确了禁止任何个人和组织传播违法信息，服务提供者应落实阻断违法信息传播的义务。网络空间是法治空间，不是法外之地，任何个人和组织无论在现实社会，还是在网络领域，都要守法，发送的电子信息、提供的应用软件，不得设置恶意程序，不得含有法律、行政法规禁止发布或者传输的信息。

（2）《网络安全法》第十二条第二款规定，任何个人和组织使用网络应当遵守宪法法律，遵守公共秩序，尊重社会公德，不得危害网络安全，不得利用网络从事危害国家安全、荣誉和利益，煽动颠覆国家政权、推翻社会主义制度，煽动分裂国家、破坏国家统一，宣扬恐怖主义、极端主义，宣扬民族仇恨、民族歧视，传播暴力、淫秽色情信息，编造、传播虚假信息扰乱经济秩序和社会秩序，以及侵害他人名誉、隐私、知识产权和其他合法权益等活动。

8. 网络运营者应落实受理和处置用户投诉、举报义务和配合义务

《网络安全法》第四十九条规定，网络运营者应当建立网络信息安全投诉、举报制度，

公布投诉、举报方式等信息，及时受理并处理有关网络信息安全的投诉和举报。网络运营者对网信部门和有关部门依法实施的监督检查，应当予以配合。

（1）本条明确了网络运营者应落实受理和处置用户投诉、举报义务和配合义务。对危害网络安全的行为，任何组织和个人都有监督和举报的权利。因此，本条第一款要求网络运营者应当建立网络信息安全投诉、举报制度，公布投诉、举报方式等信息，及时受理并处理有关网络信息安全的投诉和举报。

（2）公安机关、网信部门、电信主管部门及有关行业主管部门承担网络安全监管职责；对于有关部门履行职责，开展网络安全监督管理工作，本条第二款要求网络运营者应配合有关部门开展监督检查。

9. 网络安全职能部门依法履行网络信息安全监督管理职责

《网络安全法》第五十条规定，国家网信部门和有关部门依法履行网络信息安全监督管理职责，发现法律、行政法规禁止发布或者传输的信息的，应当要求网络运营者停止传输，采取消除等处置措施，保存有关记录；对来源于中华人民共和国境外的上述信息，应当通知有关机构采取技术措施和其他必要措施阻断传播。

本条明确了国家网信部门、公安机关、电信主管部门和有关部门应依法履行网络信息安全监督管理职责，采取措施，及时监测发现网上违法信息，并要求网络运营者停止传输，采取消除等处置措施，保存有关记录，为侦查打击网络违法犯罪提供支持；对来源于中华人民共和国境外的违法信息，国家网信部门、公安机关、电信主管部门等应当通知有关机构采取技术措施和其他必要措施，阻断违法信息传播。

5.2.8 监测预警与应急处置

网络安全重点工作中，在落实网络安全保护措施的基础上，监测预警与应急处置是重要措施，因此，《网络安全法》要求建立统一的监测预警、信息通报和应急处置制度和体系，建立健全网络安全风险评估和应急工作机制，开展网络安全信息的监测、分析和预警，以及网络安全事件的应急处置工作，采取网络通信管制等措施，保障网络安全。

1. 建立网络安全监测预警和信息通报制度

《网络安全法》第五十一条规定，国家建立网络安全监测预警和信息通报制度。国家网信部门应当统筹协调有关部门加强网络安全信息收集、分析和通报工作，按照规定统一发布网络安全监测预警信息。第五十二条规定，负责关键信息基础设施安全保护工作的部门，应当建立健全本行业、本领域的网络安全监测预警和信息通报制度，并按照规定报送网络安全监测预警信息。

这两条明确了国家建立网络安全监测预警和信息通报制度，保护工作部门建立健全本行业、本领域的网络安全监测预警和信息通报制度。

（1）落实实时监测措施，健全完善网络安全监测预警机制，提升发现攻击能力和监测预警能力。

（2）落实信息通报措施，依托各级网络与信息安全信息通报机制，加强本行业、本领域网络安全信息通报预警机制和力量建设，开展信息通报预警。信息通报工作作为国家网络安全保障体系的重要组成部分，在整合各方资源力量，加强信息共享，实现网络安全综合防控、主动防范、应急处置等方面发挥着重要作用，是维护我国网络安全的重要机制。

（3）2003 年，中央决定建立网络安全信息通报机制，以加强安全防范。2004 年 8 月，国家成立了网络与信息安全信息通报中心（设在公安部），随后，各省区市公安机关均成立了本地网络与信息安全信息通报中心，组织开展网络安全信息通报预警工作。

（4）公安部依托各级网络与信息安全信息通报中心，建立完善国家网络安全监测预警和通报处置工作机制，建立了覆盖国家、省、地市三级，近 200 个重要行业，横纵通畅的立体化全国网络安全监测预警通报处置体系，成立了专家组，建立了技术支持队伍，开展网络安全信息收集汇总、分析研判、上报反馈工作。

（4）保护工作部门要在国家网络与信息安全信息通报中心指导下，建立完善网络安全监测预警和信息通报制度，开展信息通报预警工作，并按照规定报送网络安全监测预警信息。

2. 建立网络安全风险评估和应急工作机制

《网络安全法》第五十三条规定，国家网信部门协调有关部门建立健全网络安全风险评估和应急工作机制，制定网络安全事件应急预案，并定期组织演练。负责关键信息基础设施安全保护工作的部门应当制定本行业、本领域的网络安全事件应急预案，并定期组织演练。网络安全事件应急预案应当按照事件发生后的危害程度、影响范围等因素对网络安全事件进行分级，并规定相应的应急处置措施。

第五十四条规定，网络安全事件发生的风险增大时，省级以上人民政府有关部门应当按照规定的权限和程序，并根据网络安全风险的特点和可能造成的危害，采取下列措施：一是要求有关部门、机构和人员及时收集、报告有关信息，加强对网络安全风险的监测；二是组织有关部门、机构和专业人员，对网络安全风险信息进行分析评估，预测事件发生的可能性、影响范围和危害程度；三是向社会发布网络安全风险预警，发布避免、减轻危害的措施。

这两条明确了建立网络安全风险评估和应急工作机制。

（1）国家网信部门会同公安、工信等部门，协调电力、金融、电信、交通等有关部门，建立健全网络安全风险评估和应急工作机制，制定出台网络安全事件应急预案，按照《网络安全事件分类分级指南》等国家标准对网络安全事件进行分级处置，并定期组织开展应急演练，提高处置网络安全突发事件的能力。重点行业、部门按照国家要求，制定出台本行业、本领域的网络安全事件应急预案，并定期组织开展应急演练。

（2）省级以上人民政府有关部门开展网络安全监测预警工作。省级以上人民政府网信部门、公安机关、电信管理部门、保密行政管理部门、密码管理部门等，要组织力量，建设网络安全监测预警平台，开展网络安全实时监测、风险分析研判、通报预警等工作，提高预警能力，及时化解网络安全风险和威胁。

3. 处置网络安全事件以及由此引发的重大突发社会安全事件

《网络安全法》第五十五条规定，发生网络安全事件，应当立即启动网络安全事件应急预案，对网络安全事件进行调查和评估，要求网络运营者采取技术措施和其他必要措施，消除安全隐患，防止危害扩大，并及时向社会发布与公众有关的警示信息。

第五十七条规定，因网络安全事件，发生突发事件或者生产安全事故的，应当依照《中华人民共和国突发事件应对法》《中华人民共和国安全生产法》等有关法律、行政法规的规定处置。

第五十八条规定，因维护国家安全和社会公共秩序，处置重大突发社会安全事件的需要，经国务院决定或者批准，可以在特定区域对网络通信采取限制等临时措施。

这三条明确了如何处置网络安全事件，以及由此引发的突发事件或者生产安全事故，和重大突发社会安全事件。

（1）当发生网络安全事件时，网信部门、公安机关、电信管理部门、保密行政管理部门、密码管理部门等职能部门，以及重要行业部门，应当立即启动应急预案，对事件开展处置、调查和评估，消除危害。网络运营者应按照应急预案和有关部门要求，采取应急措施，消除危害。有关部门应按要求及时向社会发布警示信息。

（2）由于网络安全事件，引发其他事故灾难、社会公共安全事件、公共卫生事件等突发事件或者生产安全事故的，有关部门应当依照《中华人民共和国突发事件应对法》《中华人民共和国安全生产法》等有关法律、行政法规的规定进行处置，防止事故或灾害进一步扩大，减少人员伤亡和财产损失。

（3）因维护国家安全和社会公共秩序，处置重大突发社会安全事件，及时控制事态、消除危害的需要，经国务院决定或者批准，可以在特定区域对网络通信采取限制等临时措施。危害消除后，应停止网络通信限制等措施。

4. 网络安全职能部门可以对网络存在较大安全风险或者发生安全事件的网络运营者进行约谈

《网络安全法》第五十六条规定，省级以上人民政府有关部门在履行网络安全监督管理职责中，发现网络存在较大安全风险或者发生安全事件的，可以按照规定的权限和程序对该网络的运营者的法定代表人或者主要负责人进行约谈。网络运营者应当按照要求采取措施，进行整改，消除隐患。

本条明确了网络安全管理中进行约谈的要求。约谈是网络安全行政管理部门对行政管理相对人进行的行政指导行为，具有警示告诫、督促其履行义务、教育指导和要求整改的作用。因此，本条规定省级以上网信部门、公安机关、电信管理部门、保密行政管理部门、密码管理部门等职能部门，以及行业主管部门在履行网络安全监督管理职责中，发现网络运营者的网络存在较大安全风险或者发生安全事件的，可以按照规定的权限和程序对法定代表人或者主要负责人进行约谈。网络运营者应当按照要求采取措施，进行整改，消除隐患。如果网络运营者不接受约谈，不接受意见或拒不整改，约谈部门可以对其采取进一步的监管和追责措施，迫使网络运营者履行义务。

5.2.9　禁止行为和法律责任

《网络安全法》第五十九条到第七十五条，对网络运营者、关键信息基础设施运营者、有关职能部门、机构、组织、个人等不履行本法所设定的义务的，设置了警告、罚款、暂停相关业务、停业整顿、关闭网站、吊销相关业务许可证或者吊销营业执照、冻结财产、拘留、依法处分等处罚措施。违反《网络安全法》规定，构成违反治安管理行为的，依法给予治安管理处罚；构成犯罪的，依法追究刑事责任。具体内容可查阅《网络安全法》。

5.3　《关键信息基础设施安全保护条例》框架和重点内容

《关键信息基础设施安全保护条例》（以下简称《关保条例》）是根据《网络安全法》制定的，旨在建立专门保护制度，明确各方责任，提出保障促进措施，保障关键信息基础设施安全及维护网络安全。

5.3.1　条例规范的对象和主要内容

《关保条例》规范的对象是关键信息基础设施，主要内容包括：一是明确了关键信息基础设施的认定方法，二是规定了国家、网络安全职能部门、保护工作部门、运营者和公民个人的责任义务、应采取的措施，三是确定了网络安全职能部门、保护工作部门、运营者、公民个人应承担的法律责任，四是明确了关键信息基础设施安全保护与网络安全等级保护的关系。《关保条例》具有如下三个特点：

1. 突出重点保护

针对日益严峻的网络安全形势，总结网络安全工作实践经验，借鉴国外有益经验和通行做法，围绕关键、信息、基础这三个要素，将关键信息基础设施界定在一个较小的范围内，并对安全保护工作作出制度性安排，体现突出重点和保护重点的理念。《关保条例》在《网络安全法》有关网络运行安全一般规定的基础上，进一步明确了关键信息基础设施安全保护的综合性、管理性要求，强调了国家、有关部门、运营者以及社会各方面的保护责任和义务。《关保条例》重在强调关键信息基础设施的运行安全和数据安全，同时也强调了公民个人信息和隐私安全，但不涉及信息内容安全和舆论安全。

2. 坚持问题导向

《关保条例》是关键信息基础设施安全保护的专门法规，针对关键信息基础设施安全保护实践中存在的突出问题，将《网络安全法》的有关规定进一步明确和具体化，将实践证明成熟的做法利用法律、制度的形式确定下来，为关键信息基础设施安全保护提供了法治保障。考虑到行政法规重在制度建设，需要保持一定的稳定性，同时网络技术发展变化快，行业安全需求差异大，《关保条例》未就具体的技术性要求进行规定，技术性要求可通过制定出台相应标准进行规范。

3. 处理好与现行相关法律法规的关系

《关保条例》与上位法《网络安全法》确立的制度框架严格保持一致；与《保守国家秘密法》《数据安全法》《计算机信息系统安全保护条例》等专门法律法规协调配合，相关法律法规已经明确的事项，不再重复规定；与国家网络安全审查、个人信息保护和重要数据出境安全评估等专项制度进行了有机衔接。

5.3.2 国家在关键信息基础设施安全保护方面的责任义务和主要任务

关键信息基础设施是网络安全保护的重中之重，各部门必须守土有责、守土尽责。关键信息基础设施安全保护，需要集中国家力量和资源，全方位实施安全保卫、保护和保障工作。为统筹加强国家保护，条例明确了建立网络安全信息共享机制、完善监测预警和应急体系、组织开展检查检测、重点保障能源和通信服务、加强安全保卫和防范打击违法犯罪、出台相应标准指导规范等六个方面的保护措施，特别是在第五条明确了国家对关键信息基础设施实施重点保护，在第六条明确了运营者在网络安全等级保护的基础上，采取保护措施应对网络攻击。为体现国家重点支持，《关保条例》从人才培养、财政金融、技术创新、产业发展、军民融合、表彰奖励、宣传教育等七个方面提出了支持和促进措施。

1. 制定法律法规，明确重点保护对象的范围

《关保条例》第一条规定，为了保障关键信息基础设施安全，维护网络安全，根据《中华人民共和国网络安全法》，制定本条例。

第二条规定，本条例所称关键信息基础设施，是指公共通信和信息服务、能源、交通、水利、金融、公共服务、电子政务、国防科技工业等重要行业和领域的，以及其他一旦遭到破坏、丧失功能或者数据泄露，可能严重危害国家安全、国计民生、公共利益的重要网络设施、信息系统等。

（1）《关保条例》的制定依据是《网络安全法》，在有关保护要求、法律责任等方面与上位法保持一致，对上位法中有关关键信息基础设施安全保护方面的要求进行了细化，以利于《网络安全法》的有效落实，提高了关键信息基础设施安全保护措施的可操作性。制定《关保条例》的目的是，依法组织全社会力量，保障关系国家安全、国计民生的关键信息基础设施安全，突出保护重点，保障关键信息基础设施安全稳定运行，维护数据的完整性、保密性和可用性，进而维护网络安全、国家安全和公共利益。

（2）《关保条例》第二条明确了关键信息基础设施的范围，这是开展关键信息基础设施安全保护工作的基础和前提。依据《网络安全法》，总结我国重要行业和领域网络安全保护工作经验，结合新技术迅猛发展、新应用新业态不断涌现、网络高度开放互联的时代

背景，从对于国家安全和经济社会的重要性、遭到破坏的危害性两个维度，将关键信息基础设施确定为支撑国家经济社会运行，一旦遭到破坏、丧失功能或者数据泄露，会严重危害国家安全、国计民生和公共利益的网络设施、信息系统、数字资产等，强调保护对象的整体性、关联性和保护工作的全局性、系统性。

（3）条例明确关键信息基础设施认定主要考虑以下因素：一是行业和领域的重要性，聚焦关系国家安全、国计民生、公众利益，对经济社会运行具有基础性、全局性支撑作用的行业和领域，切实体现"重中之重"；二是行业和领域的信息化水平，核心业务的信息化程度高，对网络依赖性强；三是立足基本国情，确定有限目标，集中有限资源，实施重点保护，避免范围过于宽泛。

2. 采取重要措施和方法，保护关键信息基础设施安全

《关保条例》第五条规定，国家对关键信息基础设施实行重点保护，采取措施，监测、防御、处置来源于中华人民共和国境内外的网络安全风险和威胁，保护关键信息基础设施免受攻击、侵入、干扰和破坏，依法惩治危害关键信息基础设施安全的违法犯罪活动。任何个人和组织不得实施非法侵入、干扰、破坏关键信息基础设施的活动，不得危害关键信息基础设施安全。

本条与上位法《网络安全法》第三十一条一致，明确了国家在关键信息基础设施安全保护方面的主要责任和任务。

（1）强调对关键信息基础设施实行重点保护，采取安全保卫、保护和保障等多种措施。关键信息基础设施安全保卫包括威胁情报、打击网络违法犯罪等工作；安全保护是指在落实网络安全等级保护基本要求的基础上，采取加强型、特殊型保护措施，保护关键信息基础设施安全；安全保障是指国家在人、财、物、工程、科研、机构、编制、科技创新、产业发展等方面提供支持。

（2）强调采取监测、防御等措施，有效处置来自境内外的风险和威胁，依法惩治危害关键信息基础设施安全的违法犯罪活动，这里既包含自身网络安全存在的突出问题、隐患、差距和不足，也包含外在的攻击、侵入、干扰、破坏等风险、威胁和挑战。

（3）通盘考虑，统筹协调，合理布局，组织全社会各方力量，充分发挥各自的职能作用，各方密切配合，综合采取措施，把关键信息基础设施保护好、应用好。

3. 建立关键信息基础设施安全保护表彰制度

《关保条例》第七条规定，对在关键信息基础设施安全保护工作中取得显著成绩或者作出突出贡献的单位和个人，按照国家有关规定给予表彰。

本条明确了国家建立表彰制度，对在关键信息基础设施安全保护工作中取得显著成绩或者作出突出贡献的单位和个人，按照国家有关规定，给予立功、嘉奖、通报表扬等多种形式的表彰奖励。表彰对象包括网络安全职能部门、保护工作部门、运营者、企业、研究机构等单位和专家、突出贡献者。表彰的目的是鼓励关键信息基础设施安全保护工作的先进集体和个人，同时引导网络安全优秀人才投身关键信息基础设施安全保卫、保护和保障

工作，为维护关键信息基础设施安全和国家安全贡献力量。

4. 优先保障能源和电信等重点领域关键信息基础设施安全运行

《关保条例》第三十二条规定，国家采取措施，优先保障能源、电信等关键信息基础设施安全运行。能源、电信行业应当采取措施，为其他行业和领域的关键信息基础设施安全运行提供重点保障。

本条明确了国家应采取多种措施，优先保障能源和电信等重点领域关键信息基础设施安全运行。能源、电信等重点领域关键信息基础设施的安全稳定运行，是其他行业和领域的重要基础和支撑，具有极端的重要性，如果发生大规模停电、断网，将给国家带来重大灾难。因此，国家采取多种措施，在政策、经费、装备、工程建设、科技创新、人才培养等方面加大投入，提升关键信息基础设施安全保障能力，优先保障能源、电信等行业关键信息基础设施的运行安全和数据安全。同时，能源、电信行业也应采取重要措施，首先保障自身关键信息基础设施运行安全和数据安全，并为其他行业、领域的关键信息基础设施安全运行和数据安全提供重点保障及支撑。

5. 制定和完善关键信息基础设施安全标准，将关键信息基础设施运营者的岗位人员培训纳入国家继续教育体系

《关保条例》第三十四条规定，国家制定和完善关键信息基础设施安全标准，指导、规范关键信息基础设施安全保护工作。

第三十五条规定，国家采取措施，鼓励网络安全专门人才从事关键信息基础设施安全保护工作；将运营者安全管理人员、安全技术人员培训纳入国家继续教育体系。

（1）条例第三十四条明确了国家有关部门应组织制定关键信息基础设施安全标准，用于指导和规范关键信息基础设施安全保护工作，为网络安全职能部门、保护工作部门、运营者和网络安全企业开展关键信息基础设施安全保护工作提供重要保障。多年来，全国信息安全技术委员会会同有关部门、企业、研究机构，在专家的大力支持下，制定了一系列网络安全标准，构建了国家网络安全标准体系，为我国开展网络安全保护工作提供了重要保障，有关网络安全标准的具体介绍见第7章。

（2）条例第三十五条明确了国家对关键信息基础设施安全保护人才培养的责任义务。网络空间的竞争归根结底是人才竞争。国家高度重视关键信息基础设施运营者的教育训练和人才培养，支持研究机构、企业和高等学校、职业学校等机构开展网络安全教育、培训，建立培训基地，鼓励和支持网络安全专门人才从事关键信息基础设施安全保护工作。同时，将运营者中的安全管理人员和技术人员培训纳入国家继续教育体系，包括在职学历教育、培训和实战训练等多种方式。教育部会同公安部等部委，采取重要措施，组织社会力量在高等院校加快培养网络安全实战型人才。2015年，教育部将网络空间安全设为一级学科，许多高校开设博士点、硕士点。教育部已批准十多所高校设置网络空间安全学院，加快培养专门人才；许多高等院校也开办网络空间安全专业，研究机构和网络安全企业开展网络安全业务培训，以多种方式加快培养专门人才。建设网络靶场和网络攻防实验

室，开展攻防对抗，全面提升技术能力和网上行动能力。

6. 开展关键信息基础设施安全技术攻关

《关保条例》第三十六条规定，国家支持关键信息基础设施安全防护技术创新和产业发展，组织力量实施关键信息基础设施安全技术攻关。

（1）本条明确了国家应采取措施，统筹规划，加大投入，支持关键信息基础设施安全技术创新和产业发展，组织研究机构、高等院校、网络安全企业，开展关键信息基础设施安全技术攻关。关键信息基础设施安全技术涉及安全保护技术、管理控制技术、攻防对抗技术、实时监测技术、态势感知技术、通报预警技术、应急处置技术、追踪溯源技术、侦查打击技术、情报分析技术等众多技术，以及高质量的技术装备和工具，形成科学完备的技术和装备体系。

（2）在技术攻关中，要应用新一代网络技术、云计算技术、大数据技术、端计算技术、量子通信与量子计算技术、人工智能技术、区块链技术、虚拟现实技术、可信计算技术、密码技术、智能防护技术、生物识别技术等，研发和应用网络犯罪侦查打击、安全防护、应急处置、攻防对抗等的装备，研发和应用网络靶场，提高网络技术对抗能力。各级人民政府，特别是财政、发改、科技、教育等部门，应该加大投入，支持关键信息基础设施安全产业发展和技术研究，为关键信息基础设施安全保卫和保护提供重要的基础保障。

（3）在关键信息基础设施安全技术创新方面，应从网络安全保卫、保护、保障三个方面开展创新，从"实战化、体系化、常态化"和"动态防御、主动防御、纵深防御、精准防护、整体防控、联防联控"的"三化六防"措施方面进行创新，从供应链各环节开展创新，构建关键信息基础设施安全技术创新体系，才能提升网络安全综合保障能力和水平。

7. 加强网络安全服务机构建设和管理，加强网络安全军民融合和军地协同

《关保条例》第三十七条规定，国家加强网络安全服务机构建设和管理，制定管理要求并加强监督指导，不断提升服务机构能力水平，充分发挥其在关键信息基础设施安全保护中的作用。

第三十八条规定，国家加强网络安全军民融合，军地协同保护关键信息基础设施安全。

（1）条例第三十七条明确了国家应加强网络安全服务机构建设和管理，包括网络安全产品供应商和网络安全认证、等级测评、风险评估、产品检测、安全建设和运行维护等第三方安全服务机构，支持和扶持有关企业、机构开展安全规划、日常运维、安全监测、事件处置、安全建设整改、威胁情报、安全咨询、人员培训等安全服务，制定管理要求并对服务机构及其服务质量进行监督管理，不断提升服务能力水平，充分发挥其在关键信息基础设施安全保护中的支撑作用。网络安全服务机构应努力提高技术服务能力和水平，按照国家有关网络安全管理制度和相关标准要求，为运营者提供安全、客观、公正的网络安全综合服务，为公安机关开展安全监测、事件处置、案件调查、威胁情报等网络安全保卫工作提供支持。

（2）条例第三十八条明确了在网络安全领域，应加强军民融合、军地协同配合，发挥军地各自优势，共同维护关键信息基础设施安全，维护国家安全。要立足于网络备战、平战结合，和平时期，国家网络安全工作主要由有关职能部门组织开展，军队在威胁情报、技术支援等方面发挥作用，对外形成强大威慑；特殊时期，应按照党中央要求，军队和地方密切配合，形成共同对敌的国家力量，协同保护关键信息基础设施安全。

8. 关键信息基础设施安全保护工作职责分工

《关保条例》第三条规定，在国家网信部门统筹协调下，国务院公安部门负责指导监督关键信息基础设施安全保护工作。国务院电信主管部门和其他有关部门依照本条例和有关法律、行政法规的规定，在各自职责范围内负责关键信息基础设施安全保护和监督管理工作。省级人民政府有关部门依据各自职责对关键信息基础设施实施安全保护和监督管理。

（1）关键信息基础设施安全保护工作涉及的责任方较多，包括网络安全职能部门、保护工作部门、运营者、保障部门、网络安全企业、研究机构等。国家层面，中央网信办统筹协调关键信息基础设施安全保护工作。

（2）公安部是关键信息基础设施安全保护的主要职能部门，主要职责任务有：一是指导、监督关键信息基础设施安全保护工作，二是保卫关键信息基础设施安全，三是防范打击危害关键信息基础设施安全的违法犯罪活动。

（3）省级人民政府有关部门应按照国家有关部门的职责任务和分工，对关键信息基础设施实施安全保护和监督管理。

（4）关键信息基础设施安全保护坚持"综合协调、分工负责、依法保护"原则，强化和落实网络安全职能部门的监管责任、保护工作部门的主管责任、关键信息基础设施运营者的主体责任、网络安全服务提供者的服务责任。《关保条例》明确了相关部门的职责分工和有关责任义务，目的是充分发挥政府及社会各方面的积极作用，共同保护关键信息基础设施安全。

（5）关键信息基础设施安全工作涉及保卫、保护和保障三个方面，包括威胁情报、侦查打击、监测预警、应急处置、安全防护、产业发展、企业支持、技术研究、产品研发、人才培养、经费投入、科技攻关、机构编制、队伍建设、国际合作等工作。工作中，全国要形成一盘棋，密切配合，协同作战。

（6）国家网信部门要加大统筹协调力度，着力解决关键信息基础设施安全保护工作中存在的困难和问题，为关键信息基础设施安全保护工作提供有力支撑；公安、安全、保密、密码等部门要充分发挥职能部门作用，加强安全保卫；保护工作部门（即行业主管、监管部门）是本行业、本领域关键信息基础设施安全保护的主管部门，运营者是关键信息基础设施安全保护的主责部门，要按照中央要求和法律规定，切实履行好保护关键信息基础设施安全的责任义务；互联网企业、网络安全企业、检测评估机构和研究机构等网络安全服务提供者要加强技术研究和创新，提高技术支撑能力。

9. 关键信息基础设施安全保护工作的保护工作部门

《关保条例》第八条规定，本条例第二条涉及的重要行业和领域的主管部门、监督管理部门是负责关键信息基础设施安全保护工作的部门。

（1）本条定义了关键信息基础设施安全保护工作部门。关键信息基础设施主要涉及公共通信和信息服务、能源、交通、水利、金融、公共服务、电子政务、国防科技工业等重要行业和领域，这些行业和领域的主管部门、监督管理部门是负责关键信息基础设施安全保护工作的部门，简称保护工作部门。

（2）国家确定的第一批关键信息基础设施涉及电信、广播电视、能源、金融、交通、铁路、民航、邮政、水利、应急管理、卫生健康、人力资源和国防科技工业等 13 个行业，因此，工业和信息化部、广电总局、能源局、人民银行、交通部、国家铁路局、民航局、邮政局、水利部、应急管理部、卫健委、人社部、国防科工局等部门为保护工作部门。随着关键信息基础设施的进一步梳理确定，其运营者和保护工作部门会逐步增加。

5.3.3　制定关键信息基础设施认定规则并认定

依据《网络安全法》《关键信息基础设施安全保护条例》等法律法规和中央有关政策要求，公安部出台了《关键信息基础设施认定指南》，指导保护工作部门制定关键信息基础设施认定规则，开展关键信息基础设施认定工作。关于认定关键信息基础设施的详细介绍见 3.3 节。

1. 制定关键信息基础设施认定规则

《关保条例》第九条规定，保护工作部门结合本行业、本领域实际，制定关键信息基础设施认定规则，并报国务院公安部门备案。制定认定规则应当主要考虑下列因素：一是网络设施、信息系统等对于本行业、本领域关键核心业务的重要程度；二是网络设施、信息系统等一旦遭到破坏、丧失功能或者数据泄露可能带来的危害程度；三是对其他行业和领域的关联性影响。

本条明确了保护工作部门应结合本行业、本领域实际，制定关键信息基础设施认定规则，并报公安部备案。保护工作部门在制定关键信息基础设施认定规则过程中，应组织专家进行认真评审，并征求公安部意见。制定完关键信息基础设施认定规则后，报公安部备案。关键信息基础设施发生变化后，认定规则要及时调整，调整后也要及时报公安部。

2. 认定关键信息基础设施

《关保条例》第十条规定，保护工作部门根据认定规则负责组织认定本行业、本领域的关键信息基础设施，及时将认定结果通知运营者，并通报国务院公安部门。第十一条规定，关键信息基础设施发生较大变化，可能影响其认定结果的，运营者应当及时将相关情况报告保护工作部门。保护工作部门自收到报告之日起 3 个月内完成重新认定，将认定结果通知运营者，并通报国务院公安部门。

这两条明确了保护工作部门根据关键信息基础设施认定规则，聚焦本行业、本领域的核心业务，组织运营者，研究认定本行业、本领域的关键信息基础设施，经专家评审并征求公安部意见后，形成关键信息基础设施清单，并按要求及时报送公安部；当关键信息基础设施发生较大变化时，需要按照上述程序重新认定，并将认定结果通报公安部。

5.3.4 运营者保护关键信息基础设施安全的责任义务

运营者应依据《关保条例》，以及有关法律、行政法规的规定和国家标准的强制性要求，落实主体责任，在落实网络安全等级保护制度的基础上，采取有效措施，应对网络安全威胁，有效处置网络安全事件，防范网络攻击和违法犯罪活动，保障关键信息基础设施安全稳定运行，维护数据安全，确保数据的完整性、保密性和可用性。

1. 落实运营者的主体责任

《关保条例》第四条规定，关键信息基础设施安全保护坚持综合协调、分工负责、依法保护，强化和落实关键信息基础设施运营者主体责任，充分发挥政府及社会各方面的作用，共同保护关键信息基础设施安全。

本条明确了关键信息基础设施安全保护坚持的原则、运营者的主体责任以及政府和社会力量的作用。关键信息基础设施安全保护坚持"综合协调、分工负责、依法保护"的原则，保障关键信息基础设施安全。运营者是保护本单位关键信息基础设施安全的第一责任人，应承担主体责任和主要责任，同时要注重发挥政府部门及企业、研究机构等社会各方面的作用，共同保护关键信息基础设施安全。

2. 在网络安全等级保护的基础上加强重点保护

《关保条例》第六条规定，运营者依照本条例和有关法律、行政法规的规定以及国家标准的强制性要求，在网络安全等级保护的基础上，采取技术保护措施和其他必要措施，应对网络安全事件，防范网络攻击和违法犯罪活动，保障关键信息基础设施安全稳定运行，维护数据的完整性、保密性和可用性。

本条明确了运营者应依照有关网络安全法律法规的规定，以及一系列网络安全国家标准和关键信息基础设施安全国家标准的要求，在网络安全等级保护的基础上，采取加强型、特殊型的技术保护措施和其他必要措施，一是保障关键信息基础设施安全稳定运行，应对网络安全事件，防范网络攻击和违法犯罪活动；二是保护数据安全，维护数据的完整性、保密性和可用性。

3. 落实"同步规划、同步建设、同步使用"的"三同步"要求

《关保条例》第十二条规定，安全保护措施应当与关键信息基础设施同步规划、同步建设、同步使用。

本条明确了运营者在规划、建设、使用关键信息基础设施时，应当落实"三同步"要求，即"同步规划、同步建设、同步使用"安全保护措施。运营者在规划设计关键信息基础设施时，除要满足业务需求、保证业务的连续性和稳定性外，一定要同步规划、同步设

计安全技术措施和管理措施，按照国家标准和行业标准同步制定关键信息基础设施安全保护方案，聘请专家进行评审，确保安全保护方案符合要求；安全保护方案通过后，运营者在建设、使用关键信息基础设施时，按照安全保护方案，将安全保护措施与信息化设施同步建设、同步使用，确保关键信息基础设施的功能、性能正常发挥。关键信息基础设施上线之前，还要进行源代码检测、等级测评、风险评估，确保其运行安全和数据安全。

4. 建立健全网络安全保护制度和责任制

《关保条例》第十三条规定，运营者应当建立健全网络安全保护制度和责任制，保障人力、财力、物力投入。运营者的主要负责人对关键信息基础设施安全保护负总责，领导关键信息基础设施安全保护和重大网络安全事件处置工作，组织研究解决重大网络安全问题。

（1）本条明确了运营者应建立健全网络安全保护制度和责任制，落实关键信息基础设施安全保护责任，保障人力、财力、物力投入。具体来讲，运营者要从专门机构、编制、人员、经费、装备、科研、工程等方面，大力加强关键信息基础设施安全保障，使关键信息基础设施安全保护责任落到实处。

（2）运营者要严格落实有关党委（党组）网络安全工作责任制实施办法，主要负责人对关键信息基础设施安全保护负总责，领导关键信息基础设施安全保护和重大网络安全事件处置工作，组织研究解决重大网络安全问题；要明确一名领导班子成员作为首席网络安全官分管安全保护工作，要建立健全网络安全管理和评价考核制度，加强网络安全统筹规划和贯彻实施。

5. 设置专门安全管理机构并履行八项重要职责

《关保条例》第十四条规定，运营者应当设置专门安全管理机构，并对专门安全管理机构负责人和关键岗位人员进行安全背景审查。审查时，公安机关、国家安全机关应当予以协助。

第十五条规定，专门安全管理机构具体负责本单位的关键信息基础设施安全保护工作，履行下列职责：一是建立健全网络安全管理、评价考核制度，拟订关键信息基础设施安全保护计划；二是组织推动网络安全防护能力建设，开展网络安全监测、检测和风险评估；三是按照国家及行业网络安全事件应急预案，制定本单位应急预案，定期开展应急演练，处置网络安全事件；四是认定网络安全关键岗位，组织开展网络安全工作考核，提出奖励和惩处建议；五是组织网络安全教育、培训；六是履行个人信息和数据安全保护责任，建立健全个人信息和数据安全保护制度；七是对关键信息基础设施设计、建设、运行、维护等服务实施安全管理；八是按照规定报告网络安全事件和重要事项。

（1）第十四条明确了运营者应设置专门的网络安全管理机构，根据运营者的行政或事业编制级别，可设置相应的网络安全处或科，企业可设置网络安全管理部，这些均属于专门的网络安全管理机构。运营者应确定网络安全关键岗位，例如安全管理员、系统管理员、安全审计员等岗位；对机构负责人和关键岗位人员进行安全背景审查。进行安全背景审查时，公安机关、国家安全机关应当予以协助，由公安机关和国家安全机关把关。通过安全背景审查的，可以进入网络安全关键岗位；否则不许进入，已进入的要及时调整，避免由于关键岗位的人员出现问题而危害网络安全和业务安全，甚至危害国家安全。

（2）第十五条规定了专门安全管理机构在关键信息基础设施安全保护工作中的具体职责任务，这些规定的内容是基本责任义务，详见 5.7.2 节。

6. 加强专门安全管理机构的保障

《关保条例》第十六条规定，运营者应当保障专门安全管理机构的运行经费、配备相应的人员，开展与网络安全和信息化有关的决策应当有专门安全管理机构人员参与。

本条明确了运营者应为专门安全管理机构开展关键信息基础设施安全保护提供各方面保障。

（1）为专门安全管理机构提供充足的运维经费和安全建设经费，提供办公环境、设备、装备等条件，确保日常安全工作的开展。

（2）配备相应的编制和安全管理人员、技术人员，确保有能力开展安全监测、通报预警、安全防护、应急处置等工作。

（3）当进行网络安全和信息化建设有关决策时，应当有专门安全管理机构人员参与，听取网络安全人员意见，确保决策科学、正确、合理。

7. 定期开展网络安全检测和风险评估

《关保条例》第十七条规定，运营者应当自行或者委托网络安全服务机构对关键信息基础设施每年至少进行一次网络安全检测和风险评估，对发现的安全问题及时整改，并按照保护工作部门要求报送情况。

网络安全检测和风险评估是发现网络安全问题、隐患，评估外在威胁，分析关键信息基础设施安全状况，在此基础上开展整改的有效方法和手段，因此，本条明确了运营者应当组织对关键信息基础设施每年开展检测评估，并对发现的问题及时整改，消除安全问题隐患。详见 5.7.3 节。

8. 发生重大网络安全事件或者发现重大网络安全威胁时应及时报告

《关保条例》第十八条规定，关键信息基础设施发生重大网络安全事件或者发现重大网络安全威胁时，运营者应当按照有关规定向保护工作部门、公安机关报告。发生关键信息基础设施整体中断运行或者主要功能故障、国家基础信息以及其他重要数据泄露、较大规模个人信息泄露、造成较大经济损失、违法信息较大范围传播等特别重大网络安全事件或者发现特别重大网络安全威胁时，保护工作部门应当在收到报告后，及时向国家网信部门、国务院公安部门报告。

本条明确了运营者应当建立事件和威胁报告制度，当发生网络安全事件或者发现重大网络安全威胁时，应按照规定及时报告有关部门，履行报告义务。详见 5.7.6 节。

9. 优先采购安全可信的网络产品和服务并与网络安全服务提供者签订安全保密协议

《关保条例》第十九条规定，运营者应当优先采购安全可信的网络产品和服务；采购网络产品和服务可能影响国家安全的，应当按照国家网络安全规定通过安全审查。

第二十条规定，运营者采购网络产品和服务，应当按照国家有关规定与网络产品和服务提供者签订安全保密协议，明确提供者的技术支持和安全保密义务与责任，并对义务与责任履行情况进行监督。

（1）第十九条明确了运营者应强化关键信息基础设施的供应链安全，要高度重视关键信息基础设施涉及的网络安全规划、方案设计、系统建设、运行维护、重大活动网络安保等环节的服务安全和信息技术产品供应等供应链安全，应当优先采购安全可信的网络产品和服务，落实安全工程要求；对可能影响国家安全的，应当按照 2021 年 12 月国家网信办、公安部等十三部门联合修订发布的《网络安全审查办法》有关规定进行安全审查，确保购买的产品和服务符合国家有关政策要求。

（2）第二十条明确了运营者在采购网络产品和服务时，应当按照国家有关规定与网络产品和服务提供者签订安全保密协议，明确其技术支持和安全保密义务与责任，并对其义务责任履行情况进行监督管理，严防以产品和服务为跳板、入侵攻击关键信息基础设施的事件发生。采购网络产品和服务属于关键信息基础设施供应链安全的范畴。

10. 运营者发生合并、分立、解散等情况，应当及时报告保护工作部门

《关保条例》第二十一条规定，运营者发生合并、分立、解散等情况，应当及时报告保护工作部门，并按照保护工作部门的要求对关键信息基础设施进行处置，确保安全。

本条明确了运营者发生合并、分立、解散等情况时，应当及时报告保护工作部门，并按照保护工作部门的要求对关键信息基础设施进行处置，确保安全；同时要向公安机关报告，以便及时对备案的关键信息基础设施进行处置，做好后续工作的衔接。运营者应该在保护工作部门、公安机关的指导下处置关键信息基础设施，避免由于合并、分立、解散等情况，影响关键信息基础设施和数据安全。

11. 配合开展网络安全检测和检查

《关保条例》第二十八条规定，运营者对保护工作部门开展的关键信息基础设施网络安全检查检测工作，以及公安、国家安全、保密行政管理、密码管理等有关部门依法开展的关键信息基础设施网络安全检查工作应当予以配合。

（1）本条明确了运营者对保护工作部门，以及公安机关、国家安全机关、保密行政管理、密码管理等有关部门开展的检查检测工作应当予以配合。开展检查检测工作，既是有关部门履行职责，也是为了及时发现问题隐患并进行整改，共同保护好关键信息基础设施安全。

（2）保护工作部门开展的关键信息基础设施安全检查检测属于行业内部组织的检查，是运营者的上级单位对下级的检查；公安、国家安全、保密行政管理、密码管理等有关部门对运营者开展的检查，是网络安全职能部门依据法定职责，对运营者依法开展的检查。公安、国家安全、保密行政管理、密码管理等有关部门检查时，由于检查对象、检查内容不同，不存在重复检查、交叉检查问题。因此，运营者要按照保护工作部门，以及公安、国家安全、保密行政管理、密码管理等有关部门事先发出的检查通知要求，准备检查材

料，协助开展技术检测，对检查工作予以配合。

5.3.5 保护工作部门保护关键信息基础设施安全的责任义务

保护工作部门是本行业、本领域关键信息基础设施安全保护的主管部门，履行主管责任，因此《关保条例》规定了保护工作部门的职责任务，主要内容如下。

1. 制定关键信息基础设施安全规划

《关保条例》第二十二条规定，保护工作部门应当制定本行业、本领域关键信息基础设施安全规划，明确保护目标、基本要求、工作任务、具体措施。

本条明确了保护工作部门应当制定本行业、本领域关键信息基础设施安全规划。在确定本行业、本领域关键信息基础设施名录的基础上，保护工作部门要按照国家有关法律、政策、标准要求，结合行业网络安全和信息化建设特点，在公安部和专家组的指导下，制定本行业、本领域关键信息基础设施安全规划，明确保护目标、基本要求、工作任务、具体措施等内容，并实施关键信息基础设施安全保护工程，把规划落到实处。在制定关键信息基础设施安全规划的过程中，应多听取专家意见，并与有关行业部门交流，汲取电力、银行等先进单位的经验做法，使规划具有科学性、针对性和适用性。

2. 建立健全网络安全监测预警机制

《关保条例》第二十四条规定，保护工作部门应当建立健全本行业、本领域的关键信息基础设施网络安全监测预警制度，及时掌握本行业、本领域关键信息基础设施运行状况、安全态势，预警通报网络安全威胁和隐患，指导做好安全防范工作。

本条明确了保护工作部门应当按照法律法规要求，在国家网络与信息安全信息通报中心指导下，建立健全本行业、本领域的关键信息基础设施安全监测预警机制，明确责任部门和责任人，组织力量建设并利用网络安全态势感知平台，建立网络安全监控指挥中心，落实 7×24 小时值班值守制度，组织运营者开展网络安全实时监测、威胁情报、通报预警、应急处置、风险评估、指挥调度等工作，及时掌握本行业、本领域关键信息基础设施运行状况、安全态势、外在威胁和问题隐患，通报预警网络安全威胁和隐患，指导并支持运营者做好关键信息基础设施安全防范工作，提升应对网络安全突发事件的能力，确保关键信息基础设施运行安全和数据安全。

3. 制定网络安全事件应急预案并定期组织应急演练

《关保条例》第二十五条规定，保护工作部门应当按照国家网络安全事件应急预案的要求，建立健全本行业、本领域的网络安全事件应急预案，定期组织应急演练；指导运营者做好网络安全事件应对处置，并根据需要组织提供技术支持与协助。

（1）本条明确了保护工作部门应建立健全关键信息基础设施网络安全事件应急处置机制，按照国家网络安全事件应急预案的要求，制定本行业、本领域应急预案，定期组织开展应急演练，处置网络安全事件，通过演练不断健全完善应急预案；指导运营者开展演练和网络安全事件应急处置，并根据需要提供技术支持与协助。

（2）保护工作部门和运营者在制定应急预案、开展应急演练过程中，应与公安机关密切配合，在公安机关和专家、社会力量的支持下开展。如果发生了网络安全事件，保护工作部门和运营者应该按要求及时报告公安机关、网信部门，在公安机关支持下启动应急预案，开展应急处置，把损失降到最低，并配合公安机关开展溯源、固证和侦查打击。

4. 组织开展网络安全检查和检测

《关保条例》第二十六条规定，保护工作部门应当定期组织开展本行业、本领域关键信息基础设施网络安全检查检测，指导监督运营者及时整改安全隐患、完善安全措施。

本条明确了保护工作部门应当履行主管（监管）责任，定期组织开展安全检查和检测。应每年制定检查检测方案，组织技术队伍，首先开展远程渗透，检查关键信息基础设施是否有非法外连，是否可以从互联网、App 侵入内网，是否有重大漏洞隐患；保护工作部门领导带队，从运营者应该履行的关键信息基础设施安全保护责任义务的各方面，以及远程渗透发现的问题隐患开展现场检查，指导监督运营者及时整改安全隐患、完善安全措施，提升关键信息基础设施安全保护能力和应对网络攻击能力。保护工作部门根据检查内容、检查对象的不同，可以分别会同公安、保密行政管理、密码管理等有关职能部门，对运营者开展网络安全检查检测、保密检查检测和密码检查检测。

5.3.6　保障和促进关键信息基础设施安全保护工作

网信部门、公安机关、国家安全机关、保密行政管理部门、密码管理部门、保护工作部门等是开展国家关键信息基础设施安全保护的主要部门，各单位应按照法律规定，履行好各自职责，并加强协调配合，加强保障，形成合力，共同保护好关键信息基础设施安全。

1. 建立网络安全信息共享机制

《关保条例》第二十三条规定，国家网信部门统筹协调有关部门建立网络安全信息共享机制，及时汇总、研判、共享、发布网络安全威胁、漏洞、事件等信息，促进有关部门、保护工作部门、运营者以及网络安全服务机构等之间的网络安全信息共享。

（1）本条明确了国家建立网络安全信息共享机制。国家建立了国家网络与信息安全信息通报中心这一专门机构，组织各级公安机关、重要行业部门和社会力量开展信息通报机制、通报力量建设，建立专家队伍和技术支持队伍，开展信息收集汇总、分析研判、上报反馈等工作，建立了网络安全信息共享机制和立体化信息通报预警体系。

（2）保护工作部门和运营者应在国家网络与信息安全信息通报中心指导下，按照国家网络与信息安全信息通报机制建设要求，全面加强本行业、本领域的网络与信息安全信息通报机制建设，强化网络安全信息共享机制，开展网络安全信息通报预警工作。

2. 网络安全职能部门和保护工作部门对关键信息基础设施开展网络安全检查检测

《关保条例》第二十七条规定，国家网信部门统筹协调国务院公安部门、保护工作部门对关键信息基础设施进行网络安全检查检测，提出改进措施。有关部门在开展关键信息基础设施网络安全检查时，应当加强协同配合、信息沟通，避免不必要的检查和交叉重复检查。检查工作不得收取费用，不得要求被检查单位购买指定品牌或者指定生产、销售单位的产品和服务。

本条明确了国家有关部门对关键信息基础设施开展网络安全检查检测。依据法定职责，公安机关、保密行政管理部门、密码管理部门分别组织开展网络安全执法检查、网络安全保密执法检查、密码管理执法检查，检查时，不得收取费用，不得要求被检查单位购买指定品牌或者指定生产、销售单位的产品和服务。保护工作部门组织开展的检查属于行业内部检查，为了避免重复检查，应加强协调配合、信息沟通，可以分别会同公安机关、保密行政管理部门、密码管理部门开展检查，避免不必要的检查和交叉重复检查。

3. 网络安全职能部门为保护工作部门提供技术支持和协助

《关保条例》第二十九条规定，在关键信息基础设施安全保护工作中，国家网信部门和国务院电信主管部门、国务院公安部门等应当根据保护工作部门的需要，及时提供技术支持和协助。

（1）本条明确了国家网信部门、国务院电信主管部门、国务院公安部门对关键信息基础设施安全保护具有支持和协助义务。关键信息基础设施安全保护工作是一个系统性工程，需要调动全社会力量，开展保卫、保护和保障工作。

（2）在关键信息基础设施安全保护工作中，国家网信部门作为统筹协调部门，应协调发改、财政、税务、教育、科技、编制等部门，在重大工程、资金投入、税收、人才培养、科技攻关、机构编制等方面，对运营者加大保障力度，为网络安全产业和企业发展提供支持。

（3）国务院电信主管部门应协调电信运营商，在电信网络建设方面给予运营者大力支持，同时提供安全可靠的电信网络环境支撑。

（4）公安部门作为国家网络安全重要职能部门、关键信息基础设施指导监督部门，承担着网络安全威胁情报、侦查打击、安全监管、等级保护、信息通报等职责任务，组织全国公安机关网络安全保卫队伍和社会力量，开展关键信息基础设施安全保卫和保护工作，对运营者全力支持和协助。

4. 工作中获取的信息只能用于维护网络安全和信息安全

《关保条例》第三十条规定，网信部门、公安机关、保护工作部门等有关部门、网络安全服务机构及其工作人员对于在关键信息基础设施安全保护工作中获取的信息，只能用于维护网络安全，并严格按照有关法律、行政法规的要求确保信息安全，不得泄露、出售或者非法向他人提供。

本条明确了有关部门和个人对工作中获取的信息负有保护、保密责任。网信部门、公安机关、国家安全机关、保密行政管理部门、密码管理部门、保护工作部门等有关部门、网络安全服务机构及其工作人员，有责任和义务对运营者的数据、信息进行保密，不能非法使用，不得泄露、出售或者非法向他人提供。要从管理制度、技术措施、责任追究等方面综合采取措施，确保运营者的数据和信息安全，否则将追究有关单位和人员的法律责任。

5. 禁止对关键信息基础设施任意实施漏洞探测、渗透性测试等活动

《关保条例》第三十一条规定，未经国家网信部门、国务院公安部门批准或者保护工作部门、运营者授权，任何个人和组织不得对关键信息基础设施实施漏洞探测、渗透性测试等可能影响或者危害关键信息基础设施安全的活动。对基础电信网络实施漏洞探测、渗透性测试等活动，应当事先向国务院电信主管部门报告。

（1）本条明确了对关键信息基础设施实施漏洞探测、渗透性测试等活动的约束。未经国家网信部门、公安部门批准或者保护工作部门、运营者授权，任何个人和组织不得对关键信息基础设施实施漏洞探测、渗透性测试等活动，以确保关键信息基础设施安全稳定运行。鉴于基础电信网络的基础性地位和极端重要性，任何个人和组织对基础电信网络实施漏洞探测、渗透性测试等活动时，应当事先向国务院电信主管部门报告。

（2）为了规范网络产品安全漏洞发现、报告、修补和发布等行为，防范网络安全风险，加强漏洞管理，2021 年 7 月，工业和信息化部、公安部、国家互联网信息办公室联合制定出台了《网络产品安全漏洞管理规定》。国家互联网信息办公室负责统筹协调网络产品安全漏洞管理工作。工业和信息化部负责网络产品安全漏洞综合管理，承担电信和互联网行业网络产品安全漏洞监督管理。公安部负责网络产品安全漏洞监督管理，依法打击利用网络产品安全漏洞实施的违法犯罪活动。

（3）《网络产品安全漏洞管理规定》第四条规定，任何组织或者个人不得利用网络产品安全漏洞从事危害网络安全的活动，不得非法收集、出售、发布网络产品安全漏洞信息；明知他人利用网络产品安全漏洞从事危害网络安全的活动的，不得为其提供技术支持、广告推广、支付结算等帮助。

6. 公安机关、国家安全机关加强关键信息基础设施安全保卫，防范打击违法犯罪活动

《关保条例》第三十三条规定，公安机关、国家安全机关依据各自职责依法加强关键信息基础设施安全保卫，防范打击针对和利用关键信息基础设施实施的违法犯罪活动。

本条明确了公安机关、国家安全机关依据各自职责，在保护工作部门和运营者的密切配合下，在社会力量的支持下，依法对来自境内外的网络攻击等违法犯罪活动和间谍活动开展侦察调查、侦查打击，对网络攻击活动开展安全监测预警和应急处置，共同加强关键信息基础设施安全保卫，有效防范打击针对和利用关键信息基础设施实施的违法犯罪活动。

5.3.7　法律责任

《关保条例》第五章规定了十一条法律责任，主要规定了对运营者，网信部门、公安机关、保护工作部门和其他有关部门及其工作人员不履行法律义务，或违反有关规定的处罚。

1. 处罚措施

设置了警告、罚款、拘留、依法处分等处罚措施。违反本条例规定，给他人造成损害的，依法承担民事责任；构成违反治安管理行为的，依法给予治安管理处罚；构成犯罪的，依法追究刑事责任。具体内容可查阅《关保条例》。

2. 处罚原则

在实施处罚时，有关事项和原则包括：一是条款中的有关部门，是指公安机关、国家安全机关、网信部门、保护工作部门，这些部门都有处罚权；二是按照"一事不二罚"原则，运营者违反某条规定被一个部门处罚了，其他部门不能再重复处罚。

3. 禁业规定

违反《关保条例》第五条第二款和第三十一条规定，受到治安管理处罚的人员，五年内不得从事网络安全管理和网络运营关键岗位的工作；受到刑事处罚的人员，终身不得从事网络安全管理和网络运营关键岗位的工作。

5.4 《数据安全法》框架和重点内容

《数据安全法》共七章五十五条。第一章为总则，第二章为数据安全与发展，第三章为数据安全制度，第四章为数据安全保护义务，第五章为政务数据安全与开放，第六章为法律责任，第七章为附则。

5.4.1 《数据安全法》出台的重要意义

1.《数据安全法》立足保障国家安全与数据安全，注重安全与发展并重

《数据安全法》明确了数据安全的相关基本制度。随着数字产业化、产业数字化加快建设，数据已经成为我国政府和企业最核心的资产。数字化是信息技术发展应用的高级阶段，数字经济、数字社会、数字政府是数字化发展的三大重要组成部分。人类社会正在进入以数字化生产力为主要标志的全新历史阶段。近年来，世界主要国家都把数字化作为经济发展和技术创新的重点，纷纷出台数字化发展战略，加快推进数字化建设布局。党的十九届五中全会通过的《关于制定国民经济和社会发展第十四个五年规划和二〇三五年远景目标的建议》明确提出要"加快数字化发展"，并对此作了系统部署。

2.《数据安全法》出台是提升国家竞争力的必然要求

数据作为关键要素和重要战略资源，在国家经济发展和社会进步中越来越发挥基础性和全局性作用。我国数字化建设快速发展，新基建稳步推进，数字经济、数字社会和数字政府建设取得明显成效。全国超过 500 个城市开展了智慧城市建设。数字化建设发展在提

高生产力、重构生产关系的同时，也给网络安全和国家安全带来巨大影响。与此同时，数据泄露和遭窃取也成为威胁国家安全的一大隐患。数据安全事件影响大、损失重。数据掌控、利用以及保护能力是提升国家竞争力的核心要素，谁掌握了数据，谁就掌握了未来。

3. 为加强数据安全保护提供了法律保障

为了规范数据处理活动，保障数据安全，促进数据开发利用，保护个人、组织的合法权益，维护国家主权、安全和发展利益，国家制定出台《数据安全法》。该法的出台，标志着我国将数据安全保护的政策要求，通过法律形式进行了明确和固化，为各地区、各部门加强数据安全保护提供了法律保障。《数据安全法》是数据领域的基础性法律，也是国家安全领域的一部重要法律。

4. 为数据领域维护国家安全和国家利益提供了法律保障

《数据安全法》适用范围扩大至在境外开展数据处理活动但损害我国国家安全和利益的情形，明确了域外管辖；对与维护国家安全和利益、履行国际义务相关的属于管制物项的数据依法实施出口管制；境外执法机构调取我国境内数据必须获得我国主管机关的批准；境外对我国数据投资、贸易等方面采取不合理限制措施的，我国可对等采取措施。

5.4.2 《数据安全法》规范的内容

《数据安全法》是我国实施数据安全监督管理的基础性法律，目的是提升国家数据安全的保障能力和数字经济的治理能力。《数据安全法》阐明了数据安全与发展的关系，明确了未来数据治理的方向。

（1）要开展数据领域国际交流与合作，参与数据安全相关国际规则和标准的制定，促进数据跨境安全、自由流动。

（2）要全面加强数据开放利用，推进技术和标准体系建设，建立健全数据交易管理制度。

（3）要建立分类分级数据保护制度，形成集中、统一、权威的数据安全机制，建立数据安全应急处理机制、数据安全审查制度、数据安全出口管制以及根据实际情况采取数据投资贸易反制措施等，健全数据安全基础制度，以数据安全保障数字中国建设、推动数字经济高质量发展。

（4）明确数据安全保护义务，落实数据保护责任，加强数据安全风险监测和评估。

（5）国家机关政务数据要建立健全数据安全管理制度，落实数据安全保护责任，及时、准确公开政府数据，构建统一、规范、互联互通、安全可控的政务数据开放平台，推动政府数据开放利用。

5.4.3 数据安全管理的职责分工

维护数据安全，应当坚持总体国家安全观，建立健全数据安全治理体系，提高数据安全保障能力。各地区、各部门应按照上述原则，依据职责分工，配合开展数据安全工作。

1. 中央国家安全领导机构统筹协调国家数据安全工作

《数据安全法》第五条规定，中央国家安全领导机构负责国家数据安全工作的决策和议事协调，研究制定、指导实施国家数据安全战略和有关重大方针政策，统筹协调国家数据安全的重大事项和重要工作，建立国家数据安全工作协调机制。

本条明确了中央国家安全领导机构是国家数据安全工作的最高领导机关，负责国家数据安全工作的决策和议事协调，研究制定和指导实施重大战略、方针政策，统筹协调重大事项和重要工作，领导各单位、各地区开展数据安全工作。数据安全工作上升到国家安全最高领导机构负责，体现了数据安全工作的极端重要性，也充分体现了国家对数据安全工作的高度重视。中央国家安全领导机构建立国家数据安全工作协调机制，落实任务分工，承担日常统筹协调、督促落实等工作。

2. 各地区、各部门按照法律法规的规定在职责范围内承担数据安全监管职责

《数据安全法》第六条规定，各地区、各部门对本地区、本部门工作中收集和产生的数据及数据安全负责。工业、电信、交通、金融、自然资源、卫生健康、教育、科技等主管部门承担本行业、本领域数据安全监管职责。公安机关、国家安全机关等依照本法和有关法律、行政法规的规定，在各自职责范围内承担数据安全监管职责。国家网信部门依照本法和有关法律、行政法规的规定，负责统筹协调网络数据安全和相关监管工作。

本条明确了各地区、各部门的职责：

（1）各地区、各部门按照《数据安全法》规定和国家有关政策要求，组织本地区、本部门开展数据安全工作，对本地区、本部门工作中收集和产生的数据及数据安全负责，承担数据安全的主体责任。

（2）工业、电信、交通、金融、自然资源、卫生健康、教育、科技等主管（包括监管）部门，也包括能源、水利、公检法、司法、发改、财政等重要行业部门，承担本行业、本领域数据安全主管（监管）职责，结合法律和国家政策，出台行业规范，指导并组织本行业、本领域开展数据安全工作。

（3）公安机关、国家安全机关等依照《数据安全法》和有关法律、行政法规的规定，在各自职责范围内承担数据安全监管职责，开展威胁情报工作，侦查打击危害数据安全的违法犯罪活动，保卫数据安全。

5.4.4 国家在数据安全与发展方面的总体要求

《数据安全法》第七条规定，国家保护个人、组织与数据有关的权益，鼓励数据依法合理有效利用，保障数据依法有序自由流动，促进以数据为关键要素的数字经济发展。第九条规定，国家支持开展数据安全知识宣传普及，提高全社会的数据安全保护意识和水平，推动有关部门、行业组织、科研机构、企业、个人等共同参与数据安全保护工作，形成全社会共同维护数据安全和促进发展的良好环境。第十一条规定，国家积极开展数据安全治理、数据开发利用等领域的国际交流与合作，参与数据安全相关国际规则和标准的制定，促进数据跨境安全、自由流动。

1. 重视数字经济

国家以法律形式保护数据应用和发展，体现了数字经济发展的极端重要性，为国家经济发展注入了强大动力。《数据安全法》体现了国家保护个人和组织依法、合理使用数据，促进数据依法有序自由流动和数字经济发展的坚定态度。加快数字化发展，推进数字产业化和产业数字化，推动数字经济与实体经济深度融合，是我国经济发展的基本国策。

2. 高度重视数据安全

国家高度重视数据安全，加强综合治理和安全监管，切实保障国家数据安全。近年来，非法采集、加工、使用以及数据窃取、泄露等问题突出，严重危害国家安全、社会稳定和经济发展。各地区、各部门可以采用多种方式，积极宣传有关数据安全的法律、政策，调动有关部门、行业组织、科研机构、企业、个人等社会各界和社会力量的积极性，共同参与数据安全保护工作，共同维护数据安全。

3. 发展和安全并重

数据应用和数据安全是数据的两个重要方面，要找好平衡点，既不能过度强调应用而忽视安全，也不能因为重视安全而阻碍数据应用发展。为了解决这对矛盾，各地区、各部门要积极探索，该管好的重要数据、核心数据应保护好，一般数据应被积极应用，促进经济发展。

4. 加强国际合作

国家重视数据有关工作的国际交流合作，各地区、各部门应积极与有关国家、地区、组织等在数据安全治理、数据开发利用等领域开展国际交流与合作，积极参与数据安全相关国际规则和标准的制定，促进数据跨境安全、自由流动，推动世界数字经济发展，掌握国际数据治理的主动权和话语权。

5.4.5　数据处理方面的一般性要求

1. 在境内外开展数据处理活动损害国家安全和利益的将依法追责

《数据安全法》第二条规定，在中华人民共和国境内开展数据处理活动及其安全监管，适用本法。在中华人民共和国境外开展数据处理活动，损害中华人民共和国国家安全、公共利益或者公民、组织合法权益的，依法追究法律责任。

（1）本条明确了在我国境内开展数据处理活动及其安全监管适用本法，同时明确了域外管辖。随着互联网的广泛应用，出现了网络跨国应用、数据处理设施跨国运营、大量公民数据跨国存储等情况，《数据安全法》的立法核心之一是划定我国的数据主权领地，明确我国法律管辖范围。该法适用范围扩大至在境外开展数据处理活动但损害我国国家安全和利益的情形，为维护国家安全提供法律武器。

（2）任何组织和个人，在中华人民共和国境内开展数据处理活动及其安全监管，应按照《数据安全法》要求，落实有关责任和义务，维护数据安全和国家安全；在中华人民共和国境外开展数据处理活动时，如果损害了我国国家安全、公共利益或者公民、组织合法权益，违反了我国法律规定，将依法追究其法律责任。

2. 开展数据处理活动应守法、诚信，履行保护义务

《数据安全法》第八条规定，开展数据处理活动，应当遵守法律、法规，尊重社会公德和伦理，遵守商业道德和职业道德，诚实守信，履行数据安全保护义务，承担社会责任，不得危害国家安全、公共利益，不得损害个人、组织的合法权益。

本条明确了任何组织和个人在开展数据处理活动中，要：

（1）守法，不干违反有关数据安全法律规定的活动。

（2）遵守社会公德和伦理道德，不能违反商业道德和职业道德。

（3）诚实守信，数据处理活动复杂，涉及收集、生产、存储、使用、传输、销毁、交易等活动，在这些活动中，任何组织和个人都应该坚持诚实守信原则，才能使数据应用健康发展。

（4）履行数据安全保护义务，共同承担社会责任，把该保的核心数据、重要数据保护好。

（5）对数据和个人信息的处理应当确保数据使用目的合规、过程可控，所使用的产品和服务应当安全可控，不得危害国家安全、社会公共利益以及公民和组织的合法权益，也不得侵害个人隐私。

3. 加强行业自律，提高数据安全保护水平

《数据安全法》第十条规定，相关行业组织按照章程，依法制定数据安全行为规范和团体标准，加强行业自律，指导会员加强数据安全保护，提高数据安全保护水平，促进行业健康发展。

本条明确了有关数据安全的协会、联盟等行业组织，应该根据有关规定制定自律章程，按照章程，组织专家制定数据安全行为规范和团体标准，加强行业自律，指导会员加强数据安全保护，加强保障，通过多种方式检验数据安全保护措施的有效性，及时整改问题隐患，提高数据安全保护能力和水平，促进行业健康发展。

4. 任何个人和组织都有监督违反数据安全法律规定行为的义务

《数据安全法》第十二条规定，任何个人、组织都有权对违反本法规定的行为向有关主管部门投诉、举报。收到投诉、举报的部门应当及时依法处理。有关主管部门应当对投诉、举报人的相关信息予以保密，保护投诉、举报人的合法权益。

本条明确了任何个人和组织都有监督违反数据安全法律规定行为的义务，当发现违反数据安全法律法规规定的活动和行为时，及时向公安机关、网信部门、地方数据管理部门、行业主管部门等有关部门投诉、举报。有关主管部门应该设立举报电话、邮箱等措施，畅通举报渠道，当收到投诉、举报后，应当及时按照法律规定和职责分工，依法进行

处理。受理投诉、举报的部门，应当对投诉、举报人的相关信息予以保密，保护投诉、举报人的合法权益，严防投诉、举报人遭受危害。

5.4.6　国家在数据安全与发展方面的责任义务

1. 坚持发展与安全并重

《数据安全法》第十三条规定，国家统筹发展和安全，坚持以数据开发利用和产业发展促进数据安全，以数据安全保障数据开发利用和产业发展。

本条明确了发展和安全是相互促进的关系，二者互为支撑，因此要找好数据应用和安全的平衡点，不能强调一方面而忽视另一方面，因此，应把数据开发利用及产业发展与数据安全同步规划、同步实施。数字化面临的最大威胁是网络攻击，数字经济和国家经济安全脆弱性和风险进一步加大，因此，在发展数字经济的同时，要保护好数据生态安全。

2. 实施大数据战略

《数据安全法》第十四条规定，国家实施大数据战略，推进数据基础设施建设，鼓励和支持数据在各行业、各领域的创新应用。省级以上人民政府应当将数字经济发展纳入本级国民经济和社会发展规划，并根据需要制定数字经济发展规划。

本条明确了各地区、各部门可以根据经济建设和发展的需要，建设大数据中心、数据应用中心等数据基础设施，各行业、各领域在大数据应用方面加强创新，按照"大数据 + N+ 安全"的模式，将大数据和各领域以及大数据安全有机结合，构成大数据应用的新业态，促进经济和社会健康发展。省级以上人民政府应当开展数字政府、数字交通、数字能源、数字金融等数字化建设，发展数字经济，将数字经济发展纳入本级国民经济和社会发展规划，研究和创新发展数字经济，制定发展规划，使经济转型升级。

3. 支持数据开发利用

《数据安全法》第十五条规定，国家支持开发利用数据提升公共服务的智能化水平。提供智能化公共服务，应当充分考虑老年人、残疾人的需求，避免对老年人、残疾人的日常生活造成障碍。第十六条规定，国家支持数据开发利用和数据安全技术研究，鼓励数据开发利用和数据安全等领域的技术推广和商业创新，培育、发展数据开发利用和数据安全产品、产业体系。

这两条明确了国家支持数据开发利用，一是基于大数据，利用大数据分析、人工智能等技术，提升公共服务的智能化水平，同时要考虑老年人、残疾人的特殊需求，以满足智能化、差异化的公共服务需要。二是开发利用基于大数据的数字技术、数据安全技术，这是新技术领域的一个重要方面，各行业、各领域可以基于数据开发利用，大力研究和推广数据安全技术，创新商业模式，培育、发展数据开发利用和数据安全产品，加快构建数字产业和数据安全产业体系，促进经济的升级换代和数字化转型。

4. 建设数据开发利用技术和数据安全标准体系

《数据安全法》第十七条规定，国家推进数据开发利用技术和数据安全标准体系建设。

国务院标准化行政主管部门和国务院有关部门根据各自的职责，组织制定并适时修订有关数据开发利用技术、产品和数据安全相关标准。国家支持企业、社会团体和教育、科研机构等参与标准制定。

本条明确了国务院有关部门会同国家标准化委员会、全国信息安全标准化委员会等部门，积极组织社会力量，加快制定出台数据开发利用技术标准和数据安全标准，为各地区、各部门开展数据开发利用和数据安全工作提供保障。

5. 促进数据安全检测评估和认证等服务

《数据安全法》第十八条规定，国家促进数据安全检测评估、认证等服务的发展，支持数据安全检测评估、认证等专业机构依法开展服务活动。国家支持有关部门、行业组织、企业、教育和科研机构、有关专业机构等在数据安全风险评估、防范、处置等方面开展协作。

本条明确了开展数据安全检测评估和认证等服务。数据安全检测评估、认证等服务属于第三方服务，服务机构应满足一定的条件、具备一定的服务能力，才能开展数据安全服务业务。有关部门应及时出台数据安全检测评估、认证等专业服务机构的条件和能力评估规范、评估流程等标准规范，取得相应资格的服务机构，方可开展数据安全检测评估、认证等业务。

6. 建立健全数据交易管理制度

《数据安全法》第十九条规定，国家建立健全数据交易管理制度，规范数据交易行为，培育数据交易市场。

2022 年 12 月，国家出台了《中共中央 国务院关于构建数据基础制度更好发挥数据要素作用的意见》，明确要求建立合规高效、场内外结合的数据要素流通和交易制度，完善和规范数据流通规则，构建促进使用和流通、场内外相结合的交易制度体系，规范引导场外交易，培育壮大场内交易；有序发展数据跨境流通和交易，建立数据来源可确认、使用范围可界定、流通过程可追溯、安全风险可防范的数据可信流通体系。

有关部门应及时出台数据交易和管理规范，明确数据交换的条件、流程、监管等内容，使数据交易处于规范和监管之下，否则容易产生数据滥用。在数据交易过程中，交易行为要合法，交易的数据也要符合交易要求，数据交易过程中存在非法交易的，有关部门应根据法律法规要求，加强数据交易监管，对非法交易进行打击处理，确保数据交易过程中的核心数据、重要数据安全。

7. 加强数据开发利用技术和数据安全相关教育和培训

《数据安全法》第二十条规定，国家支持教育、科研机构和企业等开展数据开发利用技术和数据安全相关教育和培训，采取多种方式培养数据开发利用技术和数据安全专业人才，促进人才交流。

目前，我国数据开发利用技术和数据安全专业人才缺乏，高等教育机构、研究机构、企业和培训机构要充分发挥技术优势，建立数据安全人才教育训练体系，采取多种方式、利用多种渠道，加快培养数据开发利用技术和数据安全专业人才，同时促进人才合理流动。

5.4.7　建立数据安全制度和有关机制

《数据安全法》确立了数据安全制度，对数据安全作出制度性安排，体现了国家对数据安全的高度重视。在法律基础上，出台配套政策和标准，建立数据安全制度，实施一系列工程，是落实《数据安全法》的有效措施。

1. 建立数据分类分级保护制度

《数据安全法》第二十一条规定，国家建立数据分类分级保护制度，根据数据在经济社会发展中的重要程度，以及一旦遭到篡改、破坏、泄露或者非法获取、非法利用，对国家安全、公共利益或者个人、组织合法权益造成的危害程度，对数据实行分类分级保护。国家数据安全工作协调机制统筹协调有关部门制定重要数据目录，加强对重要数据的保护。关系国家安全、国民经济命脉、重要民生、重大公共利益等数据属于国家核心数据，实行更加严格的管理制度。各地区、各部门应当按照数据分类分级保护制度，确定本地区、本部门以及相关行业、领域的重要数据具体目录，对列入目录的数据进行重点保护。

本条明确了国家建立数据分类分级保护制度。数据分类分级是数据安全工作的重要基础和前提，国家数据安全工作协调机制统筹协调有关部门，制定数据分类分级政策、标准和指南，以便于各地区、各部门结合本行业、本领域实际情况制定数据识别指南，开展数据识别认定工作。数据根据业务属性和应用情况进行分类，按照重要性、规模、精度、风险等因素进行分级，分为一般、重要、核心三个等级。各行业、各领域应按照国家总体安排和部署，制定数据分类分级指南和数据认定规则，开展数据分类分级工作，并按照有关规定，将数据分类分级指南和数据认定规则、数据认定结果、数据目录清单等向有关部门备案。有关数据分类分级的内容详见 4.3 节。

2. 建立数据安全风险评估、报告、信息共享和监测预警机制

《数据安全法》第二十二条规定，国家建立集中统一、高效权威的数据安全风险评估、报告、信息共享、监测预警机制。国家数据安全工作协调机制统筹协调有关部门加强数据安全风险信息的获取、分析、研判、预警工作。

（1）本条明确了国家应在数据安全方面建立风险评估机制、事件报告机制、信息共享机制和监测预警机制等四个机制。这些机制应在已有机制的基础上建立，并与网络安全的风险评估机制、事件报告机制、信息共享机制和监测预警机制相衔接。网络安全包括网络和信息系统的安全、信息安全和数据安全。因此，应充分借鉴已有经验和做法，结合数据安全的特殊性建立有关机制。

（2）国家已经建立了网络与信息安全信息通报预警机制，国家、省、地市分别建立了网络与信息安全信息通报机构，由各级公安机关网络安全保卫部门组建，自 2004 年起在全国范围内开展网络安全监测、通报预警、事件处置等工作。各地区、各部门应在此基础

上，建立数据安全信息通报预警机制，开展数据安全信息共享、监测、通报预警工作，有效处置数据安全事件和威胁。

3. 建立数据安全应急处置机制

《数据安全法》第二十三条规定，国家建立数据安全应急处置机制。发生数据安全事件，有关主管部门应当依法启动应急预案，采取相应的应急处置措施，防止危害扩大，消除安全隐患，并及时向社会发布与公众有关的警示信息。

（1）国家已经建立了网络安全应急处置机制，数据安全应急处置机制应该在网络安全应急处置机制的基础上建立，将两个机制有机衔接，才能开展好数据安全事件应急处置工作。各地区、各部门应当按照国家数据安全应急处置机制要求，建立本地区、本部门的数据安全应急处置机制，制定应急预案，开展应急演练。当发生数据安全事件，有关主管部门应当依法启动应急预案，采取相应的应急处置措施，防止危害扩大，消除安全隐患，同时及时向公安机关等有关部门报告，有关部门及时向社会发布与公众有关的警示信息。

（2）公安机关指导事件处置，并及时开展事件分析、固定证据、溯源和侦查调查，属于案件的，及时立案打击。公安机关要督促重点行业、网络运营者、数据处理者，按照《数据安全法》以及国家有关法律法规和政策要求，制定数据安全应急预案，加强应急力量建设和应急资源储备，落实值班值守制度，建立数据安全事件报告制度和应急处置机制。组织数据处理者定期开展应急演练，针对应急演练中发现的突出问题和漏洞隐患，及时整改加固，完善数据安全保护措施。

4. 建立数据安全审查制度

《数据安全法》第二十四条规定，国家建立数据安全审查制度，对影响或者可能影响国家安全的数据处理活动进行国家安全审查。依法作出的安全审查决定为最终决定。

国家已经建立了网络安全审查制度，数据安全审查制度应在网络安全审查制度的基础上建立，对影响或者可能影响国家安全的数据处理活动进行国家安全审查，以确保核心数据、重要数据安全，保障数据在采集、存储、使用、传输、交易、出境等过程中对国家安全不构成威胁和损害。有关部门建立数据安全审查制度，依据该制度作出的安全审查决定为最终决定。

5. 建立数据出口管制制度

《数据安全法》第二十五条规定，国家对与维护国家安全和利益、履行国际义务相关的属于管制物项的数据依法实施出口管制。

国家已经建立了物资物品等管制物项的出口管制制度，以维护国家安全和利益。数据关系国家安全和利益，因此建立数据出口管制制度非常重要，对关系国家安全和利益的数据实施出口管制，同时履行国际义务。

6. 采取对等措施

《数据安全法》第二十六条规定，任何国家或者地区在与数据和数据开发利用技术等有关的投资、贸易等方面对中华人民共和国采取歧视性的禁止、限制或者其他类似措施的，中华人民共和国可以根据实际情况对该国家或者地区对等采取措施。

与数据开发利用技术有关的投资、贸易等是世界各国和地区应该支持的共同事项，有利于全球经济发展，但有些国家或者地区出于遏制打压我国经济发展的目的，对我国采取歧视性的禁止、限制或者其他类似措施，在此情况下，我国可以根据实际情况对这些国家或者地区对等采取相关措施。

5.4.8　数据安全保护义务

1. 建立健全数据安全管理制度

《数据安全法》第二十七条规定，开展数据处理活动应当依照法律、法规的规定，建立健全全流程数据安全管理制度，组织开展数据安全教育培训，采取相应的技术措施和其他必要措施，保障数据安全。利用互联网等信息网络开展数据处理活动，应当在网络安全等级保护制度的基础上，履行上述数据安全保护义务。重要数据的处理者应当明确数据安全负责人和管理机构，落实数据安全保护责任。

（1）数据安全管理制度的特点之一，是加强数据安全全流程监管，系统性完善数据安全保护和管理制度。近年来，由于法律法规缺少对数据处理的全链条监管，一些互联网企业将数据作为可"增值"的资产进行"二次开发"，数据流转在一定程度上失控，因此，《数据安全法》强调对数据全生命周期的监管，明确了对数据的收集、存储、使用、加工、传输、提供、公开等全生命周期予以监管，并确定了分类分级、风险评估、应急处置、安全审查、出口管制等相关制度。

（2）数据安全管理制度的特点之二，是将网络安全等级保护制度延伸至数据安全保护领域，强化数据安全与网络安全保护制度的衔接。利用互联网等信息网络开展数据处理活动，即在网络系统中处理数据，应当落实网络安全等级保护制度，在开展网络、信息系统、数据定级备案、等级测评、安全建设整改的基础上，对核心数据、重要数据采取加强型保护措施，保护核心数据、重要数据安全。网络安全与数据安全是"一体两面"的关系，维护网络安全的目的是保护网络运行安全和数据安全、个人信息安全。长期以来，网络安全等级保护制度作为《网络安全法》确定的基础制度，在保护数据安全方面发挥了重要作用，各单位、各部门应当在落实网络安全等级保护制度的基础上，履行数据安全保护义务。

（3）利用互联网等信息网络开展数据处理活动，要落实网络安全等级保护制度、关键信息基础设施安全保护制度、密码保护制度和保密制度。存储处理重要数据的要落实第三级及以上网络安全等级保护要求，存储处理核心数据的要落实第四级网络安全等级保护要求或关键信息基础设施安全保护要求。各行业主管部门要明确本行业数据安全保护的管理机构，组织制定本行业数据安全保护政策和标准规范，指导本行业相关单位落实数据安全保护措施。

2. 数据处理活动应有利于经济社会发展

《数据安全法》第二十八条规定，开展数据处理活动以及研究开发数据新技术，应当有利于促进经济社会发展，增进人民福祉，符合社会公德和伦理。

本条明确要求，任何组织和个人在开展数据处理活动以及研究开发数据新技术、拓展新应用过程中，应履行相应的责任义务，并坚持以下原则：一是有利于经济社会发展，让数据充分发挥促进经济转型和提档升级的作用；二是增进人民福祉，提高人民生活水平，满足人民群众精神和物质需要；三是符合社会公德和伦理，遵守社会公德、伦理道德、商业道德和职业道德，诚实守信，承担社会责任，而不能唯利是图，损害公民的合法权益和个人隐私。

3. 数据处理活动中应加强风险监测和风险评估

《数据安全法》第二十九条规定，开展数据处理活动应当加强风险监测，发现数据安全缺陷、漏洞等风险时，应当立即采取补救措施；发生数据安全事件时，应当立即采取处置措施，按照规定及时告知用户并向有关主管部门报告。第三十条规定，重要数据的处理者应当按照规定对其数据处理活动定期开展风险评估，并向有关主管部门报送风险评估报告。风险评估报告应当包括处理的重要数据的种类、数量，开展数据处理活动的情况，面临的数据安全风险及其应对措施等。

（1）这两条明确要求在数据处理活动中，应加强风险监测和风险评估。各地区、各行业和网络运营者、数据处理者在开展数据处理活动中，应依托网络与信息安全信息通报机制，强化数据安全监测，及时收集、汇总、分析各方数据安全信息，加强数据安全威胁情报工作，组织开展数据安全威胁分析和态势研判；发现数据安全缺陷、漏洞等风险和网络攻击事件时，应及时开展通报预警和应急处置，立即采取补救措施，并按照有关规定，及时告知用户并向公安机关和有关主管部门报告。公安机关要加强监督指导，及时处置网络安全事件，及时排查消除数据安全风险，提高数据安全保护能力。

（2）与传统的网络活动相比较，数据处理活动更加复杂多样，包括生产、采集、提供、交易、交换、存储、传输、加工、使用、共享、公开、销毁等活动。重要数据的处理者应对数据处理活动中数据的安全性以及可能存在的风险开展安全检测、风险评估，检验数据安全保护措施的有效性，及时发现问题隐患并整改。核心数据、重要数据应存储在中国境内，不得跨境远程维护。数据处理活动可能危害和影响国家安全的，应当按照要求进行安全审查。数据确需出境的，应当依法进行安全评估。有关部门应当出台风险评估报告的统一格式，规范评估内容、流程以及报告的内容，主要包括处理的重要数据的种类、数量，开展数据处理活动的情况，存在的问题隐患以及面临的安全风险，采取的应对措施等。

4. 重要数据的出境安全管理

《数据安全法》第三十一条规定，关键信息基础设施的运营者在中华人民共和国境内运营中收集和产生的重要数据的出境安全管理，适用《中华人民共和国网络安全法》的规定；其他数据处理者在中华人民共和国境内运营中收集和产生的重要数据的出境安全管理办法，由国家网信部门会同国务院有关部门制定。

《网络安全法》第三十七条规定，关键信息基础设施的运营者在中华人民共和国境内运营中收集和产生的个人信息和重要数据应当在境内存储。因业务需要，确需向境外提供的，应当按照国家网信部门会同国务院有关部门制定的办法进行安全评估；法律、行政法规另有规定的，依照其规定。

国家网信部门会同公安部、工业和信息化部等国务院有关部门，研究出台了《数据出境安全评估办法》，自 2022 年 9 月 1 日起施行。该办法的出台，旨在落实《网络安全法》《数据安全法》《个人信息保护法》的规定，规范数据出境活动，保护个人信息权益，维护国家安全和社会公共利益，防范重要数据出境给国家安全、国家利益、公共安全带来危害和威胁，促进数据跨境安全、自由流动，切实以安全保发展、以发展促安全。

5. 采取合法正当的方式收集数据

《数据安全法》第三十二条规定，任何组织、个人收集数据，应当采取合法、正当的方式，不得窃取或者以其他非法方式获取数据。法律、行政法规对收集、使用数据的目的、范围有规定的，应当在法律、行政法规规定的目的和范围内收集、使用数据。

本条明确了任何组织和个人收集、采集数据，应当遵循"合法、正当、必要"的原则，并采取合法、正当的方式，不得收集与其提供服务无关的个人信息，不得违反法律、行政法规的规定和双方的约定收集、使用个人信息，不得窃取或者以其他非法方式获取数据。法律和行政法规对收集、使用数据的目的、范围有规定的，有关机构和个人应当在法律、行政法规规定的目的和范围内收集、使用数据。

6. 数据交易要求数据提供方说明数据来源

《数据安全法》第三十三条规定，从事数据交易中介服务的机构提供服务，应当要求数据提供方说明数据来源，审核交易双方的身份，并留存审核、交易记录。

本条明确数据交易要求数据提供方说明数据来源。数据交易是数据处理中的重要活动，有关部门应及时出台数据交易政策规范，以保证数据交易处于正常状态和监管之下。数据交易涉及提供中介服务的机构和数据交易平台，中介服务机构提供数据交易中介服务时，应当按照有关数据交易规范，要求数据提供方说明数据来源，审核数据是否属于可交易范围，审核交易双方的身份，并留存审核、交易记录，确保交易过程可查、可追溯，确保交易过程合法、安全。同时，如果数据通过平台进行交易，中介服务机构要确保交易平台安全，防止交易过程被攻击、交易数据被篡改。

7. 数据处理服务应当取得行政许可

《数据安全法》第三十四条规定，法律、行政法规规定提供数据处理相关服务应当取得行政许可的，服务提供者应当依法取得许可。

本条明确了有关法律和行政法规对提供数据处理相关服务设置了行政许可的，服务提供者应当依法取得许可，方可开展数据处理服务。有关部门应及时研究出台数据处理服务许可的行政法规和配套政策文件，规范数据处理相关服务活动。

8. 有关组织和个人有配合公安机关和国家安全机关调取数据的义务

《数据安全法》第三十五条规定，公安机关、国家安全机关因依法维护国家安全或者侦查犯罪的需要调取数据，应当按照国家有关规定，经过严格的批准手续，依法进行，有关组织、个人应当予以配合。

本条明确，公安机关、国家安全机关是打击数据犯罪、网络犯罪的重要职能部门，因侦查打击犯罪、维护国家安全，需要调取数据时，应当按照国家有关规定，经过严格的批准手续，依法调取。有关组织和个人应积极配合公安机关的执法活动，如实提供有关数据文件资料，以及提供技术支持和协助。《数据安全法》规定了包括企业、网络运营者在内的组织，应当为公安机关依法维护国家安全和侦查犯罪提供数据方面的支持和协助，同时规定了组织和个人违反该规定的法律责任。

9. 国家主管机关在处理外国司法或者执法机构请求提供数据时的要求

《数据安全法》第三十六条规定，中华人民共和国主管机关根据有关法律和中华人民共和国缔结或者参加的国际条约、协定，或者按照平等互惠原则，处理外国司法或者执法机构关于提供数据的请求。非经中华人民共和国主管机关批准，境内的组织、个人不得向外国司法或者执法机构提供存储于中华人民共和国境内的数据。

本条明确了国家主管机关在处理外国司法或者执法机构关于提供数据的请求时，应按照我国有关法律、我国缔结或者参加的国际条约、协定执行，或者按照平等互惠原则处理。非经我国主管机关批准，境内的任何组织和个人不得向外国司法或者执法机构提供存储于我国境内的数据。

5.4.9　政务数据安全与开放

1. 运用政务数据服务经济社会发展

《数据安全法》第三十七条规定，国家大力推进电子政务建设，提高政务数据的科学性、准确性、时效性，提升运用数据服务经济社会发展的能力。

近年来，国家建设了政务外网和内网，以及一系列电子政务平台，强化数字政府建设和电子政务建设，提高了政务数据应用的科学性、准确性和时效性，提升了各级政府部门运用数据服务经济社会发展的能力。但与形势发展和人民群众的要求相比，电子政务建设和数字政府建设还存在一些不足和不平衡，各地区、各部门需要进一步解放思想，加强创新，为人民群众提供更多更好的数字化服务，有力支持经济社会发展。

2. 国家机关应依法收集和使用数据

《数据安全法》第三十八条规定，国家机关为履行法定职责的需要收集、使用数据，应当在其履行法定职责的范围内依照法律、行政法规规定的条件和程序进行；对在履行职责中知悉的个人隐私、个人信息、商业秘密、保密商务信息等数据应当依法予以保密，不得泄露或者非法向他人提供。

（1）本条明确了国家机关应依法收集和使用数据。政务数据是指各级政府部门在履职过程中，依法产生、收集、存储、使用、管理的各类数据资源，包括政府部门因履行职责依托政务网络形成的数据，直接依法收集和管理的数据，以及通过第三方依法收集和管理的数据。政府各部门在开展政务活动中，为履行法定职责，应当在其履行法定职责的范围内，依照法律和行政法规规定的条件和程序，收集、存储、使用数据，不能超越法定职责和规定条件处理数据，也不能违反程序处理数据。

（2）政府部门和人员在履行职责中，应当采取严格的管理制度和措施，对知悉的个人隐私、个人信息、商业秘密、保密商务信息等数据，应当依法予以保密，不得泄露或者非法向他人提供。政府部门对本部门建设、运营、维护的政务网络和系统，以及在履职过程中产生、收集和管理的政务数据安全负主体责任。网络安全监管部门和行业主管部门在各自职责范围内履行监管和主管责任。

3. 国家机关应落实数据安全保护责任，保障政务数据安全

《数据安全法》第三十九条规定，国家机关应当依照法律、行政法规的规定，建立健全数据安全管理制度，落实数据安全保护责任，保障政务数据安全。

（1）国家机关各单位、各部门要高度重视数据安全保护工作，依照法律和行政法规的规定，建立健全数据安全管理制度，加强统筹领导和规划设计，认真研究解决数据安全机构设置、人员配置、经费投入、安全措施建设等重大问题，落实数据安全保护责任，保障政务数据安全；网络安全职能部门加强数据安全保护标准和规范制定，行业主管部门制定本行业的标准规范和实施方案，加强宣贯和应用指导，促进数据安全保护工作规范化和常态化；要充分调动数据安全企业、科研机构、专家等社会力量积极参与数据安全核心技术研发攻关，积极推进安全可控的数据安全体系建设，加强数据安全协同、互动互补、共治共享和群防群治。

（2）在政务数据安全保护工作中，要大力加强对数据中心、政务云平台、云计算平台上的信息系统和数据、服务终端、供应链的安全管理。特别是大型互联网企业参与政务网络和信息系统、云计算平台、大数据中心建设，要加强网络、系统建设中全链条、全方位安全管理，加强数据、信息全生命周期管理。政务网络和信息系统建设应禁止项目转包，严密防范建设方、运维方等第三方机构非法获取、使用政务数据。公安机关应加强对政务网络和信息系统、云计算平台、大数据中心、数据、信息的安全监管，严厉打击危害政务网络安全、数据安全的违法犯罪活动。要加强政务网络和数据的安全审查、安全审计，加强安全保卫、保护和保障工作，提升政务网络安全综合防护能力，为政府部门正常履职提供保障。

4. 国家机关委托他人建设和维护电子政务系统、处理政务数据时，应明确双方的责任和义务

《数据安全法》第四十条规定，国家机关委托他人建设、维护电子政务系统，存储、加工政务数据，应当经过严格的批准程序，并应当监督受托方履行相应的数据安全保护义

务。受托方应当依照法律、法规的规定和合同约定履行数据安全保护义务，不得擅自留存、使用、泄露或者向他人提供政务数据。

国家机关各单位、各部门在开展电子政务系统建设和处理政务数据时，如果委托企业、机构建设、维护电子政务系统，以及存储和加工政务数据，应当按照国家有关招投标政策规定实施，并经过严格的批准程序。同时，国家机关各单位、各部门应与受托方签署保密协议，建立监督制度，严格监督受托方履行相应的数据安全保护义务，确保重要数据全生命周期安全。受托方应当加强对实施人员的保密教育，签署个人承诺书，依照法律、法规的规定和合同约定，对委托方履行数据安全保护义务，不得擅自留存、使用、泄露或者向他人提供政务数据。

5. 国家机关应按规定及时、准确地公开政务数据

《数据安全法》第四十一条规定，国家机关应当遵循公正、公平、便民的原则，按照规定及时、准确地公开政务数据。依法不予公开的除外。

本条明确了国家机关各单位、各部门在开展政务活动中，应当遵循"公正、公平、便民"的原则，按照有关规定，及时、准确地向社会公开政务数据，便于人民群众及时了解情况，满足人民群众的知情权，以及保障人民群众的监督权。依法不予公开的除外。

6. 国家应制定政务数据开放目录，推动政务数据开放利用

《数据安全法》第四十二条规定，国家制定政务数据开放目录，构建统一规范、互联互通、安全可控的政务数据开放平台，推动政务数据开放利用。

本条明确了国家机关各单位、各部门应当为数字经济发展提供支持和保障，制定政务数据开放目录，将可以公开的数据公开，并建设统一规范、互联互通、安全可控的政务数据开放平台，推动政务数据开放利用，有力促进数字经济发展和社会进步。

7. 管理公共事务职能的组织开展数据处理活动应遵守有关规定

《数据安全法》第四十三条规定，法律、法规授权的具有管理公共事务职能的组织为履行法定职责开展数据处理活动，适用本章规定。

本条明确了经法律、法规授权，具有管理公共事务职能的单位和部门以及社会组织，为履行法定职责开展数据处理活动，均应按照《数据安全法》第五章规定执行。

5.4.10 法律责任

《数据安全法》对数据安全违法行为设立了多项处罚措施。对违反国家核心数据和重要数据管理制度，危害国家主权、国家安全和发展利益，损害公民合法权益，不履行规定保护义务，交易来源不明数据，拒不配合数据调取，国家机关不履行安全保护义务，未经审批向境外提供数据，国家工作人员违法，窃取或非法获取数据，给他人造成损害等方面，《数据安全法》第四十四条到第五十二条，设立了约谈、责令改正、给予警告、罚款、责令暂停相关业务、停业整顿、吊销相关业务许可证或者吊销营业执照，依法给予处分，

依法承担民事责任等处罚措施；构成违反治安管理行为的，依法给予治安管理处罚；构成犯罪的，依法追究刑事责任。

5.5 《密码法》框架和重点内容

《密码法》由第十三届全国人大常务委员会第十四次会议于 2019 年 10 月 26 日通过，自 2020 年 1 月 1 日起施行。

5.5.1 《密码法》总体框架

《密码法》共五章四十四条，第一章为总则，第二章为核心密码、普通密码，第三章为商用密码，第四章为法律责任，第五章为附则。该法是为了规范密码应用和管理，促进密码事业发展，保障网络与信息安全，维护国家安全和社会公共利益，保护公民、法人和其他组织的合法权益而制定的，是我国密码领域的综合性、基础性法律。

密码是保障网络与信息安全的核心技术和基础支撑，是解决网络与信息安全问题最有效、最可靠、最经济的手段和方法，是构建网络信任体系的基石，是维护党和国家根本利益的战略性资源和国之重器。

《密码法》规定了密码工作的基本原则、领导和管理体制，以及密码发展促进和保障措施，规定了核心密码、普通密码使用要求、安全管理制度以及国家加强核心密码、普通密码工作的一系列特殊保障制度和措施，规定了商用密码标准化制度、检测认证制度、市场准入管理制度、使用要求、进出口管理制度、电子政务电子认证服务管理制度以及商用密码事中事后监管制度，并规定了违反《密码法》相关规定应当承担的相应法律后果。

5.5.2 《密码法》重点内容

密码工作是党和国家的一项特殊重要工作，直接关系国家政治安全、经济安全、国防安全和网络安全。《密码法》的颁布实施，有力促进了密码工作的科学化、规范化、法治化水平，有力促进了密码技术进步、产业发展和规范应用，为维护国家安全、社会公共利益以及公民、法人和其他组织的合法权益提供了重要保障。对于核心密码和普通密码，有利于将现行的管理政策及保障措施法治化，提升法治化保障水平；对于商用密码，充分体现了职能转变和"放管服"改革要求，保障了公民、法人和其他组织可依法使用。

1. 密码分类

密码是指采用特定变换的方法对信息等进行加密保护、安全认证的技术、产品和服务。国家对密码实行分类管理。密码分为核心密码、普通密码和商用密码三类。

核心密码、普通密码属于国家秘密。密码管理部门依照本法和有关法律、行政法规以及国家有关规定对核心密码、普通密码实行严格统一管理。核心密码用于保护国家绝密级、机密级、秘密级信息，普通密码用于保护国家机密级、秘密级信息，商用密码用于保护不属于国家秘密的信息。

2. 密码管理体制

坚持党管密码的根本原则，依法确立密码工作领导体制，并明确中央密码工作领导机构，即中央密码工作领导小组（国家密码管理委员会），对全国密码工作实行统一领导。中央密码工作领导小组负责制定国家密码重大方针政策，统筹协调国家密码重大事项和重要工作，推进国家密码法治建设。实行国家、省、市、县四级密码工作管理体制。国家密码管理部门，即国家密码管理局，负责管理全国的密码工作；县级以上地方各级密码管理部门，即省、市、县级密码管理局，负责管理本行政区域的密码工作；国家机关和涉及密码工作的单位在其职责范围内负责本机关、本单位或者本系统的密码工作。

3. 核心密码和普通密码管理制度

密码管理部门依法对核心密码、普通密码实行严格统一管理。《密码法》规定了核心密码、普通密码的使用要求、安全管理制度以及国家加强核心密码、普通密码工作的一系列特殊保障制度和措施。核心密码、普通密码用于保护国家秘密信息和涉密信息系统，有力地保障了中央政令军令安全，为维护国家网络空间主权、安全和发展利益构筑起牢不可破的密码屏障。核心密码和普通密码本身就是国家秘密，一旦泄露，将危害国家安全和利益。因此，有必要对核心密码、普通密码的科研、生产、服务、检测、装备、使用和销毁等各个环节实行严格统一管理，确保核心密码、普通密码的安全。

4. 商用密码管理制度

《密码法》规定了商用密码的主要管理制度，包括商用密码标准化制度、检测认证制度、市场准入管理制度、使用要求、进出口管理制度、电子政务电子认证服务管理制度以及商用密码事中事后监管制度。

商用密码广泛应用于金融和通信、公安、税务、社保、交通、卫生健康、能源、电子政务等重要领域，在维护国家安全、促进经济社会发展以及保护公民、法人和其他组织合法权益等方面发挥着重要作用。国家鼓励商用密码技术的研究开发、学术交流、成果转化和推广应用，健全统一、开放、竞争、有序的商用密码市场体系，鼓励和促进商用密码产业发展。

例如在税务领域，增值税防伪税控系统使用商用密码技术保护涉税信息，有效防范通过篡改发票票面信息进行偷税、漏税等违法犯罪活动；在金融领域，金融芯片卡使用商用密码，有效防范银行卡伪造、网上交易身份仿冒等违法犯罪活动；在公共安全领域，公安机关在第二代居民身份证中使用商用密码芯片，有效防范了伪造、变造身份证等违法犯罪行为。

5. 密码的使用要求

（1）核心密码和普通密码的使用要求。在有线、无线通信中传递的国家秘密信息，以及存储、处理国家秘密信息的信息系统，应当依法使用核心密码、普通密码进行加密保护、安全认证。

（2）商用密码的使用要求。一是公民、法人和其他组织可以依法使用商用密码保护网络与信息安全；二是关键信息基础设施必须依法使用商用密码进行保护，并开展商用密码应用安全性评估；三是关键信息基础设施的运营者采购涉及商用密码的网络产品和服务，可能影响国家安全的，应当依法通过国家网信部门会同国家密码管理局等有关部门组织的国家安全审查；四是党政机关存在的大量涉密信息、信息系统和关键信息基础设施，都必须依法使用密码进行保护；五是任何组织和个人不得窃取他人加密保护的信息或者非法侵入他人的密码保障系统，不得利用密码从事危害国家安全、社会公共利益、他人合法权益等的违法犯罪活动。

6. 商用密码应用安全性评估应与关键信息基础设施安全检测评估、网络安全等级测评制度相衔接

《密码法》规定，法律、行政法规和国家有关规定要求使用商用密码进行保护的关键信息基础设施，其运营者应当使用商用密码进行保护，自行或者委托商用密码检测机构开展商用密码应用安全性评估。商用密码应用安全性评估应当与关键信息基础设施安全检测评估、网络安全等级测评制度相衔接，避免重复评估、测评。

《密码法》与《网络安全法》等相关法律进行了有机衔接，要求在商用密码应用安全性评估方面，与关键信息基础设施安全检测评估、网络安全等级测评制度进行衔接，发挥密码标准引领作用和检测认证支撑作用，规范和加强事中事后监管。

5.6 《个人信息保护法》框架和重点内容

2021 年 8 月 20 日，第十三届全国人大常委会第三十次会议通过《个人信息保护法》，自 2021 年 11 月 1 日起施行。

5.6.1 《个人信息保护法》总体框架

《个人信息保护法》是为了保护个人信息权益，规范个人信息处理活动，促进个人信息合理利用，根据宪法，制定的法律。共八章七十四条，第一章为总则，第二章为个人信息处理规则，第三章为个人信息跨境提供的规则，第四章为个人在个人信息处理活动中的权利，第五章为个人信息处理者的义务，第六章为履行个人信息保护职责的部门，第七章为法律责任，第八章为附则。

《个人信息保护法》明确了个人信息处理规则、个人信息跨境提供规则、个人信息处理活动中个人的权利和处理者的义务，规定了国家网信部门和国务院有关部门在各自职责范围内负责个人信息保护和监督管理工作。

5.6.2 《个人信息保护法》重点内容

《个人信息保护法》重点内容包括：个人信息保护原则，处理活动保障权益规范，自动化决策规范，敏感个人信息处理规则，国家机关处理个人信息活动规范，个人在信息处理活动中的各项权利，个人信息处理者义务，大型网络平台特别义务，个人信息跨境流动规范，个人信息保护工作机制。

1. 个人信息及个人信息处理的含义

个人信息是以电子或者其他方式记录的与已识别或者可识别的自然人有关的各种信息，不包括匿名化处理后的信息。个人信息的处理包括个人信息的收集、存储、使用、加工、传输、提供、公开、删除等。

2. 国家建立个人信息保护制度

国家重视个人信息保护，维护公民个人合法权益，一是建立健全个人信息保护制度，预防和惩治侵害个人信息权益的行为，加强个人信息保护宣传教育，推动形成政府、企业、相关社会组织、公众共同参与个人信息保护的良好环境；二是积极参与个人信息保护国际规则的制定，促进个人信息保护方面的国际交流与合作，推动与其他国家、地区、国际组织之间的个人信息保护规则、标准等互认。

3. 个人信息处理活动坚持"合法、正当、必要与诚信"原则

在信息化和数字化时代，个人信息被非法交易和滥用，形成了地下黑灰产业链，给公民个人的财产安全和人身安全带来严重威胁。为了充分保护个人信息权益，同时也为了规范个人信息处理活动，促进数字化产业发展，《个人信息保护法》明确了个人信息处理活动应当遵循"合法、正当、必要和诚信"四项原则，并强调不得通过误导、欺诈、胁迫等方式处理个人信息。

（1）合法原则，个人信息处理活动应当依据《个人信息保护法》，以及《网络安全法》《数据安全法》《民法典》《刑法》《关键信息基础设施安全保护条例》等法律法规规定进行。

（2）正当原则，个人信息处理活动应当符合立法宗旨和法律价值，不得为谋求自身利益而侵害他人的个人信息权益。

（3）必要原则，个人信息的收集范围和处理方式应当仅以实现相应的信息服务功能和业务为目的，不能扩大化，不必要的信息不能收集。

（4）诚信原则，个人信息处理者应当诚实信用地按照约定的处理目的和范围处理个人信息，不应故意隐瞒、有意淡化事关个人信息权益的提示说明，不得利用自身的优势地位侵害个人信息权益。

4. 个人信息处理活动的相关规定

（1）个人信息处理规则的核心是"告知—同意"。为了规范个人信息处理活动、保障

个人信息权益，《个人信息保护法》构建了以"告知—同意"为核心的个人信息处理规则，这是保障个人对其个人信息处理知情权和决定权的重要手段。个人信息处理者在事先充分告知的前提下取得个人同意后方可处理个人信息，处理的重要事项发生变更的也应当重新向个人告知并取得同意。

（2）利用大数据自动化决策应透明，结果应公平公正。一些企业利用大数据分析来评估消费者的个人特征，采用自动化决策方式向消费者进行商业营销。《个人信息保护法》规定，个人信息处理者利用个人信息进行自动化决策，应当保证决策的透明度和结果公平、公正，不得对个人在交易价格等交易条件上实行不合理的差别待遇；通过自动化决策方式向个人进行信息推送、商业营销，应当同时提供不针对其个人特征的选项，或者向个人提供便捷的拒绝方式；通过自动化决策方式作出对个人权益有重大影响的决定，个人有权要求个人信息处理者予以说明，并有权拒绝个人信息处理者仅通过自动化决策的方式作出决定。

（3）敏感个人信息处理规则。敏感个人信息，即一旦泄露或者非法使用，容易导致自然人的人格尊严受到侵害或者人身、财产安全受到危害的个人信息，包括生物识别、宗教信仰、特定身份、医疗健康、金融账户、行踪轨迹等信息，以及不满十四周岁未成年人的个人信息。个人信息处理者处理敏感个人信息、向他人提供或公开个人信息、跨境转移个人信息等活动，应取得个人的单独同意。个人信息处理者不得过度收集个人信息，不得以个人不同意为由拒绝提供产品或者服务。个人具有撤回同意的权利，在个人撤回同意后，个人信息处理者应当停止处理或及时删除其个人信息。

（4）国家机关处理个人信息的特别规定。国家机关为履行职责，在维护国家安全、打击犯罪、管理社会等事务中，需要处理大量个人信息。保护个人信息权益、保障个人信息安全是国家机关应尽的义务和责任。因此，《个人信息保护法》规定，国家机关处理个人信息的活动适用《个人信息保护法》，处理个人信息应当依照法律、行政法规规定的权限和程序进行，不得超出履行法定职责所必需的范围和限度。国家机关处理的个人信息应当在中华人民共和国境内存储；确需向境外提供的，应当进行安全评估。

（5）个人信息跨境流动。随着经济全球化、数字化的不断推进，个人信息的跨境流动日益增多，但受地理空间距离、国家法律制度、保护能力差异等因素影响，个人信息跨境流动的风险越来越突出。为此，《个人信息保护法》规定，一是以向境内自然人提供产品或者服务为目的，或者分析、评估境内自然人的行为等，在我国境外处理境内自然人个人信息的活动适用本法；二是向境外提供个人信息的途径，包括通过国家网信部门组织的安全评估、经专业机构认证、订立标准合同、按照我国缔结或参加的国际条约和协定规定执行等；三是要求个人信息处理者采取必要措施保障境外接收方的处理活动达到本法规定的保护标准；四是对跨境提供个人信息的"告知—同意"作出更严格的要求，以保障个人的知情权、决定权等权利；五是为维护国家主权、安全和发展利益，对跨境提供个人信息的安全评估、向境外司法或执法机构提供个人信息、限制跨境提供个人信息的措施、对外国歧视性措施的反制等作了规定。

（6）个人在个人信息处理活动中具有知情权和决定权。个人在个人信息处理活动中的各项权利，主要包括知悉个人信息处理规则和处理事项、同意和撤回同意，以及个人信息的查询、复制、更正、删除等，也就是个人有权限制个人信息的处理。

5. 个人信息安全保护责任和义务

（1）个人信息处理者的责任义务。个人信息处理者是个人信息安全保护的第一责任人。因此，《个人信息保护法》规定，个人信息处理者应当对其个人信息处理活动负责，并采取必要措施保障所处理的个人信息的安全。个人信息处理者应当根据个人信息的处理目的、处理方式、个人信息的种类以及对个人权益的影响、可能存在的安全风险等，采取下列措施确保个人信息处理活动符合法律、行政法规的规定，并防止未经授权的访问以及个人信息泄露、篡改、丢失：一是制定内部管理制度和操作规程；二是对个人信息实行分类管理；三是采取相应的加密、去标识化等安全技术措施；四是合理确定个人信息处理的操作权限，并定期对从业人员进行安全教育和培训；五是制定并组织实施个人信息安全事件应急预案；六是法律、行政法规规定的其他措施。

（2）互联网平台的责任义务。提供重要互联网平台服务、用户数量巨大、业务类型复杂的个人信息处理者，在落实上述责任和义务基础上，还应落实以下特别责任和义务：一是按照国家规定建立健全个人信息保护合规制度体系，成立主要由外部成员组成的独立机构，对个人信息保护情况进行监督；二是遵循公开、公平、公正的原则，制定平台规则；三是对严重违法处理个人信息的平台内产品或者服务提供者，停止提供服务；四是定期发布个人信息保护社会责任报告，接受社会监督。

（3）相关制度密切结合。国家出台《数据安全法》，加强数据安全保护，个人信息属于重要数据，因此，对于个人信息保护，要将个人信息保护制度与数据安全保护制度、网络安全等级制度紧密结合，在管理措施、技术保护措施、检测评估、安全监测、信息通报、应急处置等方面协调配合，将个人信息安全保护措施落到实处。

（4）个人信息保护工作机制。个人信息保护涉及面广，领域多。因此，国家建立完善监管和执法机制，明确国家网信部门和国务院有关部门在各自职责范围内负责个人信息保护和监督管理工作，加强个人信息保护和监管，包括开展个人信息保护宣传教育、指导监督个人信息保护工作、接受处理相关投诉举报、组织对应用程序等进行测评、调查处理违法个人信息处理活动等。

6. 法律责任

对于违法处理个人信息或者没有履行法律规定的个人信息保护义务的行为，《个人信息保护法》规定了行政处罚，如罚款，责令暂停相关业务或者停业整顿，通报有关主管部门吊销相关业务许可或者吊销营业执照，禁止责任人在一定期限内担任相关企业的董事、监事、高级管理人员和个人信息保护负责人，记入信用档案并予以公示，承担民事责任等。

5.7　其他与网络安全有关的法律法规

5.7.1　《计算机信息系统安全保护条例》有关网络安全的规定

为了保护计算机信息系统的安全，促进计算机的应用和发展，保障社会主义现代化建设顺利进行，1994 年 2 月 18 日，国务院发布《计算机信息系统安全保护条例》，共五章三十一条。与网络安全相关的规定如下：

1. 安全保护制度

（1）计算机信息系统实行安全等级保护。安全等级的划分标准和安全等级保护的具体办法，由公安部会同有关部门制定。

（2）进行国际联网的计算机信息系统，由计算机信息系统的使用单位报省级以上人民政府公安机关备案。

（3）运输、携带、邮寄计算机信息媒体进出境的，应当如实向海关申报。

（4）计算机信息系统的使用单位应当建立健全安全管理制度，负责本单位计算机信息系统的安全保护工作。

（5）对计算机病毒和危害社会公共安全的其他有害数据的防治研究工作，由公安部归口管理。

（6）国家对计算机信息系统安全专用产品的销售实行许可证制度。具体办法由公安部会同有关部门制定。

2. 运营单位和个人的责任义务

（1）任何组织或者个人，不得利用计算机信息系统从事危害国家利益、集体利益和公民合法利益的活动，不得危害计算机信息系统的安全。

（2）计算机信息系统的使用单位应当建立健全安全管理制度，负责本单位计算机信息系统的安全保护工作。

（3）对计算机信息系统中发生的案件，有关使用单位应当在 24 小时内向当地县级以上人民政府公安机关报告。

5.7.2　《国家安全法》有关网络安全的规定

《国家安全法》共七章八十四条，明确了政治安全、国土安全、军事安全、文化安全、科技安全等 11 个领域的国家安全任务，于 2015 年 7 月 1 日公布实施。与网络安全相关的规定如下：

（1）国家建设网络与信息安全保障体系，提升网络与信息安全保护能力，加强网络和信息技术的创新研究和开发应用，实现网络和信息核心技术、关键基础设施和重要领域信息系统及数据的安全可控；加强网络管理，防范、制止和依法惩治网络攻击、网络入侵、网络窃密、散布违法有害信息等网络违法犯罪行为，维护国家网络空间主权、安全和发展利益。

（2）国家建立国家安全审查和监管的制度和机制，对影响或者可能影响国家安全的外商投资、特定物项和关键技术、网络信息技术产品和服务、涉及国家安全事项的建设项目，以及其他重大事项和活动，进行国家安全审查，有效预防和化解国家安全风险。

5.7.3 《警察法》有关网络安全的规定

《人民警察法》于 1995 年 2 月 28 日公布实施，根据 2012 年 10 月 26 日第十一届全国人大常委会第二十九次会议《全国人民代表大会常务委员会关于修改〈中华人民共和国人民警察法〉的决定》修正，共八章五十二条，自 2013 年 1 月 1 日起施行。《人民警察法》明确了人民警察的任务是维护国家安全，维护社会治安秩序，保护公民的人身安全、人身自由和合法财产，保护公共财产，预防、制止和惩治违法犯罪活动，规定了人民警察的职权、义务和纪律、组织管理、警务保障、执法监督和法律责任。与网络安全相关的规定如下：

《人民警察法》第六条明确规定，公安机关的人民警察按照职责分工，依法履行监督管理计算机信息系统的安全保护工作的职责。

5.7.4 《刑法》有关网络安全的规定

《刑法》由第五届全国人大第二次会议于 1979 年 7 月 1 日通过，自 1980 年 1 月 1 日起施行。2023 年 12 月 29 日，第十四届全国人大常委会第七次会议通过《中华人民共和国刑法修正案（十二）》，自 2024 年 3 月 1 日起施行。

1.《刑法》的任务

《刑法》的任务，是用刑罚同一切犯罪行为作斗争，以保卫国家安全，保卫人民民主专政的政权和社会主义制度，保护国有财产和劳动群众集体所有的财产，保护公民私人所有的财产，保护公民的人身权利、民主权利和其他权利，维护社会秩序、经济秩序，保障社会主义建设事业的顺利进行。

2.《刑法》中涉及网络违法犯罪的刑罚

《刑法》第二百八十五条至第二百八十七条分别对网络安全相关的非法侵入计算机信息系统罪、破坏计算机信息系统罪、非法利用信息网络罪、帮助信息网络犯罪活动罪等犯罪行为及其刑事责任和刑罚作出了明确规定，具体罪种和罚则如下：

（1）非法侵入计算机信息系统罪。第二百八十五条第一款规定，违反国家规定，侵入国家事务、国防建设、尖端科学技术领域的计算机信息系统的，处三年以下有期徒刑或者拘役。

（2）非法获取计算机信息系统数据、非法控制计算机信息系统罪。第二百八十五条第二款规定，违反国家规定，侵入前款规定以外的计算机信息系统或者采用其他技术手段，获取该计算机信息系统中存储、处理或者传输的数据，或者对该计算机信息系统实施非法控制，情节严重的，处三年以下有期徒刑或者拘役，并处或者单处罚金；情节特别严重的，处三年以上七年以下有期徒刑，并处罚金。

（3）提供侵入、非法控制计算机信息系统程序、工具罪。第二百八十五条第三款规定，提供专门用于侵入、非法控制计算机信息系统的程序、工具，或者明知他人实施侵入、非法控制计算机信息系统的违法犯罪行为而为其提供程序、工具，情节严重的，依照前款的规定处罚。

第二百八十五条第四款规定，单位犯前三款罪的，对单位判处罚金，并对其直接负责的主管人员和其他直接责任人员，依照各该款的规定处罚。

（4）破坏计算机信息系统罪。第二百八十六条第一款规定，违反国家规定，对计算机信息系统功能进行删除、修改、增加、干扰，造成计算机信息系统不能正常运行，后果严重的，处五年以下有期徒刑或者拘役；后果特别严重的，处五年以上有期徒刑；第二百八十六条第二款规定，违反国家规定，对计算机信息系统中存储、处理或者传输的数据和应用程序进行删除、修改、增加的操作，后果严重的，依照前款的规定处罚。第二百八十六条第三款规定，故意制作、传播计算机病毒等破坏性程序，影响计算机系统正常运行，后果严重的，依照第一款的规定处罚；第二百八十六条第四款规定，单位犯前三款罪的，对单位判处罚金，并对其直接负责的主管人员和其他直接责任人员，依照第一款的规定处罚。

（5）拒不履行信息网络安全管理义务罪。第二百八十六条之一第一款规定，网络服务提供者不履行法律、行政法规规定的信息网络安全管理义务，经监管部门责令采取改正措施而拒不改正，有下列情形之一的，处三年以下有期徒刑、拘役或者管制，并处或者单处罚金：（一）致使违法信息大量传播的；（二）致使用户信息泄露，造成严重后果的；（三）致使刑事案件证据灭失，情节严重的；（四）有其他严重情节的。

第二百八十六条之一第二款规定，单位犯前款罪的，对单位判处罚金，并对其直接负责的主管人员和其他直接责任人员，依照前款的规定处罚；第二百八十六条之一第三款规定，有前两款行为，同时构成其他犯罪的，依照处罚较重的规定定罪处罚。

（6）利用计算机实施犯罪的提示性规定。第二百八十七条规定，利用计算机实施金融诈骗、盗窃、贪污、挪用公款、窃取国家秘密或者其他犯罪的，依照本法有关规定定罪处罚。

（7）非法利用信息网络罪。第二百八十七条之一第一款规定，利用信息网络实施下列行为之一，情节严重的，处三年以下有期徒刑或者拘役，并处或者单处罚金：（一）设立用于实施诈骗、传授犯罪方法、制作或者销售违禁物品、管制物品等违法犯罪活动的网站、通讯群组的；（二）发布有关制作或者销售毒品、枪支、淫秽物品等违禁物品、管制物品或者其他违法犯罪信息的；（三）为实施诈骗等违法犯罪活动发布信息的。

第二百八十七条之一第二款规定，单位犯前款罪的，对单位判处罚金，并对其直接负责的主管人员和其他直接责任人员，依照第一款的规定处罚；第二百八十七条之一第三款规定，有前两款行为，同时构成其他犯罪的，依照处罚较重的规定定罪处罚。

（8）帮助信息网络犯罪活动罪。第二百八十七条之二第一款规定，明知他人利用信息网络实施犯罪，为其犯罪提供互联网接入、服务器托管、网络存储、通讯传输等技术支持，或者提供广告推广、支付结算等帮助，情节严重的，处三年以下有期徒刑或者拘役，并处或者单处罚金。

第二百八十七条之二第二款规定，单位犯前款罪的，对单位判处罚金，并对其直接负责的主管人员和其他直接责任人员，依照第一款的规定处罚；第二百八十七条之二第三款规定，有前两款行为，同时构成其他犯罪的，依照处罚较重的规定定罪处罚。

5.7.5 《治安管理处罚法》有关网络安全的规定

《治安管理处罚法》于 2005 年 8 月 28 日第十届全国人大常委会第十七次会议通过，自 2006 年 3 月 1 日起施行，根据 2012 年 10 月 26 日第十一届全国人大常委会第二十九次会议通过的《全国人民代表大会常务委员会关于修改〈中华人民共和国治安管理处罚法〉的决定》修正。《治安管理处罚法》是为维护社会治安秩序，保障公共安全，保护公民、法人和其他组织的合法权益，规范和保障公安机关及其人民警察依法履行治安管理职责而制定的法律。与网络安全相关的规定如下：

《治安管理处罚法》第二十九条规定，有下列行为之一的，处五日以下拘留；情节较重的，处五日以上十日以下拘留：（一）违反国家规定，侵入计算机信息系统，造成危害的；（二）违反国家规定，对计算机信息系统功能进行删除、修改、增加、干扰，造成计算机信息系统不能正常运行的；（三）违反国家规定，对计算机信息系统中存储、处理、传输的数据和应用程序进行删除、修改、增加的；（四）故意制作、传播计算机病毒等破坏性程序，影响计算机信息系统正常运行的。

习　题

1. 我国网络安全法律体系包含哪些法律法规？
2. 《网络安全法》规范的对象和调整的范围是什么？
3. 网络空间主权是什么？
4. 国家在网络安全方面承担的主要责任义务和任务是什么？
5. 网络安全职责分工是什么？
6. 网络运营者应按照网络安全等级保护制度要求落实哪些具体保护措施？
7. 网络运营者应落实的网络实名制要求是什么？
8. 网络运营者应采取什么措施处置网络安全事件？

9. 《网络安全法》对第三方检测认证机构开展网络安全服务的要求是什么？

10. 网络运营者应为公安机关、国家安全机关提供什么技术支持和协助？

11. 保护工作部门承担的关键信息基础设施安全主管责任是什么？

12. 关键信息基础设施运营者的安全保护义务是什么？

13. 个人信息和重要数据的存储及出境要求是什么？

14. 关键信息基础设施的安全检测评估要求是什么？

15. 网络运营者收集使用用户信息和个人信息有哪些规范要求？

16. 网络运营者对个人信息保护的责任和义务是什么？

17. 网络安全职能部门对网络信息安全的监督管理职责有哪些？

18. 建立网络安全监测预警和信息通报机制的要求是什么？

19. 建立网络安全风险评估和应急工作机制的要求是什么？

20. 如何处置网络安全事件以及由此引发的重大突发社会安全事件？

21. 《关键信息基础设施安全保护条例》规范的对象和主要内容是什么？

22. 国家在关键信息基础设施安全保护方面的责任义务和主要任务是什么？

23. 制定关键信息基础设施认定规则考虑的主要因素是什么？

24. 如何认定关键信息基础设施？

25. 保护工作部门保护关键信息基础设施安全的责任义务是什么？

26. 保障和促进关键信息基础设施安全保护工作的要求是什么？

27. 《数据安全法》规范的内容是什么？

28. 数据安全管理的职责分工是什么？

29. 数据处理方面的一般性要求包含哪些内容？

30. 国家在数据安全与发展方面的责任义务是什么？

31. 什么是数据分类分级保护制度？

32. 数据安全有哪些机制？简要叙述这些机制。

33. 重要数据出境安全管理要求是什么？

34. 如何保障政务数据安全？

35. 简述《密码法》重点内容。

36. 简述《个人信息保护法》重点内容。

37. 《国家安全法》有关网络安全的规定是什么？

38. 《人民警察法》有关网络安全的规定是什么？

39. 《刑法》中涉及网络违法犯罪的刑罚是什么？

40. 《治安管理处罚法》有关网络安全的规定是什么？

第 6 章
网络安全政策体系

本章主要介绍国家网络安全政策，包括《党委（党组）网络安全工作责任制实施办法》《网络安全审查办法》《贯彻落实网络安全等级保护制度和关键信息基础设施安全保护制度的指导意见》《关于落实网络安全保护重点措施 深入实施网络安全等级保护制度的指导意见》《网络产品安全漏洞管理规定》等，使读者对国家网络安全政策有清晰的了解和掌握。

6.1 网络安全政策体系的建立

依据《网络安全法》《数据安全法》《个人信息保护法》《人民警察法》《计算机信息系统安全保护条例》和《关键信息基础设施安全保护条例》等法律法规的规定，国家和有关网络安全职能部门出台了一系列网络安全政策，为全国开展网络安全工作、落实国家网络安全战略和法律法规要求提供了政策保障。

网络安全政策主要包括：《党委（党组）网络安全工作责任制实施办法》《网络安全审查办法》《贯彻落实网络安全等级保护制度和关键信息基础设施安全保护制度的指导意见》《关于落实网络安全保护重点措施 深入实施网络安全等级保护制度的指导意见》《网络产品安全漏洞管理规定》。这些政策文件，对国家构建网络安全责任制、网络安全审查制度、网络安全等级保护制度、关键信息基础设施安全保护制度等，发挥了重要作用。

6.2 《党委（党组）网络安全工作责任制实施办法》框架和重点内容

2017 年 8 月，中共中央出台涉密文件《党委（党组）网络安全工作责任制实施办法》（以下简称《实施办法》）；2021 年 8 月，《人民日报》发布《中国共产党党内法规体系》一文，《中国共产党党内法规汇编》公开发行，其中包括《实施办法》。《实施办法》是《中国共产党党内法规汇编》唯一收录的网络安全领域的党内法规，它的公开发布，明确了党委（党组）承担网络安全主体责任，强化了各地区各部门落实网络安全保障措施，推动了网络安全工作深入开展。

6.2.1 《实施办法》框架

《实施办法》共十四条，规定各级党委（党组）对本地区本部门网络安全工作负主体责任，行业主管监管部门对本行业本领域的网络安全负指导监管责任。《实施办法》明确了各级网络安全和信息化领导机构、各地区各部门网络安全和信息化领导机构应组织开展的网络安全重点工作；各级党委（党组）应当建立网络安全责任制检查考核制度，完善健全考核机制，明确考核内容、方法、程序，违反或者未能正确履行本办法所列职责时应按照有关规定追究其相关责任；各级审计机关在有关部门和单位的审计中，应当将网络安全建设和绩效纳入审计范围。

6.2.2 《实施办法》重点内容

1. 党委（党组）对本地区本部门网络安全工作负主体责任

网络安全工作事关国家安全政权安全和经济社会发展。按照谁主管谁负责、属地管理的原则，各级党委（党组）对本地区本部门网络安全工作负主体责任，领导班子主要负责人是第一责任人，主管网络安全的领导班子成员是直接责任人。

2. 各级党委（党组）主要承担的网络安全责任

（1）认真贯彻落实党中央和习近平总书记关于网络安全工作的重要指示精神和决策部署，贯彻落实网络安全法律法规，明确本地区本部门网络安全的主要目标、基本要求、工作任务、保护措施。

（2）建立和落实网络安全责任制，把网络安全工作纳入重要议事日程，明确工作机构，加大人力、财力、物力的支持和保障力度。

（3）统一组织领导本地区本部门网络安全保护和重大事件处置工作，研究解决重要问题。

（4）采取有效措施，为公安机关、国家安全机关依法维护国家安全、侦查犯罪以及防范、调查恐怖活动提供支持和保障。

（5）组织开展经常性网络安全宣传教育，采取多种方式培养网络安全人才，支持网络安全技术产业发展。

3. 行业主管监管部门对本行业本领域的网络安全负指导监管责任

行业主管监管部门对本行业本领域的网络安全负指导监管责任。没有主管监管部门的，由所在地区负指导监管责任。主管监管部门应当依法开展网络安全检查、处置网络安全事件，并及时将情况通报网络和信息系统所在地区网络安全和信息化领导机构。各地区开展网络安全检查、处置网络安全事件时，涉及重要行业的，应当会同相关主管监管部门进行。

4. 开展网络安全信息通报，统筹协调开展网络安全检查

各级网络安全和信息化领导机构应当加强和规范本地区本部门网络安全信息汇集、分析和研判工作，要求有关单位和机构及时报告网络安全信息，组织指导网络安全通报机构开展网络安全信息通报，统筹协调开展网络安全检查。

5. 违反或者未能正确履行本办法所列职责的，按照有关规定追究其相关责任

各级党委（党组）违反或者未能正确履行本办法所列职责，按照有关规定追究其相关责任。有下列情形之一的，各级党委（党组）应当逐级倒查，追究当事人、网络安全负责人至主要负责人责任。协调监管不力的，还应当追究综合协调或监管部门负责人责任。

（1）党政机关门户网站、重点新闻网站、大型网络平台被攻击篡改，导致反动言论或者谣言等违法有害信息大面积扩散，且没有及时报告和组织处置的。

（2）地市级以上党政机关门户网站或者重点新闻网站受到攻击后没有及时组织处置，且瘫痪 6 小时以上的。

（3）发生国家秘密泄露、大面积个人信息泄露或者大量地理、人口、资源等国家基础数据泄露的。

（4）关键信息基础设施遭受网络攻击，没有及时处置导致大面积影响人民群众工作、生活，或者造成重大经济损失，或者造成严重不良社会影响的。

（5）封锁、瞒报网络安全事件情况，拒不配合有关部门依法开展调查、处置工作，或者对有关部门通报的问题和风险隐患不及时整改并造成严重后果的。

（6）阻碍公安机关、国家安全机关依法维护国家安全、侦查犯罪以及防范、调查恐怖活动，或者拒不提供支持和保障的。

（7）发生其他严重危害网络安全行为的。

6.3 《网络安全审查办法》框架和重点内容

2021 年 12 月，国家互联网信息办公室、国家发展和改革委员会、工业和信息化部、公安部、国家安全部、财政部、商务部、中国人民银行、国家市场监督管理总局、国家广播电视总局、中国证券监督管理委员会、国家保密局、国家密码管理局等十三部门联合修订发布《网络安全审查办法》。《网络安全审查办法》根据《国家安全法》《网络安全法》《数据安全法》《关键信息基础设施安全保护条例》制定。

6.3.1 《网络安全审查办法》框架

为加强对关键信息基础设施、重要信息系统和重要数据的安全保护，确保信息产品和服务安全性，建立网络安全审查制度。通过开展网络安全审查，预判和检查产品及服务投入使用后可能带来的网络安全风险，防范供应链安全引发的重大网络安全事件，消除国家安全的重大威胁和隐患。

《网络安全审查办法》共二十三条，明确网络安全审查重点评估关键信息基础设施运营者采购网络产品和服务可能带来的国家安全风险。根据有关文件要求，电信、广播电视、能源、金融、公路水路运输、铁路、民航、邮政、水利、应急管理、卫生健康、社会保障、国防科技工业等行业领域的重要网络和信息系统运营者在采购网络产品和服务时，应当按照《网络安全审查办法》要求申报网络安全审查。

6.3.2　《网络安全审查办法》重点内容

1. 关键信息基础设施运营者采购和网络平台运营者数据处理活动进行网络安全审查

（1）关键信息基础设施运营者采购网络产品和服务，网络平台运营者开展数据处理活动，影响或者可能影响国家安全的，应当按照本办法进行网络安全审查。

（2）网络安全审查坚持防范网络安全风险与促进先进技术应用相结合、过程公正透明与知识产权保护相结合、事前审查与持续监管相结合、企业承诺与社会监督相结合，从产品和服务以及数据处理活动安全性、可能带来的国家安全风险等方面进行审查。

（3）关键信息基础设施运营者采购网络产品和服务的，应当预判该产品和服务投入使用后可能带来的国家安全风险。影响或者可能影响国家安全的，应当向网络安全审查办公室申报网络安全审查。

（4）掌握超过 100 万用户个人信息的网络平台运营者赴国外上市，必须向网络安全审查办公室申报网络安全审查。

2. 建立国家网络安全审查工作机制

在中央网络安全和信息化委员会领导下，国家互联网信息办公室会同国家发展和改革委员会、工业和信息化部、公安部、国家安全部、财政部、商务部、中国人民银行、国家市场监督管理总局、国家广播电视总局、中国证券监督管理委员会、国家保密局、国家密码管理局，建立国家网络安全审查工作机制。网络安全审查办公室设在国家互联网信息办公室，负责制定网络安全审查相关制度规范，组织网络安全审查。

3. 网络安全审查重点评估影响国家安全的相关对象或者情形

网络安全审查重点评估相关对象或者情形的以下国家安全风险因素：

（1）产品和服务使用后带来的关键信息基础设施被非法控制、遭受干扰或者破坏的风险。

（2）产品和服务供应中断对关键信息基础设施业务连续性的危害。

（3）产品和服务的安全性、开放性、透明性、来源的多样性，供应渠道的可靠性以及因为政治、外交、贸易等因素导致供应中断的风险。

（4）产品和服务提供者遵守中国法律、行政法规、部门规章情况。

（5）核心数据、重要数据或者大量个人信息被窃取、泄露、毁损以及非法利用、非法出境的风险。

（6）上市存在关键信息基础设施、核心数据、重要数据或者大量个人信息被外国政府影响、控制、恶意利用的风险，以及网络信息安全风险。

（7）其他可能危害关键信息基础设施安全、网络安全和数据安全的因素。

4. 网络安全审查的网络产品和服务

网络安全审查的网络产品和服务主要指核心网络设备、重要通信产品、高性能计算机和服务器、大容量存储设备、大型数据库和应用软件、网络安全设备、云计算服务，以及其他对关键信息基础设施安全、网络安全和数据安全有重要影响的网络产品和服务。

6.4 《贯彻落实网络安全等级保护制度和关键信息基础设施安全保护制度的指导意见》框架和重点内容

依据《人民警察法》《网络安全法》《数据安全法》《关键信息基础设施安全保护条例》等国家法律法规的规定，为了认真履行网络安全监督管理职能，指导各地区、各部门落实网络安全等级保护制度和关键信息基础设施安全保护制度，2020年7月，公安部发布《贯彻落实网络安全等级保护制度和关键信息基础设施安全保护制度的指导意见》（公网安〔2020〕1960号，以下简称《指导意见》），组织各地区、各部门深入开展网络安全等级保护和关键信息基础设施安全保护工作，积极构建国家网络安全综合防控系统，有效防范网络安全威胁，有力处置重大网络安全事件，严厉打击危害网络安全的违法犯罪活动，切实保障关键信息基础设施、重要网络和数据安全，大力提升网络安全保障能力和水平。

6.4.1 文件框架

《指导意见》共五部分，一是指导思想、基本原则和工作目标，二是深入贯彻实施国家网络安全等级保护制度，三是建立并实施关键信息基础设施安全保护制度，四是加强网络安全保护工作协作配合，五是加强网络安全工作各项保障。《指导意见》对进一步健全完善国家网络安全综合防控体系，有效防范网络安全威胁，有力处置重大网络安全事件，切实保障关键信息基础设施、重要网络和数据安全发挥了重要作用。

6.4.2 文件重点内容

1. 深入贯彻实施国家网络安全等级保护制度

（1）深化网络定级备案工作。网络运营者按照《网络安全等级保护定级指南》等国家标准，全面梳理本单位各类网络，特别是云计算、物联网、新型互联网、大数据、智能制造等新技术应用的基本情况，并根据网络的功能、服务范围、服务对象和处理数据等情况，科学确定网络的安全保护等级，对第二级以上网络依法向公安机关备案，并向行业主管部门报备。

（2）定期开展网络安全等级测评。网络运营者应依据《网络安全等级保护测评要求》等国家标准和有关标准规范，对已定级备案网络的安全性进行检测评估，查找可能存在的网络安全问题和隐患。第三级以上网络运营者应委托符合国家有关规定的等级测评机构，每年开展一次网络安全等级测评，并及时将等级测评报告提交受理备案的公安机关和行业主管部门。

（3）科学开展安全建设整改。网络运营者应依据《网络安全等级保护基本要求》《网络安全等级保护安全设计技术要求》等国家标准，在网络建设和运营过程中，同步规划、同步建设、同步使用有关网络安全保护措施，按照"一个中心（安全管理中心）、三重防护（安全通信网络、安全区域边界、安全计算环境）"的要求，认真开展网络安全建设和整改加固，全面落实安全保护技术措施。

（4）强化安全责任落实，加强供应链安全管理，落实密码安全防护要求。

2. 建立并实施关键信息基础设施安全保护制度

（1）组织认定关键信息基础设施。保护工作部门应制定本行业、本领域关键信息基础设施认定规则并报公安部备案。保护工作部门根据认定规则负责组织认定本行业、本领域关键信息基础设施，及时将认定结果通知相关设施运营者并报公安部。

（2）明确关键信息基础设施安全保护工作职能分工。公安部负责关键信息基础设施安全保护工作的顶层设计和规划部署，会同相关部门健全完善关键信息基础设施安全保护制度体系。保护工作部门负责对本行业、本领域关键信息基础设施安全保护工作的组织领导，关键信息基础设施运营者负责设置专门安全管理机构，组织开展关键信息基础设施安全保护工作。

（3）落实关键信息基础设施重点防护措施。关键信息基础设施运营者应依据网络安全等级保护标准开展安全建设并进行等级测评，发现问题和风险隐患要及时整改；依据关键信息基础设施安全保护标准，加强安全保护和保障，并进行安全检测评估。

（4）加强重要数据和个人信息保护。运营者应建立并落实重要数据和个人信息安全保护制度，对关键信息基础设施中的重要网络和数据库进行容灾备份，采取身份鉴别、访问控制、密码保护、安全审计、安全隔离、可信验证等关键技术措施，切实保护重要数据全生命周期安全。

（5）强化核心岗位人员和产品服务的安全管理。要对专门安全管理机构的负责人和关键岗位人员进行安全背景审查，加强管理。要对关键信息基础设施设计、建设、运行、维护等服务实施安全管理，采购安全可信的网络产品和服务，确保供应链安全。

3. 加强网络安全保护工作协作配合

行业主管部门、网络运营者与公安机关要密切协同，大力开展安全监测、通报预警、应急处置、威胁情报等工作，落实常态化措施，提升应对、处置网络安全突发事件和重大风险防控能力。一是加强网络安全立体化监测体系建设，二是加强网络安全信息共享和通报预警，三是加强网络安全应急处置机制建设，四是加强网络安全事件处置和案件侦办，五是加强网络安全问题隐患整改督办。

4. 加强网络安全工作各项保障

加强组织领导、经费政策保障、考核评价、技术攻关和人才培养。

6.5 《关于落实网络安全保护重点措施 深入实施网络安全等级保护制度的指导意见》框架和重点内容

依据《网络安全法》《数据安全法》《关键信息基础设施安全保护条例》等国家法律法规的规定，为指导各地区、各部门深入落实网络安全等级保护制度，国家网络安全等级保护工作协调小组办公室 2022 年 3 月 28 日印发《关于落实网络安全保护重点措施 深入实施网络安全等级保护制度的指导意见》（公网安〔2022〕1058 号）。

6.5.1 文件框架

《关于落实网络安全保护重点措施 深入实施网络安全等级保护制度的指导意见》共七部分，一是总体要求和工作目标，二是开展顶层设计和统筹规划，三是落实网络安全等级保护制度 2.0 要求，四是深化落实网络安全基础性保护措施，五是强化新技术新业态安全保护措施，六是深化落实重点保障措施，七是工作要求。结合网络安全等级保护 2.0 系列国家标准，国家网络安全等级保护工作协调小组办公室研究提出了落实网络安全保护的总体要求、工作目标和 34 项重点措施，指导各单位各部门深入实施网络安全等级保护制度。

6.5.2 文件重点内容

（1）开展顶层设计和统筹规划。建立完善网络安全领导体系和工作体系，制定网络安全规划和行业标准规范，将网络安全等级保护制度与其他制度有机结合，建立网络安全责任制和问责制度。

（2）落实网络安全等级保护制度 2.0 要求。深化开展网络安全等级保护定级备案工作，制定网络安全等级保护建设方案并实施，认真组织开展网络安全等级测评工作，制定网络安全整改方案并实施。

（3）深化落实网络安全基础性保护措施。强化物理环境基础设施安全保障，加强通信网络安全保护，加强区域边界安全保护，加强计算环境安全保护，构建网络安全管理中心，健全完善网络安全管理体系，加强数据全生命周期安全保护，强化供应链安全管理，采取多种方式检验安全保护措施的有效性。

（4）强化新技术新业态安全保护措施。加强云平台的安全保护，加强移动互联网络系统安全保护，加强物联网安全保护，加强工业控制系统安全保护，加强大数据及平台安全保护，加强自主可控和创新工程安全管理，加强采用 5G 网络技术的网络系统安全保护，加强区块链技术架构安全保护，加强 IPv6 技术网络系统安全保护。

（5）深化落实重点保障措施。建设网络安全综合业务平台，落实网络安全实时监测措施，健全完善网络与信息安全信息通报机制，建立重大事件和威胁报告制度、落实重大事件处置措施，落实技术应对措施、提升技术对抗能力，实施"挂图作战"、提升综合防御能力，加强网络安全经费和设备设施改造升级经费保障，加强网络安全教育训练和人才培养。

6.6　《网络产品安全漏洞管理规定》框架和重点内容

根据《网络安全法》规定，工业和信息化部会同国家互联网信息办公室、公安部联合制定了《网络产品安全漏洞管理规定》，于 2021 年 9 月 1 日起施行。

6.6.1　文件框架

《网络产品安全漏洞管理规定》共十六条，规范了中华人民共和国境内的网络产品（含硬件、软件）提供者和网络运营者，以及从事网络产品安全漏洞发现、收集、发布等活动的组织或者个人的涉及网络产品安全漏洞的活动。网络产品安全漏洞严重影响网络和信息系统安全，影响国家安全，为了有效防范不法分子利用网络产品安全漏洞从事危害国家网络安全的活动，同时规范网络产品安全漏洞发现、报告、修补和发布等行为，防范网络安全风险，三部门联合出台《网络产品安全漏洞管理规定》。

6.6.2　文件重点内容

1. 网络产品安全漏洞管理职责分工

国家互联网信息办公室负责统筹协调网络产品安全漏洞管理工作。工业和信息化部负责网络产品安全漏洞综合管理，承担电信和互联网行业网络产品安全漏洞监督管理。公安部负责网络产品安全漏洞监督管理，依法打击利用网络产品安全漏洞实施的违法犯罪活动。有关主管部门加强跨部门协同配合，实现网络产品安全漏洞信息实时共享，对重大网络产品安全漏洞风险开展联合评估和处置。

2. 禁止利用网络产品安全漏洞从事危害网络安全的活动

任何组织或者个人不得利用网络产品安全漏洞从事危害网络安全的活动，不得非法收集、出售、发布网络产品安全漏洞信息；明知他人利用网络产品安全漏洞从事危害网络安全的活动的，不得为其提供技术支持、广告推广、支付结算等帮助。

3. 建立网络产品安全漏洞信息接收渠道

网络产品提供者、网络运营者和网络产品安全漏洞收集平台应当建立健全网络产品安全漏洞信息接收渠道并保持畅通，留存网络产品安全漏洞信息接收日志不少于 6 个月。鼓励相关组织和个人向网络产品提供者通报其产品存在的安全漏洞。

4. 网络产品提供者应当履行网络产品安全漏洞管理义务

（1）发现或者获知所提供网络产品存在安全漏洞后，应当立即采取措施并组织对安全漏洞进行验证，评估安全漏洞的危害程度和影响范围；对属于其上游产品或者组件存在的安全漏洞，应当立即通知相关产品提供者。

（2）应当在 2 日内向工业和信息化部网络安全威胁和漏洞信息共享平台报送相关漏洞信息。报送内容应当包括存在网络产品安全漏洞的产品名称、型号、版本以及漏洞的技术特点、危害和影响范围等。

（3）应当及时组织对网络产品安全漏洞进行修补，对于需要产品用户（含下游厂商）采取软件、固件升级等措施的，应当及时将网络产品安全漏洞风险及修补方式告知可能受影响的产品用户，并提供必要的技术支持。

5. 网络产品安全漏洞信息发布

从事网络产品安全漏洞发现、收集的组织或者个人通过网络平台、媒体、会议、竞赛等方式向社会发布网络产品安全漏洞信息的，应当遵循必要、真实、客观以及有利于防范网络安全风险的原则。

习 题

1. 网络安全政策文件主要包括哪些？
2. 简述《党委（党组）网络安全工作责任制实施办法》重点内容。
3. 简述《网络安全审查办法》重点内容。
4. 简述《贯彻落实网络安全等级保护制度和关键信息基础设施安全保护制度的指导意见》重点内容。
5. 简述《关于落实网络安全保护重点措施 深入实施网络安全等级保护制度的指导意见》重点内容。
6. 简述《网络产品安全漏洞管理规定》重点内容。

第 7 章

网络安全标准体系

本章主要介绍国家网络安全标准体系，包括网络安全标准化工作、网络安全等级保护标准体系、网络安全等级保护重要标准解读、《关键信息基础设施安全保护要求》框架与重点内容、数据安全标准等内容，使读者对国家网络安全标准体系有清晰的了解和掌握。

7.1 网络安全标准化工作

1. 标准的基本含义

标准指为在一定的范围内获得最佳秩序，对活动或其结果规定共同的和重复使用的规则、导则或特性的文件，该文件经协商一致制定并经一个公认机构批准，以科学、技术和实践经验的综合成果为基础，以促进最佳社会效益为目的。根据标准应用范围的区别，标准分为国家标准、行业标准、地方标准和企业标准。

2. 我国网络安全标准化组织

我国标准化工作管理机构是国家标准化委员会，设在国家市场监督管理总局。全国网络安全标准化技术委员会（以下简称网安标委）是在网络安全技术专业领域内，从事网络安全标准化工作的技术工作组织，在国家标准化委员会领导下，负责组织开展网络安全有关的标准化技术工作，研究起草并组织实施有关网络安全技术、安全机制、安全服务、安全管理、安全评估等方面的标准。网安标委设置了网络安全标准体系与协调工作组（WG1）、保密标准工作组（WG2）、密码技术标准工作组（WG3）、鉴别与授权标准工作组（WG4）、网络安全评估标准工作组（WG5）、通信安全标准工作组（WG6）、网络安全管理标准工作组（WG7）、数据安全标准工作组等机构，分别负责相应领域的安全标准化工作。

3. 网络安全标准发展情况

《网络安全法》第十五条规定，国家建立和完善网络安全标准体系。国务院标准化行政主管部门和国务院其他有关部门根据各自的职责，组织制定并适时修订有关网络安全管理以及网络产品、服务和运行安全的国家标准、行业标准。国家支持企业、研究机构、高等学校、网络相关行业组织参与网络安全国家标准、行业标准的制定。

国家高度重视网络安全标准体系建设，在国家网络安全职能部门的指导下，网安标委会同有关部门，在有关企业、研究机构、专家的大力支持下，牵头制定了一系列网络安全标准，建立了国家网络安全标准体系，为全社会开展网络安全工作提供了重要保障。

4. 网络安全国家标准的种类

依据网安标委发布的《信息安全国家标准目录》，网络安全国家标准分为基础标准、技术与机制标准、安全管理标准、安全测评标准、产品与服务标准、网络与系统标准、数据安全标准、组织管理标准、新技术新应用安全标准等九个大类。

7.2 网络安全等级保护标准体系

依据《网络安全法》等国家网络安全法律法规的规定，为推动我国网络安全等级保护工作的开展，多年来，在公安部等有关部门的大力支持下，网安标委组织企业、研究机构和专家，制定出台了一系列网络安全等级保护国家标准，形成了比较完备的网络安全等级保护标准体系，为开展网络安全等级保护工作提供了重要保障。主要包括：网络安全等级保护定级指南、网络安全等级保护基本要求、网络安全等级保护安全设计技术要求、网络安全等级保护测评要求、网络安全等级保护测评过程指南、网络安全等级保护实施指南等，以及几十种网络安全产品标准。网络安全等级保护制度进入 2.0 时代，2019 年、2020 年国家出台的网络安全等级保护新标准，覆盖了网络基础设施、信息系统、大数据、云计算平台、物联网、工业控制系统、移动互联网等保护对象，为各地区各部门开展网络安全等级保护工作提供了重要保障。

7.3 网络安全等级保护重要标准解读

1.《计算机信息系统 安全保护等级划分准则》

（1）《计算机信息系统 安全保护等级划分准则》（GB 17859—1999）于 1999 年发布。该标准是一项强制性国家标准，也是网络安全等级保护的基础性标准，为相关标准的制定起到了基础性作用，为我国网络安全等级保护制度的建立奠定了坚实基础。

（2）该标准界定了计算机信息系统的基本概念，即计算机信息系统是由计算机及其相关的和配套的设备、设施（含网络）构成的，按照一定的应用目标和规则对信息进行采集、加工、存储、传输、检索等处理的人机系统。

（3）该标准将计算机信息系统的安全保护功能分为五个等级，即：用户自主保护级（第一级）、系统审计保护级（第二级）、安全标记保护级（第三级）、结构化保护级（第四级）和访问验证保护级（第五级），从自主访问控制、强制访问控制、标记、身份鉴别、客体重用、审计、数据完整性、隐蔽信道分析、可信路径、可信恢复等 10 个方面，采取逐级增强的方式提出了计算机信息系统的安全保护技术要求。

（4）该标准为计算机信息系统安全法规的制定和执法部门的监督检查提供了依据，为网络安全产品的研制提供了技术支持，也为网络系统的安全建设和管理提供了技术指导。

2.《网络安全等级保护定级指南》

（1）《信息安全技术　网络安全等级保护定级指南》（GB/T 22240—2020）于 2020 年发布实施。该标准是一项推荐性国家标准。

（2）网络安全等级保护的定级工作是网络安全等级保护工作的首要环节，是开展网络安全建设整改、等级测评、监督检查等工作的重要基础。依据《网络安全法》，该标准根据网络在国家安全、经济建设、社会生活中的重要程度，以及一旦遭到破坏、丧失功能或者数据被篡改、泄露、丢失、损毁，对国家安全、社会秩序、公共利益以及公民、法人和其他组织的合法权益的侵害程度等因素，将其安全保护等级分为五级，给出了确定网络的安全保护等级的方法。该标准主要内容有：给出网络的安全保护等级，明确定级要素、定级流程，确定定级对象，定级方法，确定安全保护等级，等级变更等。

（3）随着新技术新应用的不断发展，云计算、移动互联、物联网、工业控制和大数据等成为重要保护对象，因此，《网络安全等级保护定级指南》确立了信息系统、通信网络设施、数据资源三类定级对象，通过确定受侵害客体和客体侵害程度，从业务信息安全保护等级和系统服务安全保护等级两个维度综合分析，从而确定定级对象的安全保护等级。有关《网络安全等级保护定级指南》的具体应用详见 2.4 节"网络安全等级保护的定级工作"。

3.《网络安全等级保护基本要求》

（1）《信息安全技术　网络安全等级保护基本要求》（GB/T 22239—2019）于 2019 年发布实施。该标准是一项推荐性国家标准。

（2）网络按照其重要性和被破坏后对国家安全、社会秩序、公共利益的危害性，分为五个安全保护等级。不同安全保护等级的网络有着不同的安全需求，为此，针对不同等级的网络提出了相应的安全要求，各个等级网络的安全要求构成了《网络安全等级保护基本要求》。

（3）由于业务目标的不同、使用技术的不同、应用场景的不同等因素，不同的等级保护对象会以不同的形态出现，表现形式可能是网络基础设施、传统信息系统、云计算平台、物联网系统、工业控制系统等。应用场景的不同导致这些不同的等级保护对象面临的威胁有所不同，安全需求也会有所差异。为了便于实现对不同等级和不同形态的等级保护对象的共性化和个性化保护，安全要求分为通用要求和扩展要求。因此，为了对各类安全保护对象实施网络安全等级保护，针对其共性安全保护需求，《网络安全等级保护基本要求》给出了安全通用要求；针对云计算、移动互联、物联网、工业控制系统等新技术、新应用领域的个性安全保护需求，《网络安全等级保护基本要求》给出了安全扩展要求，安全通用要求和安全扩展要求构成了每一级安全保护对象的网络安全等级保护基本要求。

（4）每个安全保护等级的安全通用要求，包括安全物理环境、安全通信网络、安全区域边界、安全计算环境、安全管理中心、安全管理制度、安全管理机构、安全管理人员、安全建设管理、安全运维管理等 10 个方面。安全通用要求是针对不同等级保护对象应该具有的安全保护能力提出的安全要求，根据实现方式的不同，安全要求分为技术要求和管理要求两大类。技术要求与提供的技术安全机制有关，主要通过部署软硬件并正确地配置其安全功能来实现；管理要求与各种角色参与的活动有关，主要通过控制各种角色的活动，从政策、制度、规范、流程以及记录等方面做出规定来实现。安全通用要求针对共性化保护需求提出，无论等级保护对象以何种形式出现，必须根据安全保护等级实现相应级别的安全通用要求。等级保护对象需要首先实现安全通用要求提出的安全措施，然后根据使用的新技术和新应用情况实现安全扩展要求提出的安全措施。

（5）云计算安全扩展要求，主要包括基础设施位置、镜像和快照保护、云服务商选择和云计算环境管理等方面。移动互联安全扩展要求主要包括无线接入点的物理位置、移动终端管控、移动应用管控、移动应用软件采购和移动应用软件开发等方面。物联网安全扩展要求主要包括感知节点设备物理防护、感知节点设备安全、网关节点设备安全、数据融合处理和感知节点管理等方面。工业控制系统安全扩展要求主要包括室外控制设备物理防护、网络架构、拨号使用控制、无线使用控制和控制设备安全等方面，针对工业控制系统实时性要求高的特点调整了漏洞和风险管理、恶意代码防范管理方面的要求。

4.《网络安全等级保护测评要求》

（1）《信息安全技术　网络安全等级保护测评要求》（GB/T 28448—2019）于 2019 年发布实施。

（2）网络建设完成后，网络运营者或者其主管部门应当选择符合规定条件的测评机构，依据《网络安全等级保护测评要求》等技术标准，定期对网络的安全保护状况开展测评。《网络安全安全等级保护测评要求》依据《网络安全法》《网络安全等级保护基本要求》等，规定了对网络开展安全测评的内容、流程和方法，用于规范和指导安全测评服务机构和人员的等级测评活动。等级测评实施的基本方法是针对特定的测评对象，采用相关的测评手段，遵循一定的测评规程，获取需要的证据数据，给出是否达到特定级别安全保护能力的评判。

5.《网络安全等级保护安全设计技术要求》

（1）《信息安全技术　网络安全等级保护安全设计技术要求》（GB/T 25070—2019）于 2019 年发布实施。

（2）本标准依据《计算机信息系统　安全保护等级划分准则》（GB 17859－1999）规定的信息系统安全保护能力等级，以及配套系列标准的安全等级保护技术要求，给出了第一级到第五级等级保护对象的网络安全保护设计的技术要求，用于指导网络运营者、网络安全企业、网络安全服务机构开展网络安全等级保护安全技术方案的设计和实施，也可作为网络安全职能部门进行监督、检查和指导的依据。

（3）网络安全保护设计技术要求由安全计算环境设计技术要求、安全区域边界设计技术要求、安全通信网络设计技术要求、安全管理中心设计技术要求构成。各个级别的安全计算环境设计技术要求由通用安全计算环境设计技术要求、云安全计算环境设计技术要求、移动互联安全计算环境设计技术要求、物联网系统安全计算环境设计技术要求和工业控制系统安全计算环境设计技术要求构成。其他方面的设计要求的构成也是如此。

（4）附录 A 给出了访问控制机制设计，附录 B 给出了第三级系统安全保护环境设计示例，便于用户参照使用。

7.4　《关键信息基础设施安全保护要求》框架与重点内容

依据《网络安全法》《关键信息基础设施安全保护条例》等法律法规，国家出台了《信息安全技术　关键信息基础设施安全保护要求》（GB/T 39204—2022），这是首个关键信息基础设施安全国家标准，已于 2023 年 5 月 1 日实施。

7.4.1　标准框架

《关键信息基础设施安全保护要求》共 11 章，第 1 章为范围，第 2 章为规范性引用文件，第 3 章为术语和定义，第 4 章为安全保护基本原则，第 5 章为主要内容及活动，第 6 章为分析识别，第 7 章为安全防护，第 8 章为检测评估，第 9 章为监测预警，第 10 章为主动防御，第 11 章为事件处置。

7.4.2　标准主要内容

为落实《网络安全法》《关键信息基础设施安全保护条例》关于保护关键信息基础设施安全的要求，在国家网络安全等级保护制度基础上，借鉴我国相关部门在重要行业和领域开展网络安全保护工作的成熟经验，吸纳国内外在关键信息基础设施安全保护方面的举措，结合我国现有网络安全保障体系等成果，从分析识别、安全防护、检测评估、监测预警、主动防御、事件处置等方面，提出关键信息基础设施安全保护要求，采取重要措施保护关键信息基础设施运行安全及其重要数据安全，维护国家安全。

《网络安全法》规定，关键信息基础设施在网络安全等级保护基础上实行重点保护，因此，关键信息基础设施安全保护要求是在网络安全等级保护基本要求基础上提出的加强型和特殊型保护要求。按照法律要求，关键信息基础设施安全标准与网络安全等级保护标准也要保持协调一致。因此，网络安全等级保护标准对第三、四级网络提出了安全保护基本要求、等级测评要求和安全设计技术要求，关键信息基础设施安全标准要在网络安全等级保护标准要求的基础上，提出加强型和特殊型的安全保护要求，而不能与网络安全等级保护标准要求重复，二者要衔接好，才能落实好《网络安全法》和《关键信息基础设施安全保护条例》的要求。

关键信息基础设施安全保护包括分析识别、安全防护、检测评估、监测预警、主动防御、事件处置六个方面。

（1）分析识别。围绕关键信息基础设施承载的关键业务，开展业务依赖性识别、关键资产识别、风险识别等活动。本活动是开展安全防护、检测评估、监测预警、主动防御、事件处置等活动的基础。

（2）安全防护。根据已识别的关键业务、资产、安全风险，在安全管理制度、安全管理机构、安全管理人员、安全通信网络、安全计算环境、安全建设管理、安全运维管理等方面实施安全管理和技术保护措施，确保关键信息基础设施的运行安全。

（3）检测评估。为检验安全防护措施的有效性，发现网络安全风险隐患，应建立相应的检测评估制度，确定检测评估的流程及内容等，开展安全检测与风险隐患评估，分析潜在安全风险可能引发的安全事件。

（4）监测预警。建立并实施网络安全监测预警和信息通报制度，针对发生的网络安全事件或发现的网络安全威胁，提前或及时发出安全警示。建立威胁情报和信息共享机制，落实相关措施，提高主动发现攻击能力。

（5）主动防御。以应对攻击行为的监测发现为基础，主动采取收敛暴露面、捕获、溯源、干扰和阻断等措施，开展攻防演习和威胁情报工作，提升对网络威胁与攻击行为的识别、分析和主动防御能力。

（6）事件处置。运营者对网络安全事件进行报告和处置，并采取适当的应对措施，恢复由于网络安全事件而受损的功能或服务。

7.5 数据安全标准

7.5.1 《数据分类分级规则》

《数据安全法》明确规定："国家建立数据分类分级保护制度"，提出"根据数据在经济社会发展中的重要程度，以及一旦遭到篡改、损毁、泄露或者非法获取、非法利用，对国家安全、公共利益或者个人、组织合法权益造成的危害程度，对数据实行分类分级保护"。开展数据安全保护工作，首先需要对数据进行分类分级，识别涉及的重要数据和核心数据，然后采取相应的安全保护措施。《数据安全技术 数据分类分级规则》（GB/T 43697—2024）主要围绕数据分类分级和重要数据识别，根据《网络安全法》《数据安全法》《个人信息保护法》及有关规定，给出了数据分类分级的通用规则，用于指导各行业领域、各地区、各部门和数据处理者开展数据分类分级工作。

1. 数据分类

数据按照先行业领域分类、再业务属性分类的思路进行分类。数据分类可根据数据管理和使用需求，结合已有数据分类基础，灵活选择业务属性将数据细化分类。

2. 数据分级

根据数据在经济社会发展中的重要程度，以及一旦遭到泄露、篡改、损毁或者非法获取、非法使用、非法共享，对国家安全、经济运行、社会秩序、公共利益、组织权益、个人权益造成的危害程度，将数据从高到低分为核心数据、重要数据、一般数据三个级别。数据分级的步骤如下：

（1）确定分级对象。确定待分级的数据，如数据项、数据集、衍生数据、跨行业领域数据等。

（2）分级要素识别。影响数据分级的要素，包括数据的领域、群体、区域、精度、规模、深度、覆盖度、重要性等。结合自身数据特点，按照以上数据分级要素识别数据涉及的分级要素情况。

（3）数据影响分析。结合数据分级要素识别情况，分析数据一旦遭到泄露、篡改、损毁或者非法获取、非法使用、非法共享，可能影响的对象和影响程度。

（4）综合确定数据级别。

7.5.2　《政务信息共享 数据安全技术要求》

《信息安全技术　政务信息共享　数据安全技术要求》（GB/T 39477—2020）提出了政务信息共享数据安全技术要求框架，规定了政务信息共享过程中共享数据准备、共享数据交换、共享数据使用阶段的数据安全技术要求以及相关基础设施的安全技术要求，适用于指导各级政务信息共享交换平台数据安全体系建设，规范各级政务部门使用政务信息共享交换平台交换非涉密政务信息共享数据时的数据安全保障工作。

7.5.3　《大数据安全管理指南》

《信息安全技术　大数据安全管理指南》（GB/T 37973—2019）提出了大数据安全管理基本原则，指导组织开展大数据安全需求分析、数据分类分级、大数据活动和风险评估等安全管理工作，适用于指导各类组织进行数据安全管理，也可供第三方评估机构参考。

7.5.4　《数据安全能力成熟度模型》

《信息安全技术　数据安全能力成熟度模型》（GB/T 37988—2019）规定了组织机构数据安全保障的能力成熟度模型，以数据为中心，重点围绕数据生命周期，从组织建设、制度流程、技术工具和人员能力四个方面进行安全保障，适用于对组织机构数据安全能力进行评估，也可供组织机构开展数据安全能力建设时参考。

习　题

1. 简述我国网络安全标准化组织。

2. 我国网络安全等级保护标准主要有哪些？

3. 简述《网络安全等级保护定级指南》主要内容。

4. 简述《网络安全等级保护基本要求》主要内容。

5. 简述《网络安全等级保护测评要求》主要内容。

6. 《关键信息基础设施安全保护要求》的主要作用是什么？

7. 简述《关键信息基础设施安全保护要求》中分析识别、安全防护、检测评估、监测预警、主动防御、事件处置等六方面的内容。

8. 什么是数据分类分级？

9. 数据分级的步骤是什么？

参考书目

[1] 郭启全. 网络安全法与网络安全等级保护制度培训教程. 北京：电子工业出版社，2018.

[2] 郭启全.《关键信息基础设施安全保护条例》《数据安全法》和网络安全等级保护制度解读与实施. 北京：电子工业出版社，2022.

[3] 郭启全，张海霞，江东，等. 网络安全保护平台建设应用与挂图作战. 北京：电子工业出版社，2023.

[4] 郭启全，王继业，蔡阳，等. 重要信息系统安全保护能力建设与实践. 北京：电子工业出版社，2024.